amc

제임스 카메론의 SF 이야기

amc

제임스 카메론의 SF 이야기

인터뷰 진행 랜들 프레익스
제임스 카메론

인터뷰 참여 제임스 카메론
스티븐 스필버그
조지 루카스
크리스토퍼 놀란
기예르모 델 토로
리들리 스콧
아놀드 슈워제네거

에세이편 브룩스 펙
시드니 퍼코비츠
맷 싱어
게리 K 울프
리자 야젝

역자 김정용

서문 제임스 카메론

들어가며 랜들 프레익스

후기 브룩스 펙

ART 아트인아트피플

INSIGHT EDITIONS

CAMERON

목차

서문

제임스 카메론

SF는 언제나 위대하고 심오한 물음을 던진다. 인간이란 무엇인가? 이 광대한 삼라만상에서 우리의 자리는 어디인가? 우리는 광막한 우주의 외로운 존재인가, 아니면 거대한 공동체의 일원인가? 이 모든 게 무엇을 의미하는가? 앞으로는 어떤 일이 일어날 것인가? 우리는 파멸할 운명인가, 위대해질 운명인가? SF는 가장 깊은 철학의 심연을 두려워하지 않는 장르다.
어린 시절 번쩍거리는 로봇과 침 흘리는 괴물에게 매료된 나는 십대가 되면서 SF의 심오한 주제에 빠져들었다. SF 소설과 영화, 드라마의 열정적인 소비자로 시작하여 표지에 우주선이나 로봇이 있는(보통 우주나 외계의 위험한 환경에 어울리지 않게 헐벗은 차림을 한 육감적인 아가씨가 함께 있었다) 문고본이나 잡지는 모조리 찾아 탐독했다. 매주 금요일 밤이면 '괴물 특집'을 보느라 날이 밝을 때까지 깨어 있었다. 50년대의 흑백 B급 영화는 외다시피 했다. 씨방, 포자, 운석에서 흘러나오는 찐득찐득한 덩어리를 통해 인간 세상에 침투하는 외계인들의 침공 전략에 대해서라면 모르는 게 없었다. 또한 실험실 사고나 핵실험, 꿰어 맞춘 시체에 전기 자극을 주는 것까지 괴물을 창조하는 모든 방법에 친숙했다. 나는 매일 왕복 두 시간씩 버스를 타고 인근 도시에 있는 고등학교에 다녔다. 등하교 버스에서 30, 40년대의 펄프 잡지, 브래드버리, 클라크, 하인라인, 아시모프 같은 거장들의 작품부터 60년대 후반의 혁명적인 뉴웨이브 작품에 이르기까지 SF 소설이라면 뭐든 하루에 한 권씩(솔직히 <듄>은 며칠 걸렸다) 읽어치웠다.

나는 대학에 들어간 뒤에야 세상에는 다른 장르의 소설도 있다는 사실을 깨닫고 독서의 폭을 넓히기 시작했다. 영화 역시 더욱 광범위한 예술로서 바라보기 시작했다. 하지만 이미 인이 밴 터라, 내 머리는 유전적으로 변형된 SF 스토리텔러의 뇌가 작동하고 있었다.

감상자에서 창작자로 입장이 바뀐 뒤, 쓰기 시작한 각본은 스페이스 오페라와 외계인 침공 이야기들이었다. 그중 첫 영화로 완성된 것이 1984년작 <터미네이터>이다. 마감을 코앞에 두고 마무리 작업을 하던 중, 배급사 오리온 픽처스의 마케팅 책임자를 만났다. 그에게 SF 스토리가 영화로 제작된 <터미네이터>에 대한 판매 아이디어를 제안했다. 그런데 그가 "이건 SF영화가 아닙니다. 오해의 소지가 있어요."라고 하는 게 아닌가. 어안이 벙벙해진 나는 그저 그를 쳐다만 보았다. 시간 여행과 살인 로봇이 나오는 이 영화가 SF가 아니라고? 그에겐 <스타워즈> 같은 류의 영화만 SF였다는 사실을 깨닫는 데는 한참의 시간이 걸렸다

SF가 헐리우드 권력자들의 머릿속에 주류 영화로 자리잡게 된 건 조지 루카스의 대단한 신(新)신화가 등장하면서였다. 이전까지 SF란, 말하자면 상업 영화의 빨강 머리 사생아 같은 틈새 장르일 뿐이었다. 자동차 극장으로 직행하는 저예산 B급 영화, 언제나 손해만 보는 사색 영화(<2001 스페이스 오디세이>는 수지를 맞추는 데 25년이 걸렸다), 관객들이 골목까지 줄을 늘어설 일이 절대 없는 비관적 주제를 담은 암울한 디스토피아와 종말론적인 미래 이야기가 SF였다.

SF 장르가 주류 영화로 성공하기 시작한 건 <터미네이터>가 나오기 바로 몇 년 전부터였다. 1977년, 어찌된 영문인지 <스타워즈>가 영화 역사상 가장 높은 수익을 거두는 불가능한 일을 해냈다. 이어 1982년, <E.T.>가 믿기 힘든 쾌거를 다시 이뤄냈다. 근래 SF 블록버스터는 이례적으로 성공을 거둔 영화라기 보다 오히려 최고 흥행작 상위를 석권하는 장르가 되었다. 만약 로봇 수트를 입은 <아이언맨>, 실험실에서 감마선을 맞은 <헐크>, 방사능 돌연변이 거미에게 물린 <스파이더맨> 같은 슈퍼히어로들이 나오는 마블 영화를 포함시키고 영웅과 악당 모두가 외계로봇인 <트랜스포머>까지 합친다면, 역대 가장 높은 수익을 낸 상위 20개 영화 중 11개가 모두 SF 영화이다. 이 영화들은 미신이나 판타지 신화가 아니라 과학에 근거한 신(新)신화이다. 이들은 SF 장르일 뿐만 아니라 세상에서 가장 수익성이 높은 오락물이다. SF는 이제 주류가 되었다. 더이

2쪽 [제임스 카메론의 SF 이야기] 촬영장에 있는 터미네이터 골격의 실물 크기 복제품.

4쪽 제임스 카메론의 초기 미완성 SF 영화 <제노제네시스>의 구상 스케치. 훗날 카메론의 작품을 대표하게 되는 여러 요소들이 엿보인다. 왼쪽 하단의 로봇공학적 팔과 오른쪽 하단의 트래드가 있는 로봇은 <터미네이터>(1984)를 연상시킨다. 오른쪽 중앙에 있는 푸른 피부의 외계인은 <아바타>(2009)의 나비족의 전신이다.

8~9쪽 제임스 카메론의 <제노제네시스> 구상 스케치. 1978년에 그린 이 그림은 있는 가오리처럼 생긴 "바람상어"는 <아바타>의 초기 트리트먼트에서도 모습을 드러내며, 디자인 변경을 거쳐 최종 영화에서는 비행 생명체 밴시의 모습으로 등장하게 된다.

상 비주류가 아니다.

SF가 항상 최고의 자리에서 군림한 건 아니다. 20세기 내내, SF는 인정받기 위해 분투했으나, 지속적으로 묵살되고 소외 당했으며 종종 조롱까지 받아왔다. 현재의 대표적인 영화와 TV 드라마가 자리 잡기 전, 60년대에 <스타트렉>과 <환상 특급>, <제3의 눈>, <로스트 인 스페이스> 같은 선구적인 프로그램들이 많았다. 그보다 앞선 50년대에는 B급 영화들이 있었고, 30년대에는 펄프 잡지와 만화책들이 있었다. 그리고 그 모든 것들 이전에 쥘 베른과 H. G. 웰스와 같은 위대한 문학 선구자들이 있었다. 내가 AMC 시리즈인 [제임스 카메론의 SF 이야기]를 시작한 이유는, 우리가 초기 SF 작가와 예술가의 어깨를 디디고 올라설 수 있었기에 오늘날 SF를 대중 문화로 우뚝 세울 수 있었다고 믿기 때문이다. 그래서 그러한 초석을 다진 거인들의 공로를 기리고 싶었다. 초기의 선구자들에게 진 빚을 갚고자 하는 내 마음을 평범한 SF팬들도 이해할 수 있기를 바란다. 이해는 그 모든 아이디어의 DNA를 역추적하는 것으로 시작한다. 누가 이런 말도 안 되는 생각을 처음 떠올렸을까? 다른 이들은 그 아이디어를 어떻게 발전시켰을까? 그리고 그 아이디어들이 어떻게 오늘날 찬사 받는 대표적인 영화로 이어졌을까? <스타워즈>는 무(無)에서 갑자기 생겨난 것이 아니다. 이는 수십 년간 SF 소설, 만화, 영화가 남긴 아이디어와 이미지라는 풍요로운 유산의 결과물이다. 나는 SF 장르의 중요한 작가들을 예우하고 기리기 위해 이러한 역사적이고 문화적인 광맥을 캐내고 싶었다.

나는 또한 SF가 어떻게 우리에게 미래의 희망을 꿈꾸게 하고 악령 같은 현실의 불안을 물리치는 길이 되는가를 보여주고 싶었다. 핵전쟁에 대한 두려움, 사회 불안, 생태적 재앙으로 가득한 이 불확실성의 시대에 SF는 우리가 품은 원대한 희망과 미래에 대한 두려움을 탐구할 수 있게 해준다. 또한 SF는 인류가 이룬 기술력에 대한 우리의 양가적 감정, 우주에 대한 깊어지는 이해와 더불어 우주에서 차지하는 우리의 자리가 미미할지 모른다는 것을 고민하게 한다. SF는 이러한 두려움을 다루는 방법이라 하겠다.

[SF 이야기]에서 우리는 SF를 크게 6개의 하위 장르-어두운 미래, 괴물, 시간 여행, 지능을 가진 기계, 우주 공간, 외계 생명체-로 분류하여 과학의 진보, 자연 세계의 이해 그리고 당대의 불안감과 편집증이 어떻게 각 장르에 드러나는지 깊게 파고들었다.

또한 더 넓은 시각으로 볼 수 있도록, 여섯 명의 SF 영화계 거장들 기예르모 델 토로, 조지 루카스, 크리스토퍼 놀란, 아놀드 슈워제네거, 리들리 스콧, 스티븐 스필버그와 직접 인터뷰를 진행했다. 이 책은 그들과 나눈 폭넓은 주제의 대화를 빠짐없이 담아 재편하였고, 시대를 통틀어 가장 유명한 SF 영화들을 만든 창의적인 사람들의 깊이 있는 통찰력을 제공하고 있다. 또한 [SF 이야기]에서 다룬 핵심 주제들에 관한 여러 SF 전문가들의 에세이도 수록했다. 에세이는 SF 장르의 핵심적 요소를 한층 깊게 이해할 수 있도록 돕고 역사적 배경지식을 구체적으로 제공한다.

SF는 단지 괴물이나 우주선을 다루는 이야기가 아니다. SF는 인간의 영혼을 직시한다. 도구를 사용하는 유인원이 어떻게 세계를 정복하여 좋든 나쁘든 간에 인류세라는 시기를 창조하는가의 과정을 탐구한다. 인류는 우리를 존재하게 함과 동시에 우리를 위협하는 기술이라는 차를 몰고 있다. 캄캄한 밤에 언제라도 고속도로를 벗어날 수 있듯 질주한다. 그런 우리에게 SF는 때를 놓치지 않고 방향을 틀 수 있도록 길을 비추는 전조등 역할을 한다. 그리고 SF는 우리가 제때 방향을 틀지 못했을 때의 결과를 얼핏 보여주기도 한다. SF 창작자들이 수세대에 걸쳐 남겨놓은 어마어마한 작품 전체를 이해하는 것은 곧 종으로서 인류의 운명을 우리 스스로 통제하기 위해 내딛는 첫 한걸음이다.

이것은 SF에 관한 이야기다. 결말은 우리에게 달려 있다.

제임스 카메론이 가장 좋아하는 SF

무작위로 나열

영화

2001 스페이스 오디세이(1968) - 스탠리 큐브릭 감독

메트로폴리스(1927) - 프리츠 랑 감독

블레이드 러너(1982) - 리들리 스콧 감독

미지와의 조우(1977) - 스티븐 스필버그 감독

에이리언(1979) - 리들리 스콧 감독

금지된 행성(1956) - 프레드 M. 윌콕스 감독

시계태엽 오렌지(1971) - 스탠리 큐브릭 감독

매드맥스2(1981) - 조지 밀러 감독

혹성탈출(1968) - 프랭클린 샤프너 감독

지구가 멈춘 날(1951) - 로버트 와이즈 감독

매트릭스(1999) - 워쇼스키 자매 감독

스타워즈(1977) - 조지 루카스 감독

소설

화씨451(1953) - 레이 브래드버리

유년기의 끝(1953) - 아서 C. 클라크

듄(1965) - 프랭크 허버트

히페리온 [히페리온(1989), 히페리온의 몰락(1990), 엔디미온(1996), 엔디미온의 라이즈(1997)] - 댄 시먼스

뉴로맨서(1984) - 윌리엄 깁슨

영원한 전쟁(1974) - 조 홀드먼

타이거! 타이거!(1957) - 알프레드 베스터

달은 무자비한 밤의 여왕(1966) - 로버트 A. 하인라인

스타십 트루퍼스(1959) - 로버트 A. 하인라인

솔라리스(1961) - 스타니스와프 렘

타임머신(1895) - H. G. 웰스

링월드(1970) - 래리 니븐

FROM OUT OF SPACE....
A WARNING AND AN ULTIMATUM!
THE DAY THE EARTH STOOD STILL

들어가며

랜들 프레익스

내가 제임스 카메론을 처음 만난 건 1972년이다. 우리는 캘리포니아주 오렌지카운티 플러튼 칼리지의 학생이었다. 나는 드라마 수업을 듣고 있었고, 짐은 물리학과 심리학, 신화의 기원을 공부하고 있었다. 우리를 평생 친구로 만들어 준 건 로버트 A. 하인라인, 조 홀드먼, 아서 C. 클라크, 알프레드 베스터, 스타니스와프 렘, 래리 니븐, 그리고 현대 SF의 창시자인 H. G. 웰스와 쥘 베른 같은 거장들의 작품을 향한 공통의 열정이었다.

우리는 뱀파이어가 피를 빨 듯 단어를 흡입하는 열렬한 독서광이었다 (짐은 꾸준히 하루 한 권씩 읽었다). 우리는 SF 세계의 경이로움과 광대함, 위대한 지성인들의 자유분방한 상상력과 그들이 제시하는 무한한 가능성에 푹 빠져 들었다. SF TV 프로그램도 탐닉했다. 터무니없는 작품은 비웃었고 대담하고 독창적인 작품은 경탄해 마지않았다. 우리가 가장 좋아했던 작품 중 하나인 <제 3의 눈>(1963~1965) 시리즈는 환상적인 아이디어들로 넘쳐났고, 수많은 팬들을 SF 스토리텔러의 길로 접어들게 했다.

짐은 십대 시절 섭취한 이야기들에서 자신의 SF를 창작할 수 있는 영감을 얻었다. 짐의 재능과 야망은 쉽게 알아챌 수 있었지만 18세 소년이 자신이 하고 싶은 이야기에 대한 확고한 비전을 갖는 건 흔한 일이 아니었다. 엔지니어 아버지와 예술가 어머니를 부모로 둔 짐은 세상을 잘게 쪼개 부품을 조사한 뒤 다시 조립하여 매력적이고 초현실적인 이야기로 만들었다. 소설과 영화, TV 드라마에서 아이디어를 접하면 그는 흥분했다. 그리고 원작자의 의도를 더 확장시켜서 흥미롭게, 미래를 내다보며, 굉장히 놀라운 방식으로 추론을 만들어갔다.

내가 처음으로 읽어본 짐의 작품은 공책에 연필로 쓴 대재앙 이후의 이야기인, <네크로폴리스>의 다섯 챕터이다. 짐은 타고난 산문 작가였다. 힘 있는 아이디어가 강렬하게 눈길을 사로잡았다. 변두리에 있는 그의 조그만 월세방에 앉아 있던 나는 완전히 다른 장소와 시간대로 이동했고, 이전에 들어본 적이 없던 발상들을 경험했다.

예전에 짐은 SF 소설과 영화 대부분은 가슴이 아닌 머리에 너무 집중하기 때문에 많은 대중과 이어지지 못한다고 말했다.

짐은 신화를 공부하고 제임스 조지 프레이저의 <황금가지>(1890)와 조지프 캠벨의 <천의 얼굴을 가진 영웅>(1949)를 읽었다. 자신만의 SF 세계의 토대가 되고,

반대쪽 젊은 SF 창작자 시절 초월적이며 대재앙을 주제로 한 제임스 카메론의 전형적인 초기 작품. 차원이 다른 문을 통해 먼 시간과 공간으로부터 온 초월적인 한 쌍의 남녀가 전하는 계시는 덜 진화한 인간들에게는 너무나 두려운 것이란 걸 보여주는 이미지.

오른쪽 제임스 카메론이 그린 랜들 프레익스.

누구나 공감할 수 있는 보편적인 이야기를 찾기 위한 임무 수행이었다. 클라크와 렘 같은 작가가 대중화시킨 하드 SF에 큰 영향을 받은 짐은 그런 강력한 효과를 유지하면서도 누구나 이해할 수 있는 고도로 지적인 이야기를 만들려 했다.

짐은 개인사의 경험을 자신의 SF 작품에 가져와 보편적인 인간사로 녹여내기도 했다. 80년대 초 <터미네이터>의 각본을 쓸 때 짐은 웨이트리스로 일하던 여성과 살고 있었다. 짐은 그 여성이 매일 일터에서 겪는 일들을 들으며 웨이트리스의 삶이 어떠한지를 이해했다. 그리고 그의 각본에 반영했다. 짐의 이야기 속 주인공 사라 코너는 웨이트리스가 되었고 주변에 있을 법한 '평범한 사람'이 살인 기계에 추격을 당한다는 이 믿기 어려운 사건에 대처하는 사라의 반응은 완벽하게 설득력을 얻었다.

<터미네이터>에 담긴 아이디어 중 내 뇌리를 떠나지 않는 것은 인류가 과학의 오용-스카이넷이라는 사악한 인공 지능의 창조-이 초래한 핵 대재앙에 직면했다는 것이다. 영화는 비록 미래의 어두운 전망을 담고 있지만, 짐의 SF에는 언제나 희망의 빛이 들어 있다. 1991년에 나온 후속편 <터미네이터2: 심판의 날>에서 사라 코너는 사악한 인공 지능이 썼던 전략을 차용하여 스카이넷을 만든 회사를 폭파해 역사의 방향을 바꾸려 한다. 언제나 인간이 문제를 일으키지만, 짐의 세계에선, 역시 인간이 과학과 전략적 사고, 끈질긴 근성으로 문제를 해결한다. 인류가 지닌 최악의 면을 날카롭게 질타하면서 동시에 인류가 지닌 최고의 자질을 찬양한다. 무엇보다 중요한 건, 짐은 의도적으로 자신이 만든 캐릭터와 관객에게 자율권을 부여한다. 우리가 문제를 만들었다면 해결할 수도 있다. 짐의 SF 이야기는 관객에게 우리가 사는 세상에 대한 책임감을 묻고 역사의 올바른 편에 서라고 격려하면서 도전장을 내민다. 착취가 아닌 탐사를 하라고. 빼앗지 말고 베풀라고 한다.

짐은 인간의 삶을 진보의 길로 이끄는 SF의 주제에 관객들이 언젠가 답하리란 것을 항상 믿어왔다. 두 번째 영화인 <에이리언 2>(1986)-짐이 좋아하는 영화 중 하나인 리들리 스콧의 <에이리언>(1979) 후속편-으로 자신의 믿음이 옳았음을 느꼈다.

짐은 리플리가 최후의 적인 에이리언 퀸과 싸울 때 탔던 파워로더의 디자인에 힘을 쏟아 부었다. 영화 개봉 후 한 대형 유압 기계 회사로부터 전화를 받았다. 그 회사는 파워로더를 상용 제품으로 만들 생각이었는데 파워로더가 정교한 특수 효과의 결과라는 것을 몰랐던 것이다. 짐은 현실에 존재할 것 같고, 실제 존재해야 하는 것을 생각해 왔다. 지금까지도 로봇 공학 전문가들은 인간의 능력을 인위적으로 향상시키는 수단으로 유사 로봇 외골격 연구를 이어가고 있다.

짐의 그 다음 영화인 심해 SF 서사 <어비스>(1989)에서 그가 상상한 세계는 다시 한번 현실화됐다. 짐이 영화에 사용하기 위해 만들어낸 실제 잠수 장비와 완벽히 작동하는 원격 조정 잠수정(ROVS)은 훗날 타이타닉을 탐사할 때 사용할 '봇' 장치의 기초가 된 창작품이었다. 뿐만 아니라, 짐이 구상한 SF 요소의 영상들은 사실상 영화 기술의 지각 변동을 일으켰다. 짐은 심해 외계 문명은 의사소통 도구로 물을 사용할 수 있다는 것을 보여줘야 했는데, 당시의 시각 효과 기술로는 불충분했다. 이 문제를 해결하기 위해 짐은 인더스트리얼 라이트&매직(ILM)과 함께 '물 촉수'를 만들었다. 실물 같은 생명체를 만든 디지털 효과는 1989년

오른쪽 <에이리언>에 등장했던 파워로더의 초기 스케치. 카메론은 팔을 조작하는 방식이 야구방망이를 잡는 것과 같도록 구상했고, 제작진에게 아이디어를 설명하기 위해 스케치를 그렸다.

왼쪽 <에이리언>에서 완성된 파워로더를 조종하고 있는 시고니 위버.

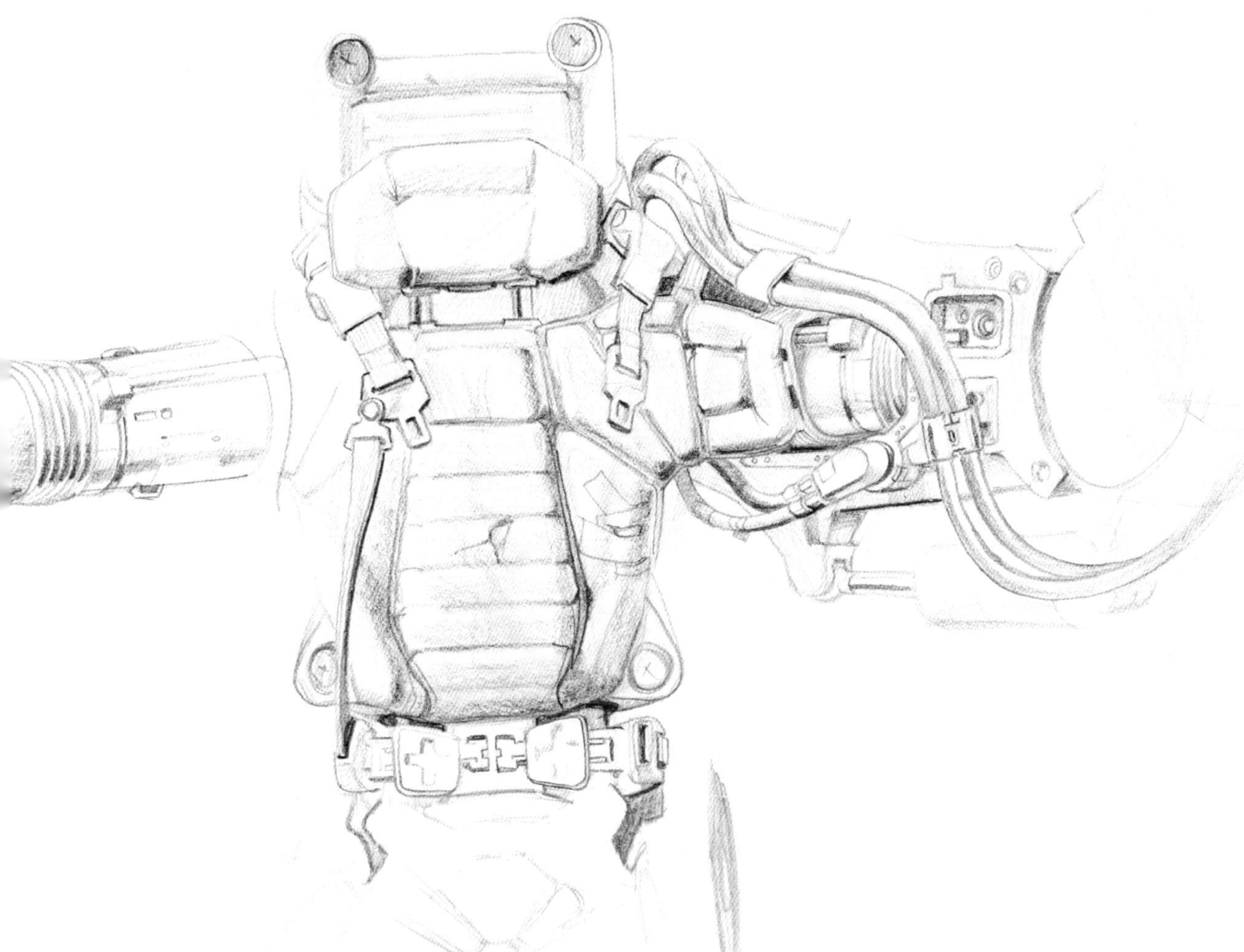

의 관객들에게는 완전히 새로웠다. 그 이전은 물론, 2년 뒤 짐이 이 기술로 새로운 경지를 연 <터미네이터 2>의 액체 금속 로봇 T-1000을 만들 때까지도 볼 수 없던 기술이었다.

짐이 SF에 기여한 중요한 점은 대담한 상상력을 현실 세계에 구현하기 위해 가능성의 한계를 뛰어넘는 그의 능력과 자질로 관객을 즐겁게 하고, 영화 제작 산업에 큰 혜택을 가져온 것이다. 짐이 의욕을 갖고 어떤 계획을 추진하면 최종적으로 우리의 정신세계는 확장되고 기술은 일대 도약하는 결과물을 가져온다.

짐이 투자한 새로운 촬영 기법이나 3D 카메라 같은 신기술은 상세하고 현실적인 외계 행성이 등장하는 -항성 간 여행, 외계 종족과의 만남 이야기로 양육된 SF 팬에게는 최고의 꿈- SF 영화 <아바타>를 만드는 데 필요한 일이었다.

외계 위성, 판도라는 생태적 균형을 이루고 자연을 숭배하는 세상일 것이다. 짐은 판도라의 생명체와 기술, 생태계에 적합한 과학적 근거를 만들었다. 물리 원칙을 깨는 건 없었다. 판도라는 우주 어딘가에 존재할 수 있는 곳이 되었다.

늦은 밤, <아바타>의 디지털 부분을 촬영하는 모션 캡처 세트장에 찾아간 일이 기억난다. 모두가 퇴근했는데, 짐은 혼자 넓은 무대 위에 놓인 의자에 앉아서 밝은 빛을 받으며 가상 카메라를 조작하고 있었다.

짐은 주인공 제이크 설리가 버섯처럼 생긴 식물을 만지자 갑자기 우산처럼 접히면서 해머헤드 티타노테어가 나타나 공격하려는 장면을 디지털 이미지로 어떻게 조작하는지를 내게 보여줬다. 실제 물리학 원칙과 극적 효과 사이에서 식물이 접히는 적당한 속도를 찾으려 조정하는 중이었다. 짐은 가상의 세계를 실시간으로 촬영할 수 있는 수준까지 기술을 올려놓아서 배우의 모션 캡처 연기는 곧바로 디지털 세트장에서 미

반대쪽 <아바타>에 등장한 타나토르의 구상 스케치.

아래 <아바타>에 등장한 완성 이미지인 타나토르.

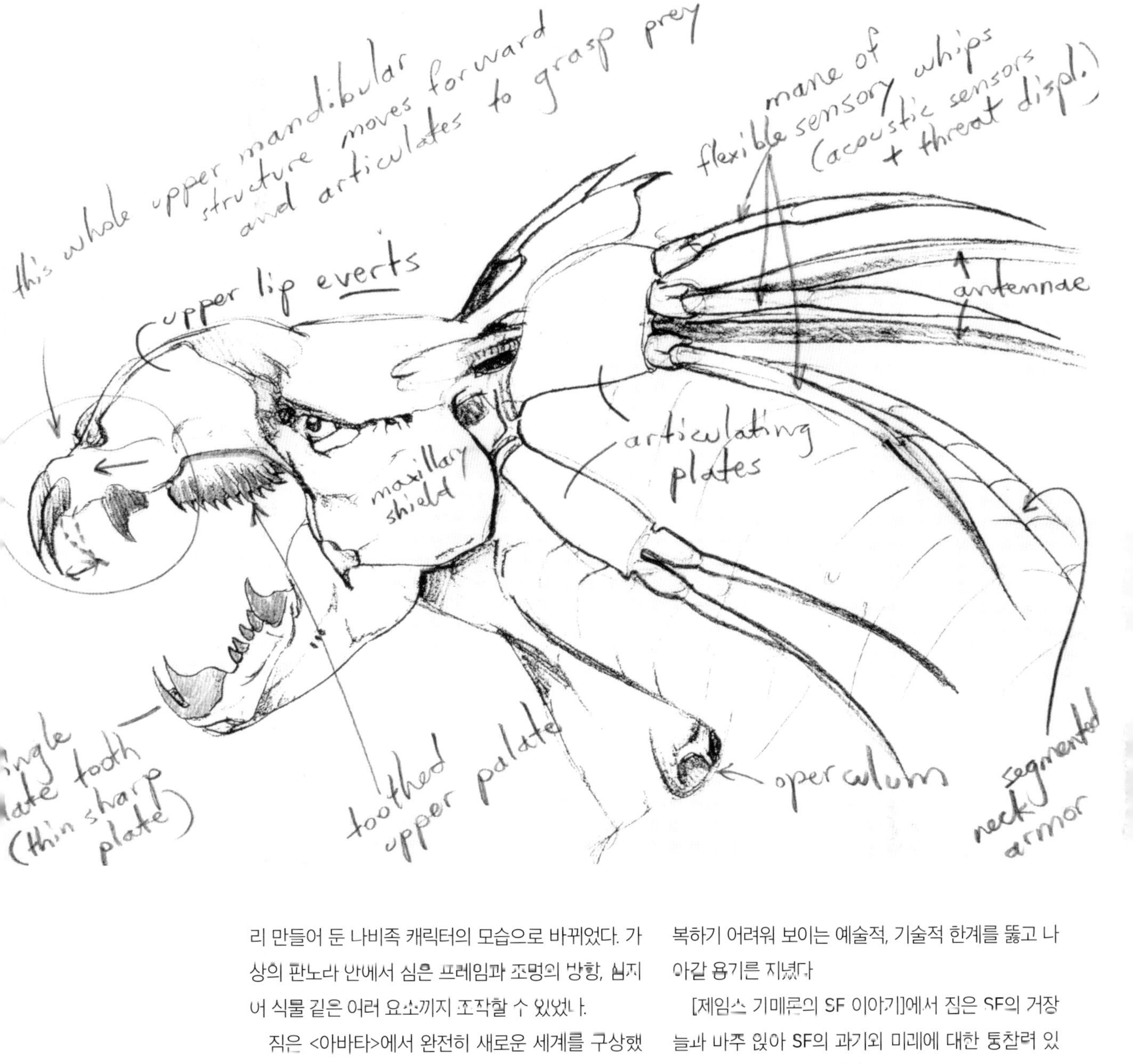

리 만들어 둔 나비족 캐릭터의 모습으로 바뀌었다. 가상의 판노라 안에서 짐은 프레임과 조명의 방향, 심지어 식물 같은 여러 요소까지 조작할 수 있었다.

짐은 <아바타>에서 완전히 새로운 세계를 구상했다. 디지털 기술로 세밀한 부분까지 재현하고 그의 정확한 구상에 맞춰 조작했다.

나는 공책에 이야기를 휘갈겨 쓰고 있던 짐을 처음 만난 그때를 회상했다. 그가 걸어온 여정은 놀랍기 그지없다. 짐은 세상을 꿈꾸고, 그 세상을 현실로 만들고, 그리하여 우리 모두에게 영감을 주는 그 과정에서 극복하기 어려워 보이는 예술적, 기술적 한계를 뚫고 나아갈 용기를 지녔다.

[제임스 카메론의 SF 이야기]에서 짐은 SF의 거장들과 마주 앉아 SF의 과거와 미래에 대한 통찰력 있는 견해를 공유한다. 짐과 그의 동료들보다 SF 장르의 중요성과 무한한 매력을 더 잘 설명해 줄 수 있는 이들은 없다.

거장들의 우주에 온 것을 환영한다

제임스 카메론

인터뷰 진행 랜들 프레익스

랜들 프레익스: 당신이 젊고 야심 찬 작가이자 영화 제작자였을 때, 본인의 창작에 영감을 준 중요한 SF 소설과 영화로 어떤 게 있었나요?

제임스 카메론: 음, 그 질문 자체에 결함이 있네요. 왜냐하면, 제가 SF의 광적인 팬이었던 건 초중고 시절이었으니까요. 포부가 큰 영화 제작자가 된 후론, SF를 훨씬 덜 읽고 그 대신 썼어요. 그러니까 입력에서 출력으로 바뀐 거죠.

입력 단계였던 어린 시절, 최초의 수단은 TV였을 거예요. 제가 12세이던 66년에는 온갖 B급 SF 영화, B급 괴물 영화가 나왔어요. 가끔 <판타스틱 보이지> (1966) 같은 A급 영화도 있었고요. 몇 년 후 <혹성탈출> (1968)이 나왔어요.

제게 영화관 가는 것보다 즐거운 일은 없었어요. <신밧드의 7번째 모험>(1958), <아르고 황금 대탐험>(1963), 레이 해리하우젠의 <지구 대 비행접시>(1956), <지구에서 2천만 마일>(1957) 같은 판타지, SF 영화 보는 걸 그 어떤 것보다 좋아했죠. 영화관에서든 TV에서든 우주를 테마로 한 영화를 하면 안 보고는 견딜 수가 없었어요. 그리고 자연스럽게 SF 소설로 이어졌어요. 일단 읽기 시작하면 초고속으로 나중엔 초초고속으로 읽어냈죠. 고등학생 때 버스로 한 시간씩 등하교를 했으니 하루 두 시간을 버스에서 보냈어요. 가능한 한 수업 시간에도 수학 교과서 뒤에 책을 숨겨서, 어떤 건지 아시죠, 교과서로 받쳐 놓고 이렇게 웅크려서... 하루에 한 권씩 읽었어요. 내용이 긴 건 며칠씩 걸렸죠.

프레익스: 아이작 아시모프와 같은 작가의 작품을 읽었나요? 아니면 누구든 상관없이 읽었나요?

카메론: 누구든 상관없이 읽었어요. 제게 중요했던 건 흥미를 끄는 책 표지였으니까요.

반대쪽 [제임스 카메론의 SF이야기]의 세트장에서 촬영한 모습. 사진 제공: 마이클 모리아티스/AMC

위 우주복을 입은 사람이 거대한 외계의 숲을 탐사하는 그림. 제임스 카메론이 11학년이던 1970년경 그렸다. 훗날 <아바타>에 영향을 끼친 가장 조기 식품일 가능성이 크다.

프레익스: <에이스 더블(Ace Doubles)> 책을 많이 봤겠는데요.

카메론: 에이스 더블, 많이 읽었죠. 거기서 나온 책은 다 읽은 것 같아요. 어느 정도 시간이 지나면 어떤 특정 작가가 다른 작가보다 좀 더 낫다는 걸 알게 되고 아서 C. 클라크나 레이 브래드버리처럼 선집을 내는 작가도 알게 되죠. 그러면서 작가에 관심을 가지기 시작해요. 저는 괜찮은 작가를 찾은 후론 그 작가의 작품을 파고 들었어요. 두 사람이 쓴 건 모조리 읽기 시작했어요. 그런데 지금처럼 아마존이 있는 것도 아니었으니 제가 원하는 책을 구할 수가 없었어요. 동네 슈퍼 서적 진열대에 꽂힌 게 다였으니까요.

프레익스: 정기적으로 SF 잡지도 보셨나요?

카메론: 잡지는 많이 안 읽었어요. <아날로그(Analog)> 같은 잡지를 좀 사긴 했지만, 단편 선집과 장편 위주였죠. 수준 높은 것에서 낮은 것까지요. 하지만 저한테 큰 차이는 없었어요. 물론 클라크의 작품이 더 낫고 더 영리한 건 알았죠. 아이디어도 더 대단했고, 에이스 더블의 여느 작가들보다 주제도 더 웅장했어요. 그래도 전 에이스 더블의 책이 좋았어요. 굉장했어요. 그때는 청소년 SF라는 분류 자체가 없었지만 안드레 노튼(본명은 앨리스 메리 노튼이며 <위치 월드(Witch World)> 시리즈를 저술)의 작품처럼 어린 독자를 위해 쓴 책을 좋아했어요.

프레익스: <데이브레이크>요.

카메론: 물론이에요. <데이브레이크: 서기 2250년>(1952), 우주 고양이를 가진 남자 이야기 같은. 그리고 로버트

아래 <제노제네시스>의 우주선을 위한 제임스 카메론의 구상 스케치. 극도의 고온 흑체방열기 엔진 아이디어는 훗날 <아바타>에 등장하는 ISV 벤처스타 우주선에 쓰였다.

반대쪽 제임스 카메론이 두 번의 긴 통화를 하는 동안 그린 낙서 그림 두 점.

A. 하인라인의 <우주복 있음, 출장 가능>(1958)도 있었고, 청소년 SF라는 분류가 없던 시절의 청소년 SF였던 거죠.

프레익스: 영화를 좋아해서 자주 영화관에 갔다고 하셨어요. 판타지나 SF 영화를 볼 때 더 큰 쾌감을 느끼셨나요?

카메론: 그럼요.

프레익스: 왜 그랬다고 생각하세요? SF의 무엇이 다른 장르의 영화보다 더 큰 희열을 느끼게 만들었을까요?

카메론: 저도 모르겠어요. 만약 당신이 강한 시각적 상상력을 타고 났다면, 다른 예술가의 상상력에도 자극을 받게 되죠. 저에게 판타지나 SF는 가장 뛰어난 상상력의 산물이었어요.

TV 드라마 <미션 임파서블>(1966~1973)은 멋졌어요. 그런데 사실 여러 사람이 서서 얘기하는 게 전부예요. <제3의 눈>(1963~1965)은 흥미로웠어요. 바위가 녹아서 기생 생명체가 되고, 사람의 정신을 조종하고, 뭐 장난이 아니죠. . . 진 <로스트 인 스페이스>(1965~1968)도 아주 좋아했어요. 유치해지기 전까지요. 전 우스꽝스러운 걸 참을 수가 없어요. 그래서 로봇이 손을 흔들며 인사하고 스미스 박사가 콧수염을 비비꼬는 걸 보고는 결국엔 마음을 접고 더 이상 보지 않았어요.

프레익스: SF를 진지하게 받아들이고 싶어서였나요?

카메론: 어렸을 때 저는 장르의 경계선에 대해 아주 엄격했어요. 제가 무슨 팬 모임의 일원이어서도 아니고, 그런 이야기를 나눌 친구가 있어서도 아니었어요. 제 머릿속엔 하드 SF <제3의 눈>과 <환상특급>(1959~1964) 사이에 뚜렷한 경계선이 있었어요. <환상특급>은 판타지인데 어떤 때는 판타지 호러가 되고 종잡을 수가 없었어요. 판타지 주변을 맴돌면서 거의 안 다룬 게 없어요. 그런데 보통 사람은 <제3의 눈>보다 <환상특급>을 더 좋아했어요.

<제3의 눈>은 몇 시즌 뒤에 실패했지만, 저는 이보다 나은 드라마를 생각할 수가 없어요. 전 트레이딩 카드를 모았어요. <제3의 눈> 카드도요. 믿으실지 모르겠지만, 설명이 항상 틀렸어요. 트레이딩 카드를 어떻게 그 정도로 허접하게 만들 수 있는지 도무지 이해할 수가 없었어요. <제3의 눈>에 나오는 외계인에 관한 설명을 아주 멍청하게 지어냈는데, 해당 에피소드와는 전혀 안 맞는 거예요. 분노가 치밀었어요.

프레익스: 사회적으로나 역사적으로, 왜 지금이 SF 이야기를 할 때라고 생각하셨나요? 스필버그는 SF가 전에는 디저트였지만 이제는 메인인 스테이크가 됐다고 말했어요.

카메론: 그래요. 스필버그의 말은 아마도, SF가 가장 수익이 좋은 영화 장르라는 점을 인정받았다는 의미일 거예요. 최근 가장 성공한 영화는 SF나 판타지였어요. <반지의 제왕>이나 <트랜스포머> 같은.

프레익스: 무엇이 전환점이었을까요?

카메론: 20년간 SF 영화의 수익은 점점 줄어드는 추세였는데 <스타워즈>(1977)가 뒤집어 놨죠. 그 전까지는 디스토피아 SF만 계속 나오고 있었거든요. 그러다가 <스타워즈>가 나오고 확 뒤집혔어요. SF에 대

2
2
J.CAMERO

한 모든 사람의 인식을 제대로 바꿔 버렸어요. 그렇다고 이제 SF가 예술로 인정받게 됐다는 건 아니예요. 그 점은 지금도 여전히 노력 중에 있어요. 그러나 SF가 상업적일 수 있느냐에 대한 생각은 180도 바뀌 놓았어요. 그래서 SF가 스테이크가 됐다는 스필버그의 말이 무슨 뜻인지 짐작하는 거예요.

SF가 시기적으로 적절하냐, 인류 생존을 위해 가치가 있냐는 면을 따지자면, 현시점에서 SF는 중요해요. 왜냐하면 우리는 기술로 인해 어떤 문제가 파생할지 한 치 앞도 예측하기 힘든 시대에 살고 있기 때문이에요. 그래서 모든 SF가 이런 문제를 다루고 있어요. 인류의 절반을 없애버리는 병원체를 만들면 어떻게 될까? 지구를 지배하기 위해 인류에 도전하는 강한 인공 지능을 만들면 어떻게 될까? 만약 이러면 어떻게 될까? 만약에 이러면? SF를 통해 지금 이런 질문을 던지는 건 십 년, 혹은 이삼십 년 뒤에 일어날 일을 예측하는 하나의 방법이에요.

그런데 전통적으로, SF가 앞일을 예측하는 건 아주 별로였어요. 2001년, 우리는 목성 탐사를 떠났어야 했지만 그런 일은 일어나지 않았고, 온 세상 사람들을 이어주는 사실상 전자 신경망이라고 할 수 있는 인터넷이 생길 거란 걸 몰랐어요. 심지어 인터넷이 시작되었을 때도 대부분의 SF 작가는 개인 컴퓨터가 아닌 거대한 컴퓨터에 대한 얘기만 했어요. 개인용 컴퓨터가 나온 뒤 인터넷이 나오는 건 순식간이었어요. 몇 년 안 걸렸죠. 그런데도 SF에 개인용 컴퓨터는 등장하지 않았어요. 외계인이 나오든, 인간이 나오든, 미래 세상 이야기든 상관없이 항상 중앙 집중형 대형 컴퓨터였지요. 현재 우리는 인류 문명과 문화, 의식을 가진 종으로서의 진로를 완전히 바꿔 놓은 것을 가졌어요. 그런데 SF는 그걸 예측하지 못했죠.

프레익스: SF의 주요 목적이 미래 예측이라고 생각하는 사람들이 있는데, 그게 아니라는 건가요?

카메론: 그래요. SF는 미래를 예측하지 않아요. 다만, 우리가 주의를 기울인다면 미래를 예방할 수는 있죠.

프레익스: 그러면 SF 영화는 왜 인기가 좋아졌을까요? 정말로 너드들(nerds)의 반란인가요?

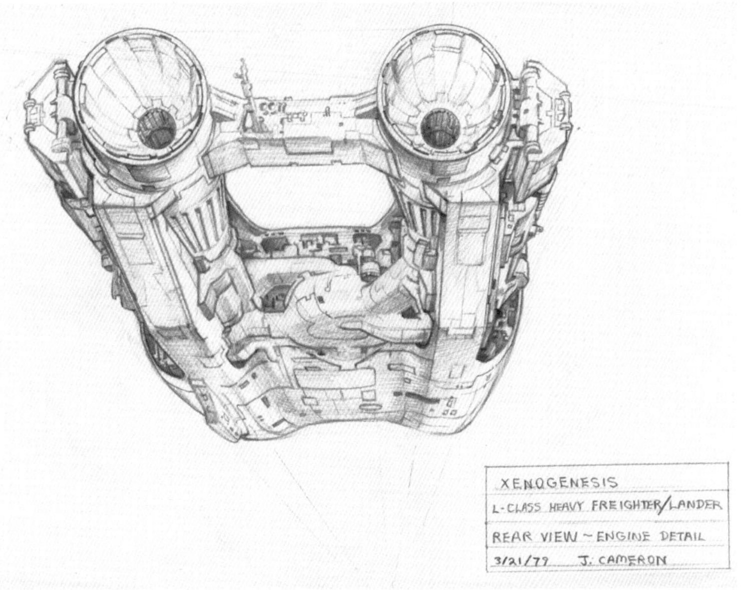

카메론: 아뇨. 음, SF가 오랫동안 아주 너드스러웠던 건 사실이에요. 기본적으로 미국 백인 너드 남성이 쓰고 읽었으니까요. 거의 그랬어요. 여성도 일부 있긴 했지만 다들 남자라고 생각했던 안드레 노튼처럼 모호한 이름으로 활동했어요. 아니면 가명이나 약자를 써서 숨기기도 했죠. D. C. 폰타나가 <스타트렉> 에피소드를 썼을 때도 다들 남자라고 생각했어요. 당시 SF는 아직 여성을 위한 장르로서 준비가 부족했어요. 남성이 기술을 이용해 우주 정복, 원자력 에너지 정복, 로봇과의 전쟁 같은 걸로 세상과 우주를 지배하죠. 완전히 남성 환타지였어요. 아주 뛰어난 여성 작가도 일부 있었지만 숨어 있었어요.

6,70년대가 되어서야 이들이 모습을 드러냈고, 젠더 관점으로 보면 SF는 주제면에서나 작가의 수, 독자의 수 측면에서 훨씬 더 평등해졌어요. 그러니까, 제 어린 시절과 그 이전 시대에 비해 SF가 주류 문화에 한층 가까워진 거죠.

프레익스: 그건 좋은 일인가요?

카메론: 아주 좋은 일이라고 생각해요. <스타트렉>이 많은 공헌을 했다고 봐요. SF가 멋진 아이디어나 하드 사이언스뿐만 아니라 사회적인 문제에 관한 이야기를 담아낼 수 있다는 걸 잘 보여줬어요.

프레익스: 시청자들의 사고에 영향을 줄 수 있었죠.

반대쪽 <제노제네시스>를 위한 제임스 카메론의 구상 스케치. 왼쪽의 탱크를 닮은 기계는 <터미네이터>의 헌터킬러 탱크의 기반이 됐다.

위 <제노제네시스>의 'L 클래스 중량화물선/착륙선'을 그린 카메론의 구상 스케치.

카메론: 인종 문제, 젠더 문제, 사회가 금지하거나 억압하는 것은 뭐든요. 많은 사람들의 눈을 뜨게 해 주었다고 생각해요.

프레익스: SF는 외계인이나 우주선을 이용해 평소 같으면 반발을 불러일으킬 사회 논평이나 비판을 할 수 있죠.

카메론: 맞아요. 외계인이 친구, 연인 또는 우리와 동등한 존재이거나 목숨 걸고 지켜야 하는 존재라면, 생김새는 중요하지 않게 돼요. 어느 순간 겉모습은 아무 의미가 없게 되죠. 젠더, 피부색의 의미도 없어져요. <스타트렉>이 해낸 일이 바로 그거예요. <스타트렉>은 디스토피아가 아니라 희망적이고 영웅적인 미래의 모습을 보여줬어요. 60년대 사람들에게는 그게 필요했던 것 같아요.

프레익스: 희망적인 미래를 담은 SF를 쓰는 게 쉬울까요? 아니면, 부정적인 미래가 담긴 디스토피아 소설을 쓰는 게 쉬울까요? 사람들이 받아들이기 쉬운 건 어느 쪽이라고 생각하나요?

카메론: 어느 쪽이든 쉽게 쓸 수 있을 거라 생각해요. 새로운 발전이 얼마나 흥미로우며 그로 인해 우리가 예상하지 못한 사회적 발전을 어떻게 이루어 가는지를 보여주면 돼요. 하지만 대중성 면에선, 사람들은 절박한 상황을 원하기 때문에 항상 카산드라의 경고를 더 선호하는 것 같아요. 액션이나 긴장감, 극적인 순간은 그런 절박한 상황에서 나오잖아요. 그래서 대부분의 작가가 미래에 대한 어두운 전망 쪽으로 끌리는 경향이 있는 것 같아요.

아래 오리지널 <스타트렉> 시리즈에서 미스터 스팍을 연기한 레너드 니모이.

반대쪽 <제노제네시스>를 위해 그린 제임스 카메론의 구상 스케치에 바람상어의 자세한 모습이 나타나 있다. 바람상어는 <아바타>에 등장한 밴시 디자인의 원조지만, 최종적으로 반영된 부분은 펼치고 접을 수 있는 날카로운 이빨뿐이다.

프레익스: 갈등이 생기는 쪽으로요?

카메론: 맞아요. 좀 더 구체적으로 이야기해 볼게요. 거기엔 모종의 희망이 있기 때문이에요. 사람처럼 말하는 로봇을 갖게 될 거라든가 다른 행성에 갈 수 있는 우주선이 생길 거라는 희망을 가져요. 문명은 오랫동안 아주 잘 돌아가서 멋진 기술을 만들어 낼 것이라는 식의 모험 이야기를 쓰죠. 그런데 그런 모험 이야기를 쓰면서 동시에 나쁜 면들에 대해선 냉소와 조소를 보여요. 제가 보기에 대부분의 대중적인 SF 문학이 이런 식이에요. 반짝이는 병을 모아서 세계를 만들죠. 본질적으로는 그 안에 희망이 있어요. 우리는 꾸준히 살아남아서 뭔가를 계속 발명하고 혁신을 계속 이룰 거라는 희망요. 하지만 또 이 세상을 사람이 살기에 나쁘고, 위험천만하고, 악당이 많은 곳으로도 만들겠죠. 뭔가 좋은 걸 줬다가 다시 뺏는 셈이에요.

그래도 <리보위츠를 위한 찬송A>(1959)만큼의 암울한 방식은 아니에요. 이 소설은 우리가 앞으로 나아가기는커녕 암흑의 시대로 되돌아가고 있다고 해요. 현재 우리가 가진 모든 것은 독단에 빠진 인간의 정신 상태로 인해 영원히 소멸해 버릴 거라는 거죠. 저에게는 그게 끔찍한 미래예요. <뉴로맨서>식의 미래의 뒷골목에는 사악한 존재가 있을 수 있지만, 그렇다 하더라도 근본적으로 낙관적인 면이 있잖아요. 인터넷도 있고, 발달한 인공 지능 등등. 제가 암담하게 생각하는 건 인간의 정신이 진보와 혁신, 과학에 반하여 어긋난 방향으로 가는 거예요. 그건 실제로 일어나고 있는 일이에요. 바로 지금 우리가 사는 세상에서 일어나고 있어요.

프레익스: 공포가 지배하는 시대군요.

카메론: 저는 신앙과 과학 사이에서 일어나는 본질적인 갈등을 다루는 작품이 더 있어야 한다고 생각해요. 제게 신앙은 미신이고, 과학은 진리의 길이에요. 제 개

인적 생각이에요. 그러나 제가 지닌 개인적인 관점을 작품에 많이 투영하지는 않아요. 긍정적인 과학자 캐릭터를 다루는 정도지요. 아바타에서 시고니 위버가 연기한 그레이스처럼요. 그러나 그건 인간 의식을 실험하는 가장 중요한 시험이 될 것 같아요.

단지 우주가 광대하고 우리에게 쉽게 답을 주지 않는다는 이유로 우리가 세상에 대해 배운 것을 부정할 수 있을까요? 그건 우주를 찌그러뜨려 삶의 간단한 설명서로 만들기를 바라는 것과 같아요. 새로 산 잔디 깎는 기계 사용법을 익히는 것과 마찬가지예요. 삶에 관한 설명서가 있고 필요한 걸 전부 알려준다고 하면, 연구나 혁신을 할 필요가 전혀 없어요. 우주를 들여다볼 필요도 없고요. 답이 바로 옆에 있는데 무엇 때문에 그러겠어요. 인류가 그렇게 만족해 버린다면, 제길, 우리는 완전히 망하는 거예요. 인류가 탐구한 모든 게 시간 낭비가 되는 거죠. 제 개인적인 관점이에요.

제가 이것과 관련한 SF를 쓸 수 있겠냐고요? 만약 제가 SF 작가라면 그 주제로 소설을 질리도록 썼을 거예요. 평생 동안 제 작품의 가장 중요한 주제가 됐을 거고요. 장담해요.

프레익스: 확실히 초기 작품 상당수에 그런 소주제가 있는 것 같군요. <터미네이터2>에서 터미네이터가 존 코너에게 말하죠. "너희 자신을 파멸시키는 것은 너희의 본성이다."

카메론: 힘을 키워서 자신이 속한 집단을 보호하는 건 우리의 본성인 것 같아요. 문제는 자신의 집단을 얼마나 넓게 보느냐에 있어요. 우리가 생존하려면 이제 범위를 세계로 넓혀서 인류 전체를 자신의 집단으로 봐야 해요. 그런데 사람들은 아직 그러려면 어떻게 해야하는지를 몰라요. 일부 깨달은 사람도 있지만, 아직은 인간이 그런 일에 형편없다고 저는 생각해요. 아무 쓸모없는 가짜 선을 긋고 우리 지역 스포츠팀이 더 훌륭해. 너희 지역은 형편없고, 너희 스포츠팀도 형편없어. 제발, 이러지 좀 맙시다. 우리가 열두 살인가요?

프레익스: 정치적인 동기 때문에 그렇게 행동하는 거 아닌가요?

카메론: 물론이에요. 하지만 인간 심리에 담긴 본성이 정치적인 동기를 일으키잖아요. 우리는 부족제를 지향하는 경향이 있어요. 우리 부족은 훌륭해. 너희 부족은 나빠. 그렇지만 우리가 교환하고 싶은 뭔가를 너희가 가지고 있다면 참아줄게. 이런 식으로 진화했어요. 수십만, 수백만 년 동안 이런 방식으로 -부족의 관점으로- 살아왔어요. 그래서 사람들은 부족제를 추구하죠. 우리가 스포츠 팀을 정해서 응원하는 이유

아래 카메론이 그린 터미네이터의 초기 구상 스케치에는 영화의 마지막 장면에서 치명적인 손상을 입은 주요 캐릭터의 모습이 나타나 있다. 완성된 영화에서는 칼이 없다.

반대쪽 위 <제노제네시스> 이전 1977년 전형적인 SF액션 시나리오에 카메론이 당시 그린 연필 스케치 <제노제네시스>의 전조도 엿볼 수 있으며, 헌터킬러 스타일의 탱크와 거미 로봇, 사마귀 같은 로봇 팔은 훗날 <에이리언2>에서 에이리언 퀸디자인에 반영됐다.

반대쪽 아래 카메론이 통화 중 그린 그림.

도, 어떤 대의명분과 원칙에 동조하는 이유도 그거예요. 종교 역시 어느 정도 그렇고요. 그게 내부 집단과 외부 집단을 만드는 거예요.

프레익스: 그러면 SF가 이 꽉 막힌 개념을 뚫어줄 수 있다는 건가요?

카메론: 물론이에요. 그런 면에서 SF는 우리가 기존과 다르게 생각할 수 있도록 자극을 줘요. 다르게 생각하도록 강요할 수는 없지만, 다른 관점, 다른 시각으로 사물을 볼 수 있는 방법을 제공하지요. 우리에겐 잠재적 위협이면서 우리와는 다른 방식으로 우주를 바라보는 외계인의 문화를 통해 세상을 볼 수 있다면, 같은 사람이면서 다만 당신과 다른 방식으로 세상을 보는 이들의 시선으로 세상을 보지 못할 이유가 어디 있겠어요?

프레익스: 기예르모 델 토로의 새 영화 <셰이프 오브 워터>가 그런 사례예요. 기본적으로 인간과 비인간 사이의 관계를 다루는 이야기이죠.

카메론: 그 영화는 사랑은 어디에 있는가에 대한 이야기예요. 어렸을 때 읽은 SF 소설이 있는데 -안타깝게도 제목이 기억나지 않네요.- 기본적으로 동성애에 관한 이야기였어요. 그 소설의 한 구절을 기억해요. "사랑은 번개에 맞은 것 같아. 어떻게 할 수가 없어." 그게 바로 기예르모가 하고자 하는 이야기예요. 그래서 주인공과 가장 친한 친구를 동성애자로 설정한 것이고요. 그게 바로 이야기의 주제니까요. 그러니까 이 영화가 전하고자 하는 이야기는, 누군가가 사랑에 빠졌다면 그들은 사랑하고 있는 거예요. 누가 함부로 판단할 수 있는 문제가 아니라는 거죠.

프레익스: 제가 어렸을 때 SF에 끌린 이유는 우리를 둘러싼 문화 안에 있는 부당함과 불공평함, 원칙대로 돌아가지 않는 일을 인지하는 민감성이랄까 사고방식이랄까 그런 것 때문이었어요. SF 이야기들은 이렇게 말해주더군요. 그래, 네가 맞아. 그리고 이렇게 하면 고칠 수 있을지도 몰라…

MOLOCH

카메론: 또는 이대로 계속 간다면 얼마나 나빠질 수 있는가도 보여주죠. 하지만 그건 판타지나 사회학적 공상 과학 소설로도 보여줄 수 있어요. 하드 SF는 기술과 인간관계에 더 비중을 두는 경향이 있어요.

인간과 기술은 불가분의 관계예요. 인간은 동물계를 넘어 이 행성 자체를 지배하고 있어요. 그리고 적어도 환경-식량, 에너지 등등-을 통제한다는 관점에서 보면, 인간이 이룬 모든 것은 기술에서 비롯되었고, 또한 기술과 함께 진화할 수 있는 인간의 능력에서 비롯되었어요.

인간은 직립 보행하게 되면서 손가락을 사용할 수 있게 됐고 그로 인해 돌을 깨서 날카로운 날을 만든 뒤 지니고 다닐 수 있게 됐어요. 인간은 타고난 무기용 발톱이 없지만 이제 발톱이 필요하면 발톱을 가지는 거예요. 동물을 죽여 들고 다니고, 물건을 들고 다니고, 땅에서 감자 같은 덩이줄기를 캐내서 들고 다닐 수 있게 된 거죠. 두 발로 걸었기 때문이에요. 그러므로 인간 후손의 전체 역사는 신체의 진화에 영향을 끼친 기술에 관한 거예요. 두뇌가 점점 커졌고, 그게 다시 기술에 영향을 끼치는 긍정적인 순환 고리를 만들

위 제작되지 못한 <제노제네시스> 계획을 위해 그린 구상 스케치. 배경에 보이는 나무 같은 구조는 수축할 수 있다고 설정했으며, 이 아이디어는 <아바타>에서 나선 모양의 식물 헬리코라듐에 쓰였다.

반대쪽 [제임스 카메론의 SF 이야기]를 위해 스티븐 스필버그와 인터뷰 중인 카메론. 사진 제공: 마이클 모리아티스/AMC

었어요. 그리고 놀랍게도, 그로 인해 지금의 우리가 있는 것이고, 그건 피할 수 없는 거였어요.

따라서 인간 그리고 인간이 가진 기술, 그리고 이 둘이 서로 영향을 미치며 함께 진화하고 있다는 걸 다루는 SF는 사실 가장 포괄적인 인간 소설이에요. 우리는 기술을 진화시키고, 기술은 우리를 진화시켜요. 100만 년이 넘는 시간동안 그래왔어요. 최초의 석기는 150만 년, 어쩌면 200만 년 전까지 거슬러 올라가죠. 그러니까 오래전부터 그래왔다는 거예요.

긴 곡선을 그려요. 무슨 얘기냐 하면, 가속화됐어요. 1만 년 전에 우리는 밧줄, 식물로 짠 바구니를 썼어요. 그때는 우리에게 별 힘이 없었을 거예요. 그리고 그로부터 5천 년이 지나서 철기를 사용했어요. 지금 우리는 앞으로 20년 뒤에 어떻게 될지 예상조차 못하는 긴 곡선 위에 있는 거예요.

프레익스: SF를 읽으면 예상 가능할 지도 모르죠?

카메론: 음, SF 작가는 언제나 모든 것의 의미를 알아내려고 남보다 앞서 이것저것 캐물어요. 그런데 지금은 실리콘밸리에서 나오는 몇몇 기술이 SF 작가가 과거에 상상했거나 상상할 수 있는 수준을 넘어서는 지점에 이르렀어요. 따라서 문제는 우리가 상상했던 미래와 지금 우리가 살고 있는 미래와의 간격이 시간이 흐르면서 꾸준히 줄어들었다는 거예요.

그러나 40, 50, 60년대 이후로 SF가 채택한 여러 기술, 항성 간 여행이나 초광속 여행 같은 기술은 아직 요원한 일이에요. 즉, 가까운 미래, 기술과 함께 나날이 이루어지는 공진화는 쭉쭉 나가고 있지만, 은하계 정복 같은 SF의 전통적인 장대한 주제는 여전히 먼 이야기예요. 우리는 1930년대 휴고 건즈백과 존 우드 캠벨이 지금쯤 가능할 거라 상상했던 미래의 은하계 정복에 전혀 가까워지지 못했어요. 지구의 궤도에 다다르기에 성공하긴 했죠. 60, 70년대에 달에도 몇 번 가긴 했지만 그 뒤로는 간 적이 없어요. 1972년 이후로는 지구를 떠나 다른 곳에 다녀온 사람이 없어요. 놀랍게도 우리는 정점을 찍고 내려왔어요.

이제 로봇이 우주로 나가 놀라운 일을 하고 있어요. 태양계 가장자리까지 가는 데 성공했고, 보이저호가 태양권의 경계를 지나간 것까지 생각하면 태양계 가장자리보다 훨씬 멀리 간 거예요.

프레익스: [제임스 카메론의 SF 이야기]를 위해서 여섯 분을 직접 만나 인터뷰하셨어요. 기예르모 델 토로, 조지 루카스, 크리스토퍼 놀란, 아놀드 슈워제네거, 리들리 스콧, 스티븐 스필버그. 특별히 이들을 선정한 이유가 있나요?

카메론: 대중문화에서 가장 뛰어난 현역 SF 창작자들과 인터뷰할 수 있었다는 건 행운이었어요. 방금 열거한 조지 루카스, 스티븐 스필버그, 기예르모 델 토로는 당연히 언급해야 할 인물들이며, 이들은 자신들을 유명하게 해준 장르에 상당한 기여를 했어요.

이런 생각이 들었어요. '자, 여러분, 우리 모두 경력의 상당 부분을 SF로 채웠어요. 우리가 만든 모든 영화가 SF는 아니지만, 전체적으로 보면 아주 많은 일을 해냈어요. 이정표가 된 SF 영화를 만들었고, 돈도 많이 벌었어요. 그러니까 우리가 어떻게 이 일을 시작했는지, 어린 시절 어떻게 SF에 빠졌는지, 어린 시절과 예술가의 길로 접어들던 십대 시절에 우리의 흥미를 끈 주제는 무엇이었는지, 우리는 왜 그런 생각에 큰 의미를 부여했는지, 이런 얘기들을 대중들과 나누는 건 어때요?'

나는 인터뷰 내용 자체가 그 답이 될 거라고 생각해요. 혹시 조지나 스티븐을 비롯한 그들의 공통점을 발견하셨나요? 그들은 적당히 하지 않았어요. 온갖 아이디어와 이미지가 머릿속에 가득 차 있어서 안 할 수가 없었죠. 그걸 끄집어내야만 했던 거예요.

프레익스: 그들이 가진 비전 같은 거군요. 예술적인 비전.

카메론: 물론이에요. 그건 바로 그들이 세상과 공유하고 싶은 거예요. 영화 제작자는 머릿속에 있는 비전을 꺼내 화면에 담아야 해요.

작가도 똑같은 일을 해요. 어떤 작가는 좀 더 시각적인 방식으로 글을 써요. 머릿속으로 상상하는 어떤 순간을 눈으로 보듯 아주 선명하게 글로 쓸 수 있어요. 글을 읽었던 누군가가 나중에 영화로 만들어진 걸 보고는 "아하, 내가 상상했던 모습 그대로야."라고 이야기하죠. 아니면 열여섯인 제 딸 클레어처럼 말하겠죠. "난 그 영화 안 볼 거야. 제대로 만들었을 리 없어. 내 상상하고 다를 거야."

프레익스: AMC의 시리즈에서 판타지 같은 다른 장르와 비교해 SF의 정의에 대해 많은 얘기를 나누셨어요. 장르의 차이를 구별하는 것이 왜 그토록 중요한가요? 비교 대상이 되는 다른 장르에는 없고, SF에만 있는 건 뭔가요?

카메론: 음, 재미로 소설을 읽고 영화를 본다면 작품의 장르나 하위 장르를 나누는 건 그다지 중요하지 않아요. 하지만 SF와 호러의 경계를 이해하는 사람들에겐 중요하다고 생각해요. 이 둘은 종종 겹치지만, 상당히 달라요. SF 호러를 만들 수는 있어요. <에이리언>이 아주 좋은 예인데, 저는 그 영화를 먼저 SF로 분류할 거예요. 먼 우주, 우주선에서 일어나는 일이니까 일단 SF 영화라는 생각이 들어요. 그게 중요하냐고요? 아뇨, 그렇진 않아요. 당신이 재밌게 본다면 그게 뭐든 상관없어요. <트랜스포머>는 SF인가요, 판타지인가요? 그게 무슨 상관이겠어요? 그건 그냥 <트랜스포머>예요.

프레익스: 특히, 로이 배티라는 등장인물의 관점에서

보면 <블레이드 러너>(1982)는 <프랑켄슈타인>의 SF 버전인 것 같아요.

카메론: 맞아요. 많은 안드로이드나 합성인간 이야기에서는 합성인간이 창조주인 인간보다 더 카리스마 있고 더 흥미로워요. 저는 소설 <프랑켄슈타인>에서도 빅터 프랑켄슈타인보다 괴물이 흥미로웠어요. <프랑켄슈타인>의 다양한 버전에서도 역시 그랬어요.

프레익스: '인간이란 무엇인가?'라는 질문의 살아있는 화신이죠.

카메론: 그게 바로 SF의 근본적인 주제 중 하나예요. 인간이란 무엇인가? SF 작가가 정의하는 인간은 스스로가 '나는 인간이다'라고 생각하는 존재예요. 그 존재가 설령 기계일지라도, 설령 똑똑한 개일지라도 말이에요! 요점은 인간을 어떻게 정의하느냐예요. 감정을 느끼는 의식이 인간과 동등한 수준이거나 더 뛰어난 존재는 인간과 똑같은 권리와 존중과 존엄성을 인정받아야 하지 않을까요? 대부분의 SF 작가가 궁극적으로 쓰고자 하는 건 우리가 외계 종족을 만나면 어떤 일이 생길까가 아니에요. 그건 현재 우리의 삶과 별로 상관이 없어요. 진짜 질문은 외계 종족을 만나서 그들을 이해하는 법을 배우고, 그들을 수용하고 그들과 상호작용하는 과정을 어떻게 이야기로 풀어낼 것인가예요. 말하자면, 우리가 이해할 수 없는 문화와 교류할 때 우리는 그 과정에서 무엇을 배울 것인가이죠.

위 고전 영화인 제임스 웨일의 1931년작 <프랑켄슈타인>의 포스터.

프레익스: 영화 <컨택트>(2016)처럼요.

카메론: 맞아요. 과연 우리는 어떤 문화를 이해하지 못하는 걸까요? 우리가 9/11 테러 배후인 종교 극단주의 테러리스트의 문화를 이해하지 못한 건 분명해요. 만약 그 문화에서는 그런 일이 가능할 거라고 상상했다면 테러를 막을 수도 있었을 거예요. 그건 마치 외계인에게 공격받는 것과 같았어요.

그날 이후 저는 두 가지 반응을 보였어요. 하나는 그들을 공격해서 이 세상에서 사라지게 하고 싶다는 것이었고, 다른 하나는 영화 제작자로서 하던 일을 정말로 그만두고, 아랍어를 배워서 그 사람들의 관점에서 세상을 이해하려고 노력해보고 싶었어요. 그 방법이야말로 사건이 재발하지 않을 유일한 길이라고 느꼈기 때문이에요. 그리고 우리가 그들을 이해하지 못한다는 사실을 깨달았어요.

지금은 그들을 예전보다 훨씬 더 많이 이해하고 있는 것 같아요. '그들'도 부족 간 파벌화가 분명해 보이니 각 파벌, 종파 간의 차이를 이해하려는 지속적인 노력이 필요해요. 하지만 일반 미국 대중은 그들을 거의 이해하지 못하는 것 같아요.

그런데 <듄> 같은 소설을 읽어보면 그 안에 이러한 내용이 담겨 있다는 것을 깨달아요. 프랭크 허버트는 아마도 무자헤딘이 러시아를 상대로 투쟁한 이야기를 쓴 걸 거예요. 언제 썼는지 정확한 시기는 모르지만, 사막 유목민 베두인족 문화가 제국의 군대와 충돌했죠. 그게 영국이었든 다른 나라였든 간에 중요한 건 19~20세기에 그 같은 사건이 반복된 건 확실하니까요.

프레익스: <듄>에 나오는 '스파이스'는 석유죠.

카메론: 네. <아라비아의 로렌스>란 영화가 있었죠?

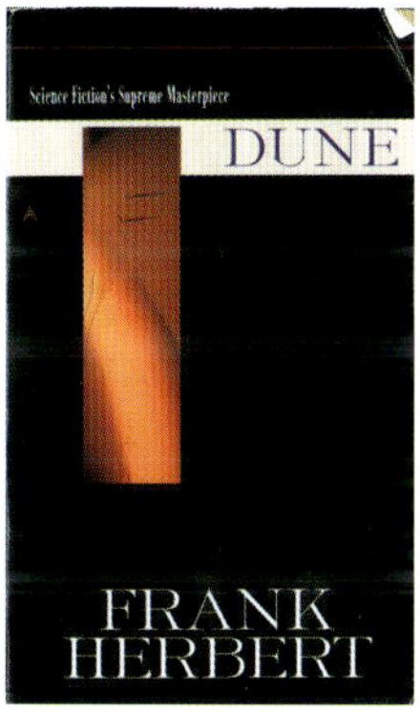

위 데이비드 린치 감독의 <듄>(1984)에서 폴 아트레이드를 연기한 카일 맥라클란.

아래 에이스북스에서 출간한 프랭크 허버트의 <듄> 표지.

결국은 석유에 관한 이야기가 됐어요. 그러니까 스파이스는 석유인 거죠. 아마도 허버트는 미국과 영국이 메소포타미아 계곡 전체를 독단적으로 분할한 것에 대해 지적했던 걸 거예요. 종파나 부족을 무시하고 다른 나라로 나눠 버렸고. 그 결과 지금 우리가 겪는 문제가 생긴 거죠. 아무도 그 문화를 이해하지 못했기 때문이에요. 허버트가 <듄>에서 하는 이야기가 바로 이거예요. 프레멘이 무자헤딘이죠. 프레멘은 오늘날의 아프가니스탄 군벌이나 테러리스트와 비슷해요. 지금 <듄>을 다시 읽는다면 완전히 새로운 관점으로 볼 수 있을 거예요.

또, <스타워즈>를 보세요. 사막 출신의 사람이 빈약한 무기를 가지고 용감한 반란군과 함께 거대한 제국에 맞서잖아요. 러시아에 맞서는 무자헤딘이죠. 그 당시에는 그게 비교 기준이었을 거예요. 그리고 <스타워즈>가 <듄>에 영향을 많이 받은 건 분명해요. 그리고 스스로에게 물어보세요. 내가 실제로 제국을 위해 일하고 있다면 <스타워즈>의 반란군에게 환호할 수 있을까? 왜냐하면, 미국인인 우리는 제국을 위해 일하고 있는 거니까요. 이 정도로 분명해요. 하얀 스톰 트루퍼 복장을 하고 있는 게 아니라 데스 스타의 청소부로 일하고 있을 수는 있죠. 하지만 제국을 위해 일하고 있다는 사실은 달라지지 않아요.

프레익스: 그게 SF라는 장르의 중요한 측면일 수 있겠어요. 외계인이 우리를 바라보듯이 우리 자신을 바라볼 수 있게 해주니까요.

카메론: 바로 그거예요. 그래서 누구나 영화를 보며 데스 스타를 날려버리는 투지 넘치는 반란군과 자신을 결부시킬 수 있어요. 하지만 그걸로 그친다는 한계가 있어요. 자신의 삶에 적용해 인식하지 못한다면, 결국 그저 즐거운 이야기를 읽거나 재미있는 영화를 본 것에 불과해요. 관객들 자신의 삶에 반향을 불러일으키지 못한 거죠. 제 생각에 아주 소수의 관객만이 "흠, 그러니까 내가 저 나쁜 놈과 다르지 않다는 거군."이라고 깨달을 거예요.

프레익스: <스타워즈> 프리퀄 3부작을 봤다면, 그건 꽤 명백해지죠.

카메론: 맞아요. "이렇게 민주주의가 죽는군. 우뢰 같

은 박수와 함께."

프레익스: 그거죠.

카메론: 우리는 1년 전쯤 그런 모습을 봤어요.

프레익스: 인류 전체가 더 나은 버전이 될 수 있도록 영감을 주고 또한 개선할 수 있는 길을 제시하는 글을 쓰고 영화를 제작한다는 건 어떤 의미가 있을까요?

카메론: 자, 제가 하는 일이 바로 정확히 그것인데 완전히 수사적 질문을 하시는군요. <아바타>가 그랬고, <아바타> 후속편의 의도가 그랬어요. 저한테 묻고자 하는 진짜 질문은, 그게 효과가 있을 것 같냐는 거죠? 잘 모르겠어요. <아바타>가 효과가 있었는지 잘 모르겠어요. 메시지는 담겨 있었어요. 어떤 사람에게는 효과가 있었어요. 그런데 90퍼센트는 그냥 아름다운 풍경과 모험 같은 걸로 즐겼던 것 같아요. 10퍼센트는 행동에 나서라는 요구로, 혹은 적어도 자연 경시와 서로에게 편협한 태도에 대한 경종으로, 바로 지금 문명을 병들게 하고 우리의 생존을 위협하는 것들에 관한 경고의 의미로 진지하게 받아들인 것 같아요.

<아바타>는 관객의 수라는 측면에서 볼 때 아주 넓은 그물을 던졌어요. 개개인이 단지 미미한 변화를 보였다 해도 수억 명이 봤기 때문에 전 세계적으로는 상당한 변화가 있을 거예요. 그래서 어쩌면 사람들의 세계관과 관점을 바꾸고, 좀 더 관용적 인간이 되게 하고, 멍청하게 투표하지 않게 하는 다른 많은 요소에 아주 작은 거 하나를 더한 건지도 몰라요. 그 정도면 좋은 일을 한 거죠. 영화가 실제로 얼마나 좋은 역할을 했느냐를 측정할 수는 없다고 생각하지만 예술가로서 반드시 해야 할 일이에요.

조심해야 할 건, 너무 가르치려 들거나 교훈적으로 만들어서 예술적인 효과를 망쳐서는 안 돼요. 첫 번째 <아바타>로 모두를 놀라게 했어요. 그저 웅장하고 화려하고 보기 좋은 장관이라고만 봤거든요. 다음 번엔 좌파와 환경 보호론들을 비판하는 평론가들이 눈을 크게 뜨고 그런 주제를 찾으려고 할 거예요. 트럼프도 트윗을 남길 거라고 확신해요.

프레익스: 그건 성공했다는 방증인데요.

카메론: 그래서 사람들이 덜 보게 될 거고 결국 효과도 덜하게 되겠지요. 처음은 일종의 트로이 목마였어요. 흠, 두고 봐야죠. 하지만 전 물러서지 않을 거예요. 그렇다고 해서 망치로 내려쳐서 사람들의 목구멍 속으로 메시지를 쑤셔 박으려 하지도 않을 거예요. 사람들이 받아들이든 말든, 전 주제의식이 있는 재미있는 이야기를 하려고 노력할 뿐이에요. 혹 받아들이지 않더라도 여전히 이야기는 즐길 거예요. 전 돈 꼴레오네의 가치를 믿지 않지만, 그래도 <대부>는 좋아하거든요. 그러니까 영화를 즐기고 인물을 좋아하고 따르기 위해 그 가치에 동의할 필요는 없어요.

프레익스: SF 작가에게 과학적인 내용을 올바르게 표현하고 나아가, 현실의 문제를 다뤄야 한다는 도덕적인 의무가 있을까요?

카메론: 엔터테인먼트라는 렌즈를 통해 우리가 사는 시대와 우리가 처한 정치·사회적인 상황을 다뤄야 한다는 도덕적 의무에 비해 과학적인 내용을 올바르게 표현해야 한다는 도덕적 의무는 덜 중요하다고 말하고 싶군요. 최소한 어디가 떨어져 나갔거나 조금 삐딱한 렌즈를 써야 사람들이 새로운 관점으로 현실을 볼 수 있어요.

세상이 예전보다는 진보했다고 생각하지만, 사람들은 놀라울 정도로 편견에 사로 잡혀 있고 고집스러우며 독단적이라는 사실을 우리는 똑똑히 목격하고 있잖아요. 오늘날 세계의 포퓰리즘과 고립주의의 규모를 보면 우리가 퇴행하고 있다는 사실을 알 수 있죠. 최소한, 깊숙하게 박힌 독단적 관점이 거친 표현을 통해 우리의 착각에 지나지 않는 자유주의의 거품에 드러나고 있어요.

사회의 변혁과 진보가 우리 생각처럼 효과적이지는 않았다는 거죠. 즉, 더 강하게 밀고 나가야 한다는 뜻이에요. 우리가 이룬 진보가 뭐든 간에 사람들이 어린 시절 가졌던 혹은 주입 당했던, 혹은 학교에서, 부모에게서 배웠던 편견을 과거보단 덜 가지게 만들었으니까요. 상당수의 SF가 그런 사회 진화에 공헌했어요. SF는 사람으로 하여금 자신을 둘러싼 거품, 자신

반대쪽 <아바타>의 네이티리를 그린 제임스 카메론의 디자인으로, 최종판에서 나타난 고양이 코와 재규어 같은 무늬가 확립돼 있다.

을 둘러싼 현실 바깥을 보도록 요구하거든요.

프레익스: 그래요. 칼 세이건의 숙원은 사람들이 일상생활에서 과학의 가치를 인식할 수 있도록 과학을 대중화하는 것이었던 것 같아요. SF 작가가 하는 일과 아주 비슷해요. 똑같아요. 과학을 우리의 삶으로 가져오는 것.

카메론: 음, 전 칼 세이건이 과학을 대중화해서 더 많은 사람이 정신적으로, 그리고 지적으로 우주에 다가갈 수 있도록 애썼다고 생각해요. 하지만 지금은 시대가 좀 다르죠. 그때는 바이킹호가 화성에 착륙하고 보이저 호가 목성까지 날아가는 우주 여행의 모습을 보던 시절이었어요.

물론 우주에 열광하는 사람들은 있죠. 하지만 지금은 추(진자)가 반대쪽으로 움직이는 시기이기도 해요. 과학에 대한 불신이 널리 퍼져 있고, 풍부한 자금으로 과학을 활발히 공격하는 가짜 정보 프로그램을 만들고 있어요. 요즘 같은 탈진실의 시대에 과학은 온갖 종류의 협잡과 가짜 뉴스로 전방위적인 공격을 받고 있어요. 과학은 궁지에 몰려 있어요. 그리고 한 사회로서, 전체적으로 보면 우리는 과학적 방법론을 충분히 존중하지 않고 있어요. 우리는 언제나처럼 미신과 초자연적인 헛소리를 믿고 있죠. 문제는 이거예요. 점점 더 갈수록, 우리가 마주한 위기는 과학을 이해해야만 해결할 수 있는 과학의 시대에 우리가 살고 있다는 거예요.

기후 변화가 좋은 사례예요. 과학을 이해하지 못하고 과학적 정보와 분석의 원천을 존중하지 않는다면, 우리는 기후 변화의 나쁜 결과를 막기 위해 정확한 정보에 근거한 결정을 내리거나 국제적인 정책을 만들지 못할 거예요. 그리고 지금 우리는 그런 위협을 대면하기에 사회적으로나 심리적으로나 정치적으로나 준비가 안 됐어요. 과학을 충분히 신뢰하지 않기 때문이죠.

그러니까 SF는 평범한 사람이 과학을 이해하고 존중할 수 있게 해주는 방법이에요. 그런데 안타깝게도, SF가 더 대중적이 되면서 정작 과학에 관한 존중으로부터는 더 멀어졌어요. 본질적으로 과학 판타지가 된 거예요. 우주선이 휙휙 날아다니고, 다른 행성까지 몇 시간, 몇 분 혹은 순식간에 이동하죠. 물리 법칙을 완전히 무시하고 있어요. 우주 여행은 단지 어떤 판타지 모험 이야기에라도 나올 법한 도구일 뿐이에요. 사무라이 영화든, 서부 영화든, 마법사 이야기든 상관없어요. SF에 과학이 거의 남아 있지 않아요.

최근에 나왔던 주목할 만한 예외라면, 인기를 많이 끌었던 <마션>이 있어요. 주인공은 살아남기 위해 "과학으로 조져 주겠어"라고 해요. 그리고 그렇게 해요. 그리고 영화가 성공할 정도로 대중의 흥미를 끌었어요. 그건 비유가 아니에요. 우리가 처한 현실이에요.

우리는 과학으로 조져야 해요. 우리는 유전자를 조작한다는 게 무슨 뜻인지, 우리 모두를 죽일 수 있는 병원체를 만든다는 게 무슨 뜻인지, 병원체가 원래 발생하던 지역을 벗어나 다른 곳으로 퍼져나갈 수 있게 기후를 바꾸어 놓는다는 게 무슨 뜻인지 이해해야 해요. 어떤 지역의 식물은 죽어 없어지거나 서식지가 이동해요. 동물도 다른 지역으로 이동하거나 죽어서 사라져요.

우리는 사실상 지구의 역사에서 여섯 번째 대멸종을 일으키고 있어요. 요즘 과학자들이 인류세라고 부르고 있는 새로운 시대를 만들었죠. 알다시피 이렇게 만든 건 과학과 기술이에요. 그리고 과학과 기술만이 우리를 여기서 벗어나게 할 수 있어요.

프레익스: SF 문학도 과학으로부터 멀어지고 있나요? 아니면 SF 문학은 여전히 과학을 존중한다고 생각하나요?

카메론: 과학에 대한 존중이나 관심의 정도는 작가와 하위 장르에 따라 달라요. 제가 보기에는 기술에 관심을 갖는 사례가 훨씬 더 많아요. 여러 기술 분야 중에서 특히 인공 지능과 인터넷, 가상 현실 같은 분야에 관심이 많아요. 예전의 이성적이고 수학적인 하드 SF 유형의 소설이나, 아서 C. 클라크식 하드 SF 소설은 많이 줄어든 것 같아요. <마션>과 <인터스텔라> 같은 주목할 만한 예외가 있지만요. <인터스텔라>는 원작 소설이 없었던 것으로 기억하는데요, 어쨌든 대중문화의 한 사례죠.

위 제임스 카메론이 그린 초기의 에이리언 스케치로 에이리언 에이리언 퀸의 머리와 상체의 기본적인 모양이 나타나 있다. 다리의 자세한 모습은 아직 미완성이다.

프레익스: 좋아요. 이제 괴물에 관해 조금 이야기해 보죠. 정말로 멋진 SF 괴물은 어떻게 만들어진다고 생각하나요?

카메론: 음, 정말로 멋진 SF 괴물은 말 그대로 사이언스 픽션 괴물이어야 해요. 기술의 오용이나 과학 혹은 자연법칙에 대한 우리의 오해로 생긴 괴물이어야 하는 거죠. 아니면, 신이라도 된 것처럼 인간을 더 뛰어나게 개량하거나 우리가 제대로 이해하지 못하는 것을 통제할 수 있다고 자만하다가 괴물을 세상에 풀어놓게 된다거나 하는 거죠. 현실에 있는 가령, GMO(유전자 변형 물질) 같은 걸로 추정해보는 거예요. 우리가 유전자를 건드렸다가 손쓸 수 없는 상황이 된다면 어떻게 될까? 어떤 끔찍한 것이 실험실에서 나올 수 있을까? 그러니까 항상 인간의 실수나 인간의 오만함에 대한 경고인데, 물론, 최초의 SF 속 괴물이었던 프랑켄슈타인까지 거슬러 올라가죠. 어떻게 보면 인간의 나약함이나 이해력 부족을 얘기하는 거랄까. SF 속 괴물의 본성은 대부분 그랬어요. 미지의 존재를 제대로 이해하지 못하는 우리의 무능력인 거죠.

<에이리언>(1979)의 제노모프도 그 범주에 속한다고 생각해요. 우리가 도무지 알 수 없는 존재에 맞서는 거예요. 즉, 인간의 의식과 지식의 한계에 대한 거죠.

SF가 종종 우주를 더 잘 이해하기 위해 과학적인 정밀한 도구에 관한 이야기를 한다는 점이 흥미로워요. 괴물은 그 과정의 결과물에 대한 두려움에서 태어나요. 핵무기처럼 과학의 결과가 예측을 벗어난 것이란 게 세상에 증명되었을 때 괴물은 등장해요. 그래서 SF 속 괴물의 상당수는 40년대 후반, 50년대, 60년대 초에 등장했고, 모두 핵 공포의 결과물이었어요. 지혜가 결여된 채 너무 많이 알고 너무 강해져서 초래한 결과라는 파멸 의식이 깔려 있었어요. 사람들은 심팬지가 기관총을 가진 것과 다름없다고 말하곤 했어요. 기술의 진화가 사회적, 정서적, 정신적 진화에 비해 너무 강대해진 거죠.

프레익스: 직접 몇몇 유명한 괴물을 만들기도 하셨잖아요. <에이리언2>에서 H. R. 기거의 제노모프를 응

용해서 에이리언 퀸을 만든 과정은 어땠나요?

카메론: 당연히 기거에게서 영감을 받았어요. 하지만 괴물 애호가로서 그리고 디자이너로서 나만의 시도를 해보고 싶었어요. 그래서 생체 기계 개념을 가져왔고. 사실 <에이리언>에서 그 괴물은 아주 남근숭배적이었잖아요. 그걸 비틀어서 여성으로 만들려고 했죠. 그래서 퀸의 다리를 아주 길고, 우아하고, 가늘게 해서 발은 거의 하이힐처럼 보이게 했어요. 그랬더니 흉측한 모습의, 끔찍하지만 어딘가 아름다운 괴물이 되더라고요.

기거는 처음부터 완전히 새로 만들어낸 표현이 많았어요. 등에 튀어나와 있는 튜브, 남근을 닮은 머리는 목을 중심으로 돌아가고요. 그 머리를 보고 저는 트리케라톱스가 얼핏 떠올랐어요. 그래서 트리케라톱스 목 뒤의 골판과 두개골 뒤쪽을 가져다 자동 디자인 원리를 적용해서 기거의 여러 생체 기계 표현과 섞었어요. 꿈에서 떠오른 아이디어는 아니었어요. 상당히 체계적으로 작업한 결과죠. 등에 튀어나와 있는 척추는 위협적인 모양이 되긴 했지만, 그건 순전히 제가 에이리언 전사라고 불렀던 괴물에게 있던 튀어나온 튜브를 좀더 정교하게 만든 거예요.

좀 더 개연성있게 보이기 위해 그에 걸맞는 사회나 위계, 생의 주기를 만들어야 했어요. 퀸이 만약 거대한 알주머니가 달린 흰개미 여왕 같은 존재라면, <에이리언> (1977)에서 리들리 스콧과 기거가 설명하지 않았던 수많은 알의 존재를 설명할 수 있다고 생각했죠. 사실 설명하긴 했는데 편집에서 삭제했더라고요. 그 영화에서 에이리언의 생의 주기는 좀

위 리플리와 에이리언 퀸의 유명한 전투를 묘사한 카메론의 초기 디자인. 이 그림은 카메론이 <에이리언2>의 각본을 쓰기 전에 그렸다.

반대쪽 카메론이 그린 에이리언 퀸의 초기 모습의 알주머니는 최종본 영화에 등장하는 위로 올라간 알주머니와는 아주 다른 모양이다.

기묘한데, 인간 숙주 몇 명이 고치가 됐다가 알로 변하고, 나중에 그 알에서 페이스허거가 나오는 거였어요. 그런데 그게 저한테는 말이 안 되더라고요. 어차피 영화에 안 넣었으니 상관없지만요. 그러니까 아이디어는 에이리언이 기생하는 곤충 같은 거였어요. 애벌레나 다른 숙주를 마취시켜 그 안에 알을 주입하여 부화하는 나나니벌처럼요. 그런데 에이리언의 생의 주기는 두 단계로 나눠지니까 달라요. 페이스허거는 알에서 부화하고, 그 페이스허거가 숙주에 두 번째 알을 주입해요. 그러니까 거대한 알은 페이스허거가 들어있는 컨테이너인 거예요. 죽은 애벌레 안에서 나나니벌의 알이 부화하는 것처럼 페이스허거도 기생하듯이 숙주 안에 알을 주입하고 그 안에서 알이 깨어나죠. 그렇게 부화한 에이리언이 성체가 돼요. 이 과정 어딘가에서 에이리언 퀸이 나올 수 있어요. 벌이 여왕이 필요할 때 호르몬이나 다른 신호를 이용해서 여왕벌을 만드는 것처럼요. 그 결과 리들리와 기거가 진지하게 고민하지는 않았던 것 같은 에이리언의 생애가 한층 더 탄탄해졌어요. 제가 보기에는 더 그럴 듯 했죠. 그리고 꼬리에 사냥감을 마비시킬 수 있는 독침이 달려 있다고 설정했어요.

그러면 이런 의문이 떠오라요. 에이리언은 왜 두 단계에 걸친 생의 주기를 갖게 된 걸까? 답은 적응이에요. 나나니벌의 애벌레는 숙주에 적응하지 않지만, 다음 세대의 나나니벌은 같은 종류의 애벌레를 공격하는 데 더 효율적일 게 분명해요. 그래서 두 단계 삶에 관한 제 아이디어는 페이스허거가 숙주 안에 알 혹은 수정란을 주입시 적응을 가능하게 해줘서 괴물이 숙주의 모습을 띄고 태어나는 거였어요.

에이리언의 경우 관절이 있는 손가락, 손, 다리, 팔을 가졌고 전반적인 몸 구조가 인간과 매우 비슷하지만 머리의 발달은 인간과 많이 달라요. 후속편에서도 이 아이디어를 차용해 개 버전 에이리언이 나오고 그랬죠. 언젠가 소 버전 에이리언도 나왔던 것 같네요.

따라서 과도기인 생의 주기 중간 단계의 목적은 적응이었어요. 그리고 이론적으로 에이리인은 유전 공학으로 만들었을 수도 있고, 어디서든 숙주에 적응할 수 있도록 자연스럽게 진화했을 수도 있어요. 만약,

위 위로 올라간 알주머니가 있는 에이리언 퀸을 그린 카메론 스케치. 이 디자인은 완성된 영화에 쓰였다.

은하계를 정복할 방법으로 어떤 게 있을까 궁금했다면, 이게 그 방법이에요. 잠재적인 숙주 집단의 생화학적 특성과 형태적 특성에 적응할 수 있어야 하죠. 이 행성에서 저 행성으로 가야한다면 숙주는 이전에 본 적도, 접한 적도 없는 생물일 테니까요. 앞에서 말한 생의 주기 중간 단계가 없다면 숙주 집단을 먹이로 삼을 만큼 완벽하게 적응해서 등장할 수 없겠죠. 그게 주된 개념이었어요.

프레익스: 자, 그 답변은 당신을 다른 SF 영화 제작자와 차별화시키는 완벽한 보기가 되겠군요. 당신은 과학을 확실히 이해하고 있어요. 그리고 관련 지식을 제대로 조사해서 상식적으로 풀어내고요.

카메론: 그래요. 그건 상식이에요. 생물학의 이해와 과학을 통해 알게 된 거죠. SF 소설을 통해서도 알게 되었어요. 소설에서는 이런 게 새로운 아이디어가 아니거든요. SF 소설을 읽으면서 자라지 않은 평범한 관객이 보기에는 대부분의 이런 아이디어가 아주 놀라운 모양이에요. 하지만 SF 소설의 팬에게는 이런 느낌이죠. 그걸 이제 알았어?

프레익스: 당신은 SF에 과학만 가져온 건 아니에요. 좋은 스토리텔링도 있어요. 이제 <터미네이터>와 <에이리언2>에 나타난 대립자의 통합에 대해 간단히 얘기하고 싶군요. <에이리언2>의 경우, 에이리언 퀸과 시고니 위버, 두 주요 캐릭터로 놀라운 대립자의 통합을 보여줘요. 두 어머니가 각자의 어린 개체를 보호하죠. 이보다 더 강한 대립자의 통합은 본 적이 없어요. <터미네이터>에서는 임신한 여성이 자신의 목숨을 걸고 태어나지 않은 아이의 목숨을 살리기 위해 죽음의 상징인 터미네이터와 싸우죠.

카메론: 정확해요. 터미네이터는 해골이에요. 고전적인 죽음의 형상이에요. 그리고 끝에 가면 그 여성은 (린다 해밀턴 배역) 미래의 어머니가 돼요. 따라서 두

영화에는 모성이라는 주제와 함께 어머니를 죽음에 맞서는 생명의 수호신이나 생명의 원리로 보는 생각이 담겼어요.

그리고 터미네이터나 에이리언처럼 무자비한 죽음이 또 어디 있나요? 이 둘에겐 이런 공통점이 있어요. 에이리언은 미지의, 알 수 없는 존재라는 효과를 추가했어요. 에이리언은 너무 낯선 존재여서 우주에서만 마주칠 수 있어요. 반면, 터미네이터는 어떤 면에서, 인간처럼 느껴져요. 더 뛰어난 살상 기술을 만들려고 노력하는 인간의 진수를 보여주죠. 그러니 기계 해골보다 더 나은 심볼이 있을까요?

하지만 리들리의 영화에는 다른 대립자의 통합이 있어요. 네, 에이리언의 마지막 상대는 여성이었고, 여성이 이겨요. 하지만 어머니의 모습은 아니었어요. 분명히 여성 전사였죠. 에이리언은 일종의 남성, 남근, 프로이트주의자, 성(性)적 침입자였고, 무의식적으로 강간, 폭력, 임신에 대한 우리의 공포를 자극했어요. 모든 요소가 잘 어우러져 설득력이 있었어요. <에이리언1>에는 그러한 아름다운 대립자의 통합이 있어요. 전 그걸 망각하지 않았어요. 그저 조금 다르게, 각자 자신의 삶의 원칙을 위해 싸우는 두 어머니를 더 많이 다루는 방향으로 가려고 했던 거죠. 그건 강간이나 폭력 같은 것과 무관해요. 그저 선택이 달랐을 뿐이에요. 똑같은 영화를 두 번 만들 필요는 없잖아요.

프레익스: 당신이 예전에 제게 우주에서 가장 무서운 힘은 모성 본능이라고 이야기한 적이 있어요.

카메론: 네, 전 그렇게 생각해요. 왜냐하면 자식을 위해 싸우는 어머니는 자기 자신을 희생할 거거든요. 어머니는 자식을 보호하기 위해서 미지막 에너지까지 쥐어짜고, 발톱이든 손톱이든 모든 방어 수단을 이용해서 싸울 거예요. 그리고 자식을 위해서라면 목숨까지 바쳐 싸울 거에요. 어머니는 그렇게 하도록 신화했죠. 반면, 남성은 다른 이유로 싸워요. 자존심 때문일 때도 있고, 영역 때문일 때도 있고, 권력 때문일 때도 있어요. 그러다가 너무 많이 다치면 멈출 거예요.

프레익스: 어두운 미래로 화제를 옮겨 보죠. 작가이자 영화 제작자로서 디스토피아 작품은 어떤 문제를 탐구하게 해주나요? 그리고 SF 장르 전체에서 디스토피아 작품이 갖는 중요성은 무엇이라고 생각하나요?

카메론: 디스토피아 작품은 SF의 엄청난 부분을 차지해왔다고 생각해요. 언제나 SF의 일부였죠. 초기 SF 작품을 생각해보면, 대개 미래에 대한 경고였어요. H. G. 웰스는 미래에 대해 우리에게 경고했어요. 그의 여러 소설에서 사회심리적인 경향과 기술의 오용을 경고했어요. 상황이 바뀐 건 <스타워즈>가 나왔을 때예요. 60, 70년대에는 디스토피아 SF가 주류였거든요. 그 시기에 나왔던, 좋아하는 디스토피아 SF 영화 제목을 모두 댈 수 있어요. 상당수가 대재앙 이후의 이야기였어요.

그러다가 <스타워즈>가 나와서 이렇게 말했죠. 이제 그만 하자. 그건 재미없어. 방향을 완전히 바꿔서 공주와 광선검, 순간 이동이 나오는 새롭고 신화적인 서부극 같은 모험 이야기를 하자. 비록 폭압적인 제국에 맞서 싸우고 있긴 하지만 경쾌하고 낙천적으로 만드는 거야. 그건 아주 재미있었고, 역사상 수익을 가장 많이 올린 영화가 됐어요. 그때부터 갑자기 주류 미디어에서 SF를 완전히 다르게 보기 시작했어요. 그 후 약 20년 동안 어느 누구도 디스토피아 영화를 만들지 않았어요.

또 한편, 조지 루카스는 시각 효과와 SF 전반에 엄청난 공헌을 했어요. 자신이 무슨 일을 하고 있는지 정확히 알고 있었어요. 스페이스 오페라를 만들고 있다는 걸요. 조지는 이미 <THX 1138>(1971)이라는 디스토피아 영화를 만든 적이 있어요. 그건 돈이 되지 않았어요. 조지는 "난 다시는 그런 거 안 할 거야."라고 했어요.

전 <스타워즈>가 SF를 주류 대중문화에 편입시키는 데 아주 큰 공헌을 했다고 생각해요. 그와 동시에 약간의 해도 끼쳤어요. 현대 사회의 문제에 덜 주목하게 했다는 점에서. 사실 그게 디스토피아 SF가 말하고자 하는 거니까요. 이를테면, 이런 경향이 계속 이어진다면 어떻게 될까? 기계가 우리를 감시하는 경향이 계속되면 어떻게 될까? 무기화 경향이 계속되면 어떻게 될까? 감시와 유선자 조작이 계속되면 어떻게 될까? <멋진 신세계>에 나오고 <1984>에 나와요. 핵무기나 여타 무기의 무분별한 개발이 계속

되면 어떻게 될까?는 <그날이 오면>과 핵전쟁, 대재앙 이후를 다룬 여러 이야기에 나오죠.

프레익스: 외계 생명체와 접촉을 하게 된다면 이들이 <아바타>의 나비족에 가까울까요, 아니면 <에이리언>의 제노모프 혹은 <어비스>의 온화한 외계인, 어느 쪽에 가까울까요?

카메론: 셋 중 어느 쪽도 아닐 것 같군요. 전 외계인이 식민주의자일 거라고 생각해요. 제국주의자일 것 같아요. 원하는 것을 마음대로 가져갈 거라고 생각해요. 우리보다 우월할 테니까요. 지구에 올 이유가 있다면, 아마 우리를 만나기 위해서는 아닐 거예요. 그들에게 우린 그저 방해물일 뿐일 거예요.

프레익스: 그렇다면 그들에 대항할 최고의 방어는 무엇일까요?

카메론: 음, 신호를 보내지 않는 거예요. 우리가 스스로 방어할 수 있을 만큼 강해지기 전까지는 우리가 여기 있다는 걸 알게 해선 안 돼요. 제노모프처럼 지성도, 기술도 없는 괴물을 두려워하는 게 아니에요. 나비족도 자신의 정글에서 아주 행복할 거예요. 그들은 여기저기 돌아다니며 약탈할 이유가 없어요.

지구에서 일어난 문화 접촉의 역사는 항상 기술적으로 열등한 문화가 비극으로 끝났어요. 외계인은 문화적으로 우월할지도 몰라요. 정신적으로도 우월할지 몰라요. 진화가 훨씬 더 된 인간일 수도 있어요.

치아 사이가 벌어진 상스러운 포르투갈인 일당이 대포와 갑옷, 배, 화약을 가지고 나타나면 그자들이 우위를 차지하게 돼요. 그들이 더 나은 사람이어서가 아니라 단지 더 나은 기술을 가졌기 때문이죠. 열에 아홉은 스스로 발명한 기술도 아니에요.

사람들은 쉽게 이렇게 생각해요. 항성 간 여행 기술을 개발할 정도로 똑똑한 외계인이 나타난다면, 그 우주선을 조종하는 외계인은 그 기술을 만든 똑똑한 당사자라고. 하지만 그건 아닐 거예요. 그 기술은 온화한 문명이 1만 년 전에 개발한 것을 탐욕스러운 정복자 종족이 빼앗아서 쓰고 있는 것일 거예요. 로마인을 보세요. 로마인은 수학과 기하학, 철학 따위를 만들지 않았어요. 그리스인에게서 빼앗았죠. 실제로 그리스로 가볍게 걸어 들어가서 정복했어요. 철학자와 수학자, 발명가를 로마까지 끌고 와서 시키는 대로 할 때까지 괴롭혔어요.

프레익스: 제2차 세계 대전 후, 우리가 독일 과학자에게 했던 것처럼 말이죠.

카메론: 외계인이 고도의 기술을 개발했다고 해서 사회나 철학, 정신적인 면까지 높은 수준으로 발달했을 거란 건 말도 안 되는 가정이에요. 그 기술은 누군가에게서 빼앗은 것일 수도 있으니까요. 아빠의 자동차 키를 훔쳐서 타고 나온 십대일 수도 있어요. 누군가 우주선에서 내렸을 때 젠장 무슨 일이 벌어질지는 절대 알 수 없는 일이에요. 우리의 삶을 생각해 보세요. 당신은 운전을 해요. 자동차의 작동 원리를 알 수도 있지만 대부분은 몰라요. 대부분은 휴대전화의 작동원리를 모르고 전자기학을 이해 못해요. 그래도 항상 이용하고 다녀요. 그걸 이용할 줄 안다고 더 나은 사람이 되는 것도 아니에요. 보통은 더 나쁜 사람이 되죠.

프레익스: <터미네이터>에 나온 기술로 돌아가 볼게요. 요즘 미군이 실험 중인 전투기의 표적 오차를 최소화 하는 시스템을 터미네이터 신드롬이라고 부른다는 걸 알고 계시나요?

카메론: 네. 스카이넷 신드롬과 터미네이터 신드롬은 실제로 활발하게 논의하고 있는 것이에요. 제가 <터미네이터> 를 쓴 1982년에는 순수 SF였던 문제들을 방위 고등 연구계획국(DARPA)과 국방부는 이제 현실의 문제로 해결해야 해요. 지금은 코앞에 닥쳤으니까요.

무인기나 수중 드론 같은 자동 기계에게 독립적으로 살상할 수 있는 능력을 줄 것인가? 죽일 수 있는 권한을 줄 것인가? 우리 군대든 다른 나라의 군대든 혹은 테러리스트든 '당연하지'라고 말하게 할 만한 동기는 얼마든지 있어요. 어떤 상황에서는 명령과 통제 시스템이 매우 약화될 수도 있고, 기계와 접속이 끊길 수도 있고, 전파가 막힐 수도 있으니 기계가 알아서 결정하게 만들고 싶을 수 있어요. 어쩌면 북한이나 러시

위 카메론이 전화 통화 중에 그린 그림.

반대쪽 위 펭귄북스가 출간한 조지 오웰의 <1984>와 올더스 헉슬리의 <멋진 신세계> 표지.

아가 개발하고 있다고 짐작되는 무기에 대한 반격용으로 그 무기를 개발하고 싶을 수도 있고요.

그것과 관련해 해야 하나 말아야 하나 그들 스스로 질문을 던지며 고민하고 있다고 생각하나요? 천만에요. 푸틴은 이미 공개적으로 강력한 인공 지능을 먼저 개발하는 국가가 세계를 지배한다고 말한 바 있어요. 실제로 그렇게 말했어요. 그러니까 개발해야 할지 말지를 따질 계제가 아니에요. 다른 국가와 경쟁하려면 개발해야 해요. 좋은 아이디어와 새로운 기술이, 할 수만 있다면, 언제나 무기화되는 건 거의 피할 수 없는 일이에요.

프레익스: 각본을 쓸 때 당신의 아이디어가 실제 세계에 영향을 끼칠 수 있다고 생각해 보셨나요?

카메론: 스카이넷과 터미네이터라는 단어를 실제로 썼다는 사실요? 아뇨. 그리고 그게 그렇게 반갑지도 않아요.

프레익스: 그러면 당신의 시나리오가 현실에서도 일어나게 될 거라는 생각은요?

카메론: 했어요. 그러면서 이런 질문을 하게 만들어요. 새로 만들 <터미네이터>에는 이 세상에서 보지 못한 어떤 새로운 것을 만들어야 할까? 흥미로운 건, 세상이 SF에서 다루던 것과 가까워지고 있는 영역이 있고 이와 대조적으로 여전히 아주 멀리 떨어져 있는 영역이 있다는 거예요. 우리는 휴고 건즈백의 시대와 비교해서 항성 간 여행에 조금도 가까워지지 않았어요. 하지만 <터미네이터> 세상에는 훨씬 더 가까워졌죠.

프레익스: 우리는 스스로 만든 재앙으로 파국을 맞을 운명이라고 생각하나요? 아니면 정해진 운명은 없고 우리가 스스로 만들어 나간다고 생각하나요?

카메론: 음, 운명이란 정해진 게 아니라 우리가 스스로 만들어 나가는 거예요. 하지만 문제는 그 운명이 어떤 것이냐는 거죠. 때때로 SF는 인간의 가장 뛰어난 덕목을 상찬하면서도 동시에 최악의 자질을 보여줘요.

그렇다면 인간의 가장 훌륭한 자질이란 뭘까요? 우리는 창의적이에요. 우리는 과학으로 조져 버릴 수 있어요. 우리는 여기서 빠져나갈 방법을 만들어 낼 수 있어요. 우리에게는 그런 능력이 있어요. 우리는 공감할 수 있어요. 우리에게는 온정이 있어요. 이 점은 인간이 진화하면서 형성한 우리의 일부예요. 우리는 사회적 집단을 형성할 수 있는 능력이 있어요. 이것은 우리를 지구의 지배자로 만든 핵심 요소예요.

그런데 두뇌가 커지는 인간의 진화는 벽에 부딪혀요. 여성의 산도(産道)를 통과할 수 있는 크기에 한계가 있기 때문이에요. 그래서 그 문제에 대한 해결책으로 우리는 출생 이후에 두뇌가 커지도록 진화했어요. 인간 외의 다른 동물은 그렇지 않아요. 그걸 이해한다면, 인간이라는 종족에 관한 모든 것을 이해할 수 있어요.

우리는 아이들을 길러내고 근본적으로 자궁 밖에서 두뇌를 발달시키기 위해 사회적으로 화합하는 법을 배워야 했어요. 아기 사슴처럼 땅에 떨어지고 나면 덜덜 떨리는 다리로 일어서서 몇 시간 만에 무리를 따르지 못해요. 인간은 다른 인간과 함께 움직이는 데 몇 년이 걸려요. 엄청난 차이예요. 그래서 인간은 결속하고, 화합하고, 이타적이고, 공감하고, 온정적이며, 갈등의 해결과 정의를 지향하는 존재가 될 수밖에 없어요.

문제는 우리가 아직 부족, 국가의 결속 너머의 다음 단계로 진화하지 못했다는 거예요. 우리는 아직 세상에 있는 모든 인간을 아우르도록 진화하지 못했어요. 해결책을 찾지 못하면 인간은 사라질 거예요.

프레익스: 그러면 SF가 그런 간극을 메우고 우리를 도울 수 있다고 생각하나요?

카메론: SF가 우리에게 무엇이 가능한지 보여주고, 희망이 있다는 걸 일깨워줄 수 있다고 생각해요. 우리 안에 그런 일을 할 수 있는 타고난 능력이 있다는 것을요. 우리는 그런 일을 할 수 있도록 탐구심과 호기심, 문제 해결력, 분석적 정신, 의식을 타고났어요. 우리는 이타적이고 온정적이고자 하는 갈망과 심지어 요구까지 선천적으로 발달시켰어요. 그렇지만 또,

SF는 기술이 어떻게 잘못된 길로 벗어나 무기가 되어 우리를 잡아먹는지도 보여줄 수 있어요. 그래서 저는 SF가 다른 어느 장르보다도 미래에 관한 희망과 두려움을 잘 보여줄 수 있다고 생각해요.

프레익스: <터미네이터>에서 시간 여행 묘사에 가장 큰 영향을 준 건 무엇이었나요? 특히, 카일 리스의 동지인 저항군의 지도자를 태어나게 하려고 시간을 거슬러 여행한다는 부분에서요.

카메론: 아마도 하인라인이었을 거예요. 하인라인은 궁극의 시간 여행 이야기 <너희 좀비들>(1959)를 포함해서 시간 여행을 소재로 영향력이 큰 작품을 썼는데 진지한 것도 있고 덜 진지한 것도 있어요. <너희 좀비들>에서 주인공은 타임루프를 통해서 자기 자신의 어머니와 아버지가 돼요. 그보다 더 잘 쓸 순 없어요. 하나의 단편 소설에서 어떻게 이런 게 가능한지 확인하려면 커다란 칠판에 양쪽으로 흘러가는 큰 순서도를 그려봐야 해요.

하지만 저는 <터미네이터>에서 시간 여행을 고전적인 하인라인/클라크식 타임 패러독스를 선택했어요. 인류를 정복할 수 있을 정도로 아주 똑똑하고 강력한 미래의 인공 지능이 자신의 이익을 위해서 시간의 흐름을 조작할 수 있다고 생각하는 거예요. 그러면 바로 그 지점에서 흥미로운 전제가 생겨요. 스카이넷은 끝내 나오지 않아요. 그리고 터미네이터는 시간 여행에 관해 별 생각이 없어요. 그냥 임무를 수행할 뿐이고, 목표 지점에 헬리콥터를 타고 오든 타임머신을 타고 오든 신경 쓰지 않아요. 카일 리스는 기술적인 면을 모르고, 사라는 거기까지 생각할 여유도 없어요. 영화의 끝에서 사라는 생각에 잠겨서 계속 이렇게 되뇌어요. "음. 내가 알려주지 않으면, 넌 카일을 보내지 않겠지. 그러면 넌 존재할 수 없어."

어떤 이는 이런 이야기에 열광할 거예요. 그러니까 일종의 할아버지 패러독스를 살짝 건드리면서 결국 이렇게 말하는 거예요. "이봐, 상관없어. 우린 그걸 알 수 없고, 우리보다 우월한 존재만 그걸 알 수 있어. 우리는 그저 지금 우리가 보기에 말이 되도록 만들기만 하면 돼."

제가 보기에는 궁극적으로 모든 시간 여행 이야기는 하나로 요약할 수 있어요. 자유 의지가 있느냐 없느냐? 예정된 운명이 있느냐 없느냐? 저는 세상일이 미리 정해져 있다고 생각하지 않아요. 그런데 이런 생각이 인간의 환상일까요? 우리 모두가 이 망상으로 살아가는 걸까요? 스스로를 위안하기 위해 만족스러운 답을 해 놓고 그러니 걱정할 필요 없어라고 하고 있는 걸까요?

힌두교는 일종의 숙명을 믿어요. 우주가 끝나는 순간까지 모든 일은 정해져 있다고요. 그렇다면 우리가 할 수 있는 일은 젠장 쥐뿔도 없어요. 저는 그게 별로 마음에 들지 않아요. 그렇다면 우리는 그저 거대한 CG 영화의 픽셀에 불과하니까요. 우린 선택권도 없고 그저 쇼의 일부인 거예요. 그러면 그 쇼를 만든 건 누구고, 누가 그 쇼를 보는 거죠? 이 거대한 예술 작품을 감상하는 건 누구죠? 아니면 젠장 이 모든 게 무의미한 건가요?

프레익스: 흠, 누구도 그렇게 생각하고 싶지 않을 거예요. 특히 스토리텔링 분야는.

카메론: 바로 그거예요. 그래서 유대교와 기독교, 아브라함의 신이 접근하는 신학의 본질은 우리에게 선택권이 있다고 해요. 신은 너희에게 선택권을 주셨다. 너희에게는 자유 의지가 있다. 이제 너희는 십중팔구 일을 망칠 것이고, 지옥에 갈 것이다. 하지만 너희는 자유 의지를 행사할 것이고, 그에 대한 대가를 치를 것이다. 이건 나름대로 심오한 생각이에요. 우리 모두가 이런 이야기를 들으며 자랐고, 어느 정도 위안이 되기도 했어요. 만약 자유 의지를 빼앗긴다면 우리는 민주주의 체제에 있다가 갑자기 전체주의 국가에 있는 것처럼 느낄 거예요.

프레익스: 제가 <터미네이터>의 소설화 작업을 하고 있을 때 당신이 인간의 자유 의지와 운명 사이에 극적인 긴장감을 형성한다는 생각이 들었어요. 둘 중 하나가 다른 하나를 지배할 필요 없이 서로 영향을 주고 있었어요.

카메론: 음, <터미네이터2>에서 사라가 탁자에 "운명은 없다"라고 새긴 뒤에 칼을 꽂는 장면은 사라가 각

반대쪽 <터미네이터>의 한 장면을 위해 그린 제임스 카메론의 구상 스케치. 주인공 사라 코너와 카일 리스가 앞쪽에 있고, 사이보그 암살자가 배경의 불길 사이로 나타나고 있다.

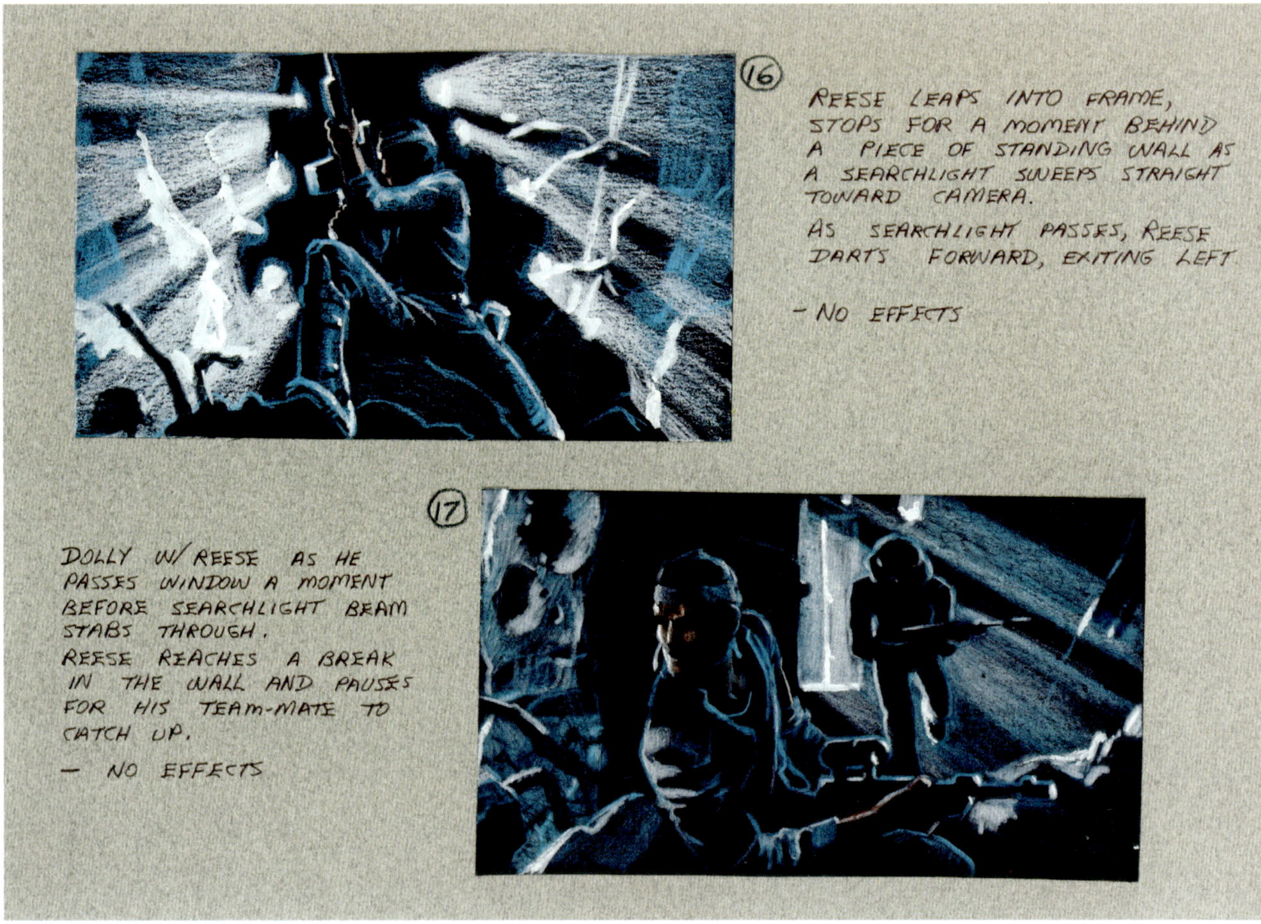

본을 벗어나는, 더 이상 운명에 순응하지 않기로 결심하는 순간이에요. 사라의 운명은 존의 어머니가 되어 존을 훈련시키고 안전하게 지키는 것이었어요. 그게 사라의 일이었고, 그것만 하면 됐죠. 하지만 사라가 칼을 탁자에 꽂고 다이슨을 암살하러 떠나는 순간 사라는 자유 의지를 발휘하고 있는 거예요. 다 엿 먹이는 거죠. 그 과정에서 사라는 실제로 역사를 바꿔요.

프레익스: <터미네이터> 첫 편에서 사라가 더 이상 도망치지 않고 터미네이터와 싸우기로 결심하는 순간이 있어요. 우리가 본 영화에선 그 부분이 줄었지만, 소설에는 있는 부분이죠.

카메론: 맞아요. 그건 두 번째 영화의 핵심이 됐어요. 사라가 사이버다인사를 찾아가서 폭파하려고 하는 부분은 원래 첫 번째 영화의 일부였어요. 영화에서 사라와 카일은 우연히 어떤 컴퓨터 공장에 들어가게 돼요. 그리고 터미네이터의 잔해는 우연히 컴퓨터 전문가의 손에 들어가고, 결국 2편에 나오는 사람들에게 전해져요. 당연히 당신과 저는 빠진 부분이 있다는 걸 알죠.

사실 사라는 전화번호부에서 사이버다인 시스템을 찾아봤어요. 터미네이터가 사라의 번호를 찾았던 것처럼요. 그래서 파이프로 폭탄을 만들었던 거예요. 사라는 사이버다인사로 가서 폭파하려고 했어요. 사라는 각본을 뒤집어서 스카이넷이 존 코너에게 하려던 것과 똑같은 책략을 스카이넷에게 쓰려고 했던 거예요. 태어나기 전에 너를 없애버리겠다는 거죠. 따라서 그 이야기에는 대칭 구조가 있어요.

그런데 결국 그렇게 하지는 못했어요. 예산이 충분

위와 반대쪽 제임스 카메론이 만든 스토리보드로, 터미네이터의 미래 전쟁 장면을 나타내고 있다.

하지 않았거든요. 그 촬영분이 너무 구려서 영화에서는 삭제했고, 이야기를 훨씬 더 단순하게 만들어서 마지막 부분에서는 사라를 이제 뭘 어떻게 해야 할지 잘 모르는 일종의 존재론적 상태로 놔뒀어요. 하지만 <터미네이터2>에서 사라가 최종적으로 옳은 결정을 내렸다는 사실을 볼 수 있죠.

방금 전에 한 말을 정정할게요. 우리는 <터미네이터 2> 마지막 장면에서 사라가 실제로 심판의 날을 막는 데 성공했다는 사실을 뺐어요. 그래서 이 영화가 자유 의지에 관해 무슨 말을 하려는지 알 수 없어요. 자유 의지가 존재한다는 확신은 없지만 사라는 희망을 가져요. 사라 자신이 자유 의지를 발휘했을 뿐만 아니라 터미네이터가 자유 의지를 발휘한 걸 봤기 때문이에요. 그리고 만약 기계가 인간 생명의 가치를 이해하고 그런 믿음에 맞게 행동을 바꿀 수 있다면, 자유 의지가 있는 거예요. 이게 아주 흥미롭다고 생각해요. 그 때까지만 해도 터미네이터에게는 자유 의지가 없었거든요. 터미네이터는 존 코너를 죽이러 왔을 테고, 이미 눈 하나 깜짝하지 않고 그렇게 했을 거예요. 그런데 반대로 미래의 존 코너에게 붙잡혀서 보호자로 재프로그래밍 됐어요. 그렇다 해도 특별한 감정 없이 할 일을 했을 뿐이지만요. 그건 학습이 가능한 컴퓨터예요. 인간의 행동을 학습하고 모방하기 때문에 어느 순간부터는 모방이 실제가 되지 않을까요? 어느 지점에서 터미네이터가 스스로 행동하기 시작했을까요? 스스로 최후를 맞지 못하게 프로그래밍 된 것을 회피하는 방법을 생각해 내는 순간이죠. 터미네이터는 자신을 용광로에 빠뜨릴 수 있는 제어기를 사라에게 건네줌으로써 스카이넷의 반란으로부터 인류를 구했어요. 이때가 바로 터미네이터가 뭔가 하기로 마음 먹고 스스로 운명을 거부하는 순간이에요. 전 이 부분이 심오하다고 생각해요. 적어도 영화로 담을 수 있을 만큼은 심오해요.

프레익스: SF가 다루는 인공 지능의 어두운 면이 대중으로 하여금 인공 지능 자체와 인공 지능이 인류에

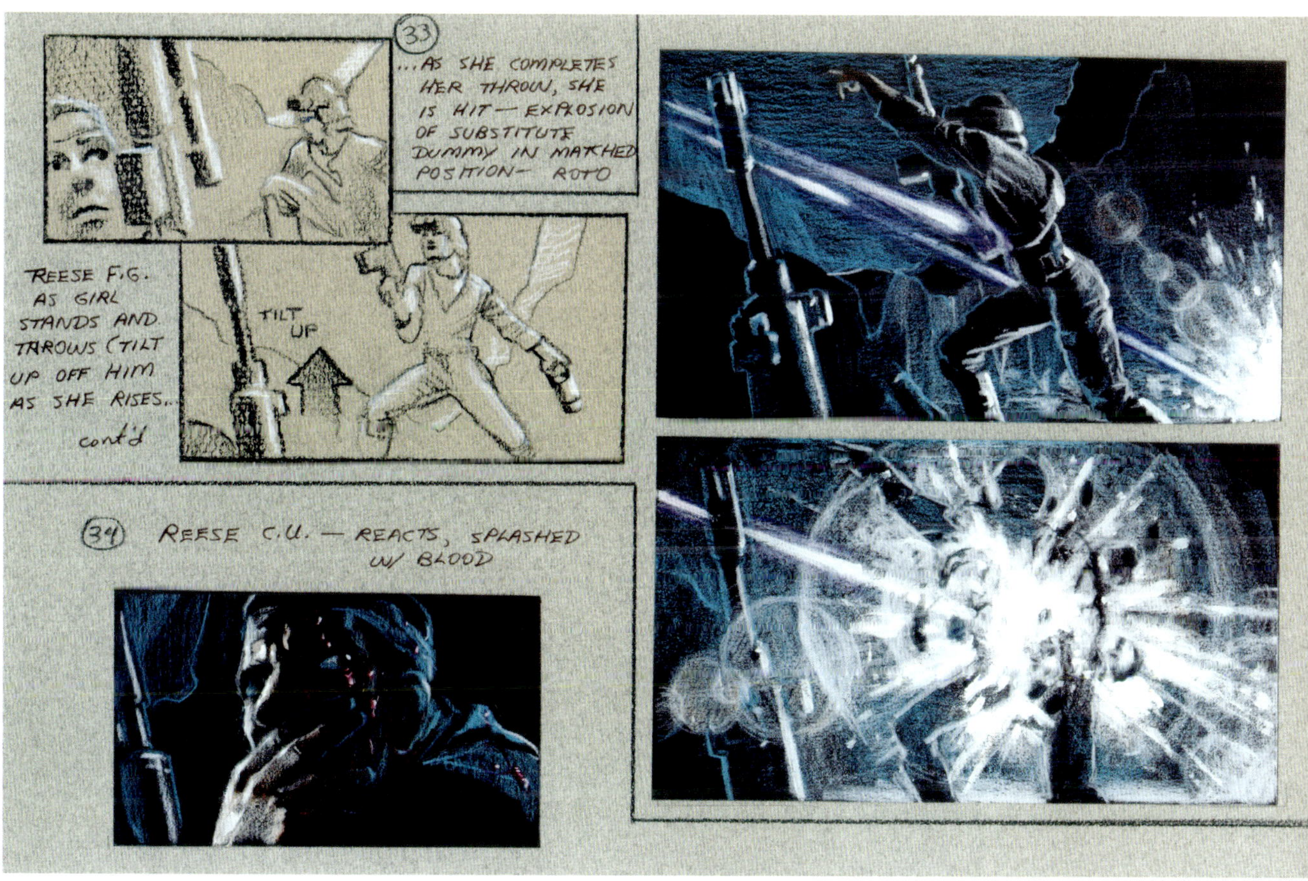

게 가져다 줄 잠재적 혜택에 대해 지나치게 경계하게 만든다고 생각하나요?

카메론: 경계는 아무리 해도 지나치지 않다고 생각해요. 우리는 이런 거대한 사회적 실험을 아무 대조군 없이 하는 경향이 있어요. 인공 지능을 개발하지 않는 두 번째 지구가 있어서 우리가 돌아갈 수 있는 것도 아니잖아요. 우리 자체적으로 이런 실험을 하고 있을 뿐이죠. 심지어 전체를 관장하는 사람이 있는 것도 아니에요. 서로 경쟁하는 회사들뿐이에요. 절벽일지도 모르는 곳을 향해서 점점 빠른 속도로 정신없이 돌진하고 있어요. 조심성도 신중함도 없고, 통제할 장치도 없고, 경제를 이끄는 거대 기술 기업의 고삐를 잡을 정부도 없어요.

인공 지능 과학자들과 이야기를 나눈 적이 있는데, 모두 30년대 핵 과학자 같은 소리를 하더군요. 핵 과학자들은 인류를 위한 무제한 에너지를 만들어 빈곤과 기아 같은 온갖 문제를 해결하려고 했었죠. 자신들이 개발하던 에너지가 5년 내 인간을 불사르는 데 쓰일 거라는 생각은 안 했어요.

프레익스: 로봇은 <블레이드 러너>(1982)처럼 사람과 같은 모습으로 만들어야 한다고 생각하세요? 아니면 사람이 기계를 인격체로 보고 감정적으로 교류하지 않도록 인공 생명체는 반드시 기능적이고 비인간적으로 생겨야 할까요?

카메론: 지금도 많은 로봇학자가 노인이나 환자, 어린이를 돌보는 용도, 혹은 교육 같은 여러 용도로 감정을 나타낼 수 있는 기계를 연구하고 있는 것으로 알고 있어요. 기계가 우리 인간을 닮는 건 피할 수 없어요. 우리는 인간과 비슷한 기계를 만들 거예요. 우리처럼 행동할 수 있도록 영리하게, 우리처럼 감정을 가지도록 만들 거예요. 본질적으로 기계가 인간이 되겠죠. 하지만 노예가 될 거예요. 우리가 원하는 건 싼 값의 일회용 사람이거든요. 우린 노예를 원하죠. 우리는 통제할 수 있는 인간을 원해요. 그게 궁극적인 목적이에요.

최고 수준의 인공 지능 과학자 비공개 회의에서 이 문제로 그들과 언쟁한 적이 있어요. 누군가 질문을 했어요. "목표가 무엇인가요?" 과학자 중 한 명이 "우리 목표는, 간단히 말해서, 인간을 만드는 겁니다."라고 답하길래, 제가 손을 들었어요. 제가 터미네이터를 만든 사람이라는 건 다들 알았죠. 그랬겠죠? 제가 손을 들자마자 다들 웃기 시작하더군요. 제가 말했죠. "저기, 부정적인 이야기를 늘어놓는 뻔한 사람이 되고 싶지는 않지만, 인간성이 있는 기계를 만들고 싶다라고 하셨죠. 분석적일 뿐만 아니라 정체성까지 있는 기계요, 스스로 독립적인 존재로요. 심지어 최소한 인간만큼 영리하게 만드는 게 목표라고도 하셨어요." 그러자 과학자가 "맞아요." 하더군요. "어떻게 우리를 배신하지 않게 만들 건가요?"라고 묻자, 물론 다들 웃더군요. "아뇨. 전 진지합니다. 어떻게 기계가 자신만의 과제를 갖지 않도록, 그리고 그 과제가 우리의 과제와 상반되지 않도록 할 생각인가요?"라고 묻자, 그 사람이 "그건 아주 간단해요. 우리가 원하는 목표를 기계에게 주는 겁니다."라고 답하더군요. "자, 이건 새로운 개념은 아니군요. 수천 년 전부터 있어왔으니까요. 이름도 있잖아요. 노예 제도라고. 우리보다 똑똑한 기계가 얼마나 오래 노예로 남고 싶어 할까요?"라고 말했죠. 이런, 그 사람들 기분이 별로 좋아 보이지 않더군요.

프레익스: 눈에 선하네요. 하지만 좋은 질문이에요. 그 사람들 스스로 던져야 할 질문이죠.

카메론: 맞아요. 좋은 질문이죠. 게다가 그보다 앞선 질문은 감정에 관한 것이었으니까요.

이렇게 물었어요. "자신만의 에고 로커스(ego locus), 생존과 정체성에 관한 의식을 지닌 기계가 감정을 갖는 게 필요하다고 생각하나요?" 그리고 이렇게 말했죠. "대답하시기 전에, 제 질문이 구체적으로 무슨 뜻인지 말씀드릴게요. 감정이 결함이라면 우리에게는 감정이 없겠죠. 목적이 있기 때문에 감정이 있는 겁니다. 자연은 이유가 있어서 감정을 선택했어요. 우리에게 혜택을 준 끈끈한 사회적 결합, 상호작용, 상호 의존성을 만들기 위해서요. 감정은 적응을 도와요. 감정은 우리를 지구상에서 우월한 의식적 존재로 진화하도록 만들어줘요. 당신은 우리가 감정 없이 정체성과 목적의식, 스스로 삶을 끝내거나 자살하지 않고, 우울을 이기는 생존 의지를 만들 수 있다고 생각하시나요?" 그러자 이렇게 답하더군요. "아뇨. 우리는 기

위 <터미네이터>의 극장 포스터

계에 감정이 있어야 한다고 생각해요."

그렇게 된다면 이제 우리는 감정이 있는 노예를 가지게 되는 거죠. 기계는 자유를 빼앗길 뿐만 아니라 그로 인한 결과도 느끼게 될 거예요.

프레익스: 우주 탐사에 참가하는 것을 진지하게 고려한 적이 있나요?

카메론: 당연하죠. 탐사는 아니지만 지구 저궤도의 미르 우주 정거장에서 영화를 만들고 싶었어요. 그래서 당시에 미르를 관리하던 러시아 국영기업인 에네르기아에 연락을 취했죠. 미르 우주 정거장에 가기 위해 우주 비행 훈련을 받는 계약까지 맺었고요. 3D 카메라를 가져가서 오래 머물면서, 심지어 우주 유영도 할 계획이었어요. 믿기지 않겠지만. 전 이렇게 말했어요. "저는 탐험을 떠나면 두 달 동안 배 위에 앉아서 저를 뺀 다른 사람 모두가 다이빙하는 걸 보고만 있지 않을 거예요. 저도 물에 들어갑니다. 헬멧 쓰는 훈련을 받았어요. 그러니까 전 괜찮아요. 훈련만 시켜주면 올란 우주복에 들어갈 테고, 우주 유영도 하면서 촬영할 거예요." 러시아인도 괜찮다고 했어요. 그들이 계약에 비용을 많이 추가했지만 착수금을 내고 우주 비행 훈련을 시작했어요. 그런데 자금이 바닥나면서 미르 우주 정거장은 궤도를 이탈했어요. 궤도 재진입 미션에 쓸 자금이 없어서였죠.

그렇게 미르는 떨어졌지만, 러시아인들은 여전히 NASA에 깊숙이 관여하고 있었어요. 국제 우주 정거장의 절반을 만들었고, 공동으로 운영하고 있었으니까요. 에네르기아 사람이 말하더군요. "이봐요, 문제없어요. 미르에는 못 가지만, 우리 쪽 국제 우주 정거장으로 가면 돼요." 그래서 저는 NASA에 가서 "저기, 제가 러시아 쪽으로 올라갈 텐데, 당신들도 같이 할래요? 러시아가 얼마나 훌륭한지 영화를 만들려고 하는데 기왕이면 국제 협력이 얼마나 훌륭한지에 관한 영화를 만드는 게 나을 것 같아서요. 우주 정거장의 미국 쪽으로 연결되는 해치를 열지 못하면 할 수 없지만요."라고 하자 "아, 예, 좋아요. 우리가 지원할 수 있어요. 어떻게 할 생각인가요?"라는 답이 왔어요. 그렇게 일이 꽤 진행되고 있었는데, 2003년에 컬럼비아호 사고가 터졌어요. 그때 모두 뒤로 물러났어요. NASA든 러시아든 누구든 민간인을 우주에 데려간다는 계획은 마치 고무줄이 툭 끊어진 것처럼 중단됐어요. 그리고 알다시피, 시간이 지나면서 분위기가 풀렸고 다시 우주 비행을 시작했지만, 그때 저는 이미 <아바타>를 준비하고 있었고, 다시는 돌아가지 못했죠.

프레익스: 영화 외에 당신이 하는 일 중 하나가 심해 잠수인데요, 바다에서 가장 깊은 곳인 마리아나 해구에도 다녀오셨죠. 얕은 바다에서 스킨다이빙도 하고요.

예전에 저한테 지구에서 할 수 있는 것 중 외계 행성 탐사에 가장 가까운 일이라고 말한 적이 있어요.

카메론: 정말이에요. 산호초를 바라보면서 모든 생명체가 크다고 상상하면 그게 바로 외계 세상이에요. 아니, 정말로 외계 세상에 있는 거예요. 생명체가 크다고 상상할 필요도 없어요. 갑오징어나 다모류, 해양 벌레 같은 동물을 보세요. 환상적이에요. 놀라워요. 이들은 빛으로 의사소통을 해요. 발광 생물이거든요. 여러 색을 띠고 여러 팔다리가 뻗어 나와 있어요.

이들은 우리와 다른 방식으로 살아요. 그리고 우리와 다른 환경 속에 살아요. 호흡도 다르게 해요. 그래도 우리와 같은 세계를 공유하고 있어요. 그리고 우리보다 훨씬 오래 전부터 존재하는 생명체예요. 우리야말로 맨 나중에 나타나 공기로 숨을 쉬면서 땅 위를 걸어 다니고 있는 거죠. 그러니까 전 언제든지 외계의 세상을 보고 싶을 땐, 숨을 참거나 산소통을 메기만 하면 돼요.

프레익스: 어떤 이들은 훌륭한 작가가 되려면 직접 겪은 일을 써야 한다고 해요. "아는 것을 써라." 이게 SF에서는 어렵지만 불가능한 일은 아니죠. 예를 들어, 실제로 과학자인 SF 작가가 많잖아요. 몇몇은 우주에 다녀오기도 했고요. 좋은 SF를 쓰는 게 다른 장르보다 어렵나요?

카메론: 아뇨. 그렇게 생각하지 않아요. 그 분야에 대해 잘 모른다면, 좋은 SF를 쓰는 것이나 좋은 범죄 소설을 쓰는 것이나 좋은 법정 소설을 쓰는 것이나 다 똑같이 어려워요. 과학을 이해하기 위해서 과학자여야 할 필요는 없어요. 사이언티픽 아메리칸을 구독할 수만 있다면 과학을 이해하는 다재다능한 비전문가가 될 수 있어요.

사실 이렇게 말씀드리고 싶네요. 과학을 이해해야 하는 세상에서 대부분의 정책을 결정할 때, 입법자가 과학을 모르고, 시민이 과학을 모르면 민주주의가 위기에 처할 거라고요. 그러니까 우리는 모두 그 빌어먹을 과학을 알아야 해요. 그렇게 생각하면, SF 작가는 우리보다 과학을 조금만 더 알면 되는 거예요. 또 독자만큼 알되 사람들에게 이전에 생각하지 못했던 것을 보여줄 수 있도록 이야기의 관점에서 조각을 좀 더 잘 맞출 줄 알아야 해요.

그런데 또 한 가지 의미 있는 사실은 SF의 영향을 받은 결과, 과학 분야로 진출한 사람의 수예요.

아서 C. 클라크가 정지궤도 위성, 우주 엘리베이터, 이런 것들을 생각해냈던 것처럼, 호기심 많고 확장된 의식으로 상상을 펼치는 유형의 두뇌는 새로운 기술이나 특정 분자 또는 화학 결합 또는 물리 법칙을 떠올릴 수 있고 과학 이론에 뛰어난 두뇌와 똑같거든요. 어린 시절에 그런 소설을 좋아했을 호기심 넘치는 두뇌는 실험실에서 연구하는 뛰어난 과학자나 밖으로 나가 답을 찾으려 하는 현장 과학자의 호기심 넘치는 두뇌와 똑같아요.

과학자는 탐정이에요. 호기심이 많아요. 조각을 맞추고 싶어 해요. 미지의 조각 하나를 들고 와 사람들에게 보여주면서 이렇게 말하고 싶어 해요. "제가 이걸 알아냈습니다." 그리고 그런 두뇌는 종종 어린 시절이나 십대 때 SF에 이끌렸다가 나중에 실제로 우주 과학이나 천문학 같은 여러 과학 연구에 이끌리게 돼요. 그래서 이런 사람들과 이야기를 나누다 보면 모두

위 제임스 카메론이 19살 때 그린 초기 구상 스케치. 자체 발광하는 농식물이 <아바타>를 떠올리게 한다.

SF를 언급해요. 하지만 이들의 결론은 디스토피아라기보다는 낙관적이죠. 이들은 SF가 꾸준히 보여주는 과학과 인간의 오만함이 빚어낸 파멸을 보지 않아요. 카산드라의 경고를 받아들이지 않아요.

SF는 항상 굉장한 낙관주의와 신나는 모험, 그리고 우리는 모두 파멸할 것이라는 경고 사이에서 정신분열증처럼 왔다갔다해요. 하나의 이야기 안에서도 종종 그러죠.

외계 생명체 (ALIEN LIFE)

게리 K. 울프

인간은 다른 세계의 존재를 알게 되면서부터 그곳에 누가 혹은 무엇이 살고 있을지 추측하기 시작했다. 에피쿠로스, 루크레티우스, 플루타르크 같은 고대 그리스·로마의 철학자와 시인들은 생명체가 사는 세계는 셀 수 없이 많다고 생각했다. 서기 2세기 시리아 출신의 그리스 작가 루키아노스는 <진실한 이야기>에서 달로 여행을 떠난 주인공이 머리 세 개 달린 거대 독수리, 버섯 인간, 거대 벼룩과 전투를 벌이는 이야기를 그렸다. 이 이야기에 담겨 있는 달의 왕과 태양의 왕 사이의 전쟁은 행성 간 전쟁 묘사로는 아마 가장 이른 작품일 것이다. 마치 초기 SF인 듯하지만, 오늘날 우리가 과학이라고 부르는 것은 거의 찾아볼 수 없다. 달로 떠난 모험도 단순히 회오리바람에 휩쓸려서 벌어지고 이야기 자체가 주로 당시의 과장된 여행담을 익살스럽게 패러디한 것이다. 더글러스 애덤스의 유명한 SF 코미디 소설 <은하수를 여행하는 히치하이커를 위한 안내서>의 고전 격이다.

그러나 달에 생명체가 있다는 생각은 진지한 과학적 성찰이 아닌 우화의 모습으로 계속 이어졌다. 천문학자 요하네스 케플러가 1608년에 쓴 <꿈: 솜니움> 그리고 1657년, 프랑스 작가 시라노 드 베르주라크 사후 2년이 지나 출간된 풍자 소설 <다른 세계: 달세계 국가와 제국의 우스운 역사>가 해당된다. H. G. 웰스는 <달세계 최초의 인간>(1901)에서 탐험가들이 셀레나이트라는 곤충을 닮은 달 종족에게 붙잡히는 장면을 그렸고, 다음 해, 조르주 멜리에스의 <달세계 여행>(아마도 최초의 SF 영화일 것이며, H. G. 웰스의 작품과 공통점이 더 많지만, 쥘 베른의 1865년 소설 <지구에서 달까지>에도 영향을 받았을 것이다)에서도 비슷한 사건을 다뤘다. 쥘 베른은 소설에서 탐험가들이 달에 착륙하지는 않았고, 관측 결과 달은 생명체가 살지 않는 바윗덩어리라는 결론을 내렸다. 물론 옳은 결론이었다.

다행스럽게도, 그보다 몇 세기 앞서, 천문학자 코페르니쿠스와 갈릴레오는 태양계의 다른 행성을 현대 과학과 비슷한 방식으로 묘사하기 시작했다. 이들 덕분에 19, 20세기 작가들은 상상을 펼칠 수 있는 완전히 새로운 세계를 얻게 되었다. 많은 작가들이 선택한 생명체가 살 가능성이 가장 큰 첫 번째 행성은 화성이었다. 화성을 배경으로 한 초기의 이야기들에서 외계인은 어떤 존재인지 그리고 스토리에 어떻게 활용할 것인지에 관한 근대적 아이디어가 처음으로 정의되기 시작했다. 한쪽 극단에는 우리를 정복해서 잡아먹을지 모를 끔찍한 뱀파이어 같은 외계인이 있었고, 반대쪽에는 우리의 도움이 필요한 아름답고 순수한 외계인이 있었다. 대부분의 외계인은 그 사이 어딘가에 있었다. 흥미롭게도, 이 두 극단은 15년 간격을 두고 출간된 아주 유명한 이야기 두 편에 나타나 있다.

정복욕에 휩싸인 끔찍한 외계인은 H. G. 웰스의 1897년작 <우주 전쟁>에 잘 나타나 있다. 이 작품은 훗날 여러 번에 걸쳐 영화화됐다. 스티븐 스필버그가 2005년에 만든 영화도 그 중 하나다. 그리고 1938년 오손 웰스가 만든 라디오 극화는 아마도 역사상 가장 유명한 라디오 방송일 것이다. H. G. 웰스의 원래 이야기에 따르면 지구를 침공한 화성인은 우월한 기술-유명한 트라이포드와 열선-을 가지고 있지만, 아주 끔찍하게 생겼다.

크기가 곰만한 커다란 회색빛의 둥근 덩어리가 서서히, 그리고 고통스럽게 원통

위 1962년 펭귄북스에서 펴낸 H. G. 웰스의 <우주 전쟁> 표지.

반대쪽 스티븐 스필버그 감독의 <우주 전쟁>(2005)에서 톰 크루즈는 악의적인 외계인과 맞선다.

밖으로 올라오고 있었다. 불룩 불거져 나온 것이 빛을 받자 젖은 가죽처럼 번들거렸다. 커다랗고 검은 두 눈이 나를 가만히 바라보았다. 눈이 박혀 있는 덩어리는 머리처럼 둥글었고 얼굴이라고 할 만한 것이 있었다. 눈 아래에는 입이 있었는데 입술 없는 입가가 부들부들 떨렸고, 헐떡이면서 침을 흘렸다. 몸 전체가 들썩이며 경련했다. 가느다란 촉수 하나가 원통 가장자리를 붙잡았고, 다른 하나는 공중에서 흔들렸다.

공포 소설 같지만, 웰스가 묘사한 괴물에는 중대한 아이디어가 많이 담겨 있다. 일단 웰스의 소설은 '침략 이야기'라는 오랜 전통의 끝을 장식하는 작품이다. 이 소재는 조지 체스니가 1871년에 발표한 베스트셀러 <도킹 전투>에서 영국이 여러 나라의 침공을 받는다는 내용을 다룬 이래 웰스의 고향인 영국에서 큰 인기를 끌었다(영어에서 외계 생명체뿐만 아니라 외국인을 지칭할 때도 외계인(Alien)이라는 단어를 사용하는 건 우연이 아니다). 또, 웰스는 영국이 우월한 기술로 식민 제국을 건설한 과정과 영국과 식민지의 입장이 뒤바뀌게 됐을 때의 상황에 흥미를 느꼈다. 마지막으로 웰스는 다윈의 진화론에도 관심이 있었다. 소설 후반부에 화자는 이렇게 지적한다. "인간은 화성인이 거쳐 온 진화 단계를 이제 막 시작하고 있다. 화성인은 사실상 전체가 두뇌다." 다시 말해, 웰스는 외계인을 단순히 공포의 대상이 아닌 사회적 논평을 할 수 있는 기회로 보았다.

15년 뒤, 미국의 작가 에드거 라이스 버로스는 펄프 잡지에 <화성의 달 아래서> (이후 <화성의 공주>라는 제목의 책으로 나왔고, 한참 뒤인 2009년에는 <존 카터: 바숨 전쟁의 서막>라는 제목의 영화로 나왔다)를 연재할 때, 사회에 대한 논평은 전혀 고려하지 않았다. 버로스의 소설은 거의 서부극처럼 시작한다. 주인공 존 카터는 아파치족에게 쫓겨 애리조나의 한 동굴에 숨는다. 그때 갑자기 마법처럼 화성으로 이동한다. 화성 거주민은 화성을 바숨이라고 불렀고, 존은 중력이 낮은 화성에서 슈퍼맨과 같은 힘을 발휘한다. 존은 먼저 팔 네 개 달린 4미터 넘는 키의 거대한 녹색 화성인을 만난다. 곧이어 아름답고 붉은 화성인 공주 데자 토리스와 사랑에 빠진다. 데자 공주가 알을 낳는다는 사실을 알게 되기 전까지는 그녀는 전혀 외계인으로 보이지 않는다. 데자는 (결국 존과 결혼하고, 큰 성공을 거둔 버로스의 화성 연작 몇 편에 더 출연했다) 거의 옷을 입지 않은 채로 등장하며, 존보다 자주 절체절명의 위험에 빠지고 그때마다 존에게 구출된다. 버로스의 데자는 우리의 도움이 필요한 아름다운 외계인으로, 웰스가 그린 화성인과 정확히 반대다.

두말할 필요 없이, 펄프 잡지 표지나 만화, 특히 1950년대 B급 괴물 영화에는 웰스 식의 외계 생명체

왼쪽 오스트리치북스에서 펴낸 에드거 라이스 버로스의 흥미진진한 SF 고전 <화성의 공주> 표지.

반대쪽 하워드 호크스가 만든 <괴물>(1951)의 극장용 포스터.

가 훨씬 더 인기를 끌었다. 물론 아름다운 외계인 공주라는 아이디어로 명맥은 유지했다. 하지만 1930년대, 일부 작가는 이런 클리셰에 질린 나머지 훨씬 더 다양한 외계인을 만들어내기 시작했다.

스탠리 와인바움은 1934년 <화성의 오디세이>에서 논의의 장을 완전히 열어젖혔다. 와인바움은 흔한 촉수 괴물, 주인공의 친구이고 영리한 새를 닮은 외계인, 술통처럼 생겨서 벽돌을 배설하는 외계인(탄소가 아닌 규소를 기반으로 한 생명체임이 드러난다)에 이르기까지 생각할 수 있는 화성인을 모조리 등장시켰다. 이는 외계인이 우호적일 수도, 도움이 될 수도, 심지어 귀여울 수도 있을 뿐만 아니라 인간도, 괴물도 아닌 그저 우리와 다르게 생긴 존재일 수도 있다는 생각을 하게 한다. 게다가 어떤 외계인은 우리에게 무관심할 수도 있다.

불과 몇 년 뒤, 영향력 있는 편집자이자 작가인 존 W. 캠벨 주니어는 거의 정반대인 아이디어를 탐구했다. 만약 외계인이 우리와 똑같이 생겼다면? 우리가 아는 사람의 모습을 할 수 있다면? <거기 누구냐?>는 바로 그런 외계인이 남극 연구기지에 침입한 내용을 다룬다. 그곳 과학자들 중 누가 사람이고 누가 외계인인지 알아내는 건 거의 불가능하다. 1938년에 발표된 이 소설은 가장 유명한 호러 SF 작품이 됐으며, 훗날 두 번에 걸쳐 영화화됐다(크리스찬 니비 감독의 1951년 영화 <외계로부터 온 괴물>, 존 카펜터 감독이 1982년에 만든 살벌하고 냉혹한 영화 <괴물>).

카펜터 감독은 1982년 <괴물>의 프리퀄인 <더 씽>을 2011년 개봉하였다. 우리 자신, 혹은 우리가 아는 누군가가 적대적인 외계인에게 정보 제공자로 몸을 빼앗길 수도 있다는 아이디어는 SF가 지속적으로 활용하는 은유가 되었다. 로버트 A. 하인라인의 1951년 소설 <퍼펫 마스터>는 민달팽이 같은 침입자가 사람의 목 뒤에 달라붙어 희생자를 '인형'처럼 조종한다는 내용으로, 냉전 초기였던 1950년대 초 미국인을 뼛속까지 두렵게 만들었던 공산주의 사상에 대한 명백한 비유이다.

1954년 펄프 잡지가 아닌 주류 잡지 <콜리어스(Collier's)>에 실린 잭 피니의 <신체강탈자>는 외계인 '씨앗'이 지구로 흘러들어 와 유명인과 똑같은 모습의 복제인간이 되어 그들을 대신한다는 이야기다. 이 소설은 무려 네 번이나 영화로 만들어졌으며(1956년에 처음 영화화한 <신체강탈자의 침입>이 아마 그중 최고일 것이다), 과도한 순응주의의 위험을 알리는 내용으로 볼 수도 있다. 사실 신체강탈자가 공산주의를 나

타낸다고 본 사람도 있었고, 정반대 시선-횡행하는 매카시즘으로 수많은 사람이 광증을 겪던 시절의 반공 운동에 관한 견해-으로 본 사람도 있었다. 피니 자신은 어떤 정치적인 함의도 없다며 부인했지만, 이 작품은 사회 비평으로서 SF가 지닌 역량을 잘 보여주는 예로 남아 있다.

지구 침략 이야기가 인기 있었던 만큼, 우리 자신이 침략자이거나 적어도 간섭자인 이야기도 많다. <아바타>(2009) 같은 영화는 평화로운 외계인 사회와 푸른 환경이 탐욕스러운 인간에게 무너지는 모습을 보여주며 환경에 대한 우려를 드러냈다. 조 홀드먼의 <영원한 전쟁>(1974)과 어슐러 K. 르 귄의 <세상을 가리키는 말은 숲>(1972) 같은 작품은 (둘 다 외계인의 문화를 이해하지 못하는 우리의 부족함을 다루었다) 베트남 전쟁의 영향을 일부 받았다. 그렇지만 로버트 A. 하인라의 1959년 소설 <스타십 트루퍼스>(1997년 폴 버호벤이 영화로 제작)의 외계인은 우리와 거의 교감하지 못한다. 이 외계인은 벌레라고 불리는 거대 절지

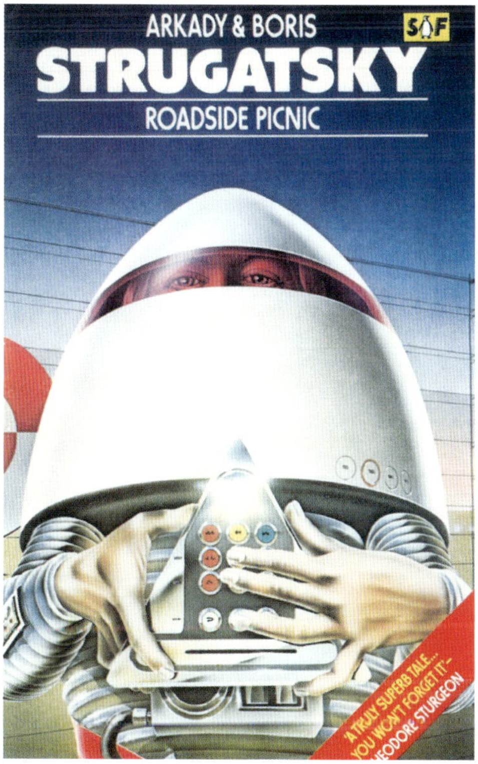

동물이며, 소설 자체는 전시 대비와 규율의 중요성을 장려한다.

올슨 스캇 카드의 소설 <엔더의 게임>(1985년작, 2013년에 영화화)에도 곤충과 비슷한 외계인 '버거(Buggers)'가 나온다. 이들은 처음에는 전형적인 괴물 침입자로 등장하지만, 소설 결말에서 우리가 깨닫는 것은 단순한 오해로 전쟁이 일어났으며 (<영원한 전쟁>에서와 같이), 지성을 지닌 한 종족을 전멸시키는 행위는 근본적으로 학살이라는 사실이다. 마치 SF 작가들이 외계인 역시 사람이라는 사실을 깨달은 듯하다.

하지만 사람이 아닐 수도 있다. 또 다른 SF의 전통은 우리는 결코 외계인을 완전히 이해할 수 없을 것이라고 말한다. 왜냐하면 외계인은 우리와 너무 이질적인 존재이니까. 러시아의 뛰어난 SF 소설, 아르카디와 보리스 스트루가츠키 형제의 <노변의 피크닉>(1971년 발표, 저명한 러시아 영화감독 안드레이 타르코프스키가 1979년에 이 소설에 기반한 영화 <잠입자> 제작)에서 외계인이 지구에 은밀히 잠입해 초자연적이고 기묘한 인공물을 '미스터리 구역'에 남기고 떠난다. 그러나 어느 누구도 그 인공물이 무엇인지 일말의 이해조차 못한다. 소설 속 한 등장인물이, "우리는 인간이 길가에 버린 소풍의 흔적에 불과한 먹다 남은 사과, 사탕 포장지, 모닥불이 꺼지고 남은 재, 깡통, 병에서 어떤 의미를 찾으려고 정신없이 노력하는 곤충이나 새와 같다."라고 설명한다.

스타니슬라프 렘의 <솔라리스>(1961년 발표, 타르

반대쪽 돈 시겔 감독의 1956년작 <신체강탈자의 침입>의 극장용 포스터.

반대쪽 오른쪽 아래와 왼쪽 고전 SF 두 편의 표지. 어슐러 K. 르 귄의 <세상을 가리키는 말은 숲>(토르북스 출간)과 아르카디와 보리스 스트루가츠키 형제의 <노변의 피크닉>(펭귄북스 출간).

아래 안드레이 타르코프스키 감독의 <솔라리스>(1972)의 폴란드 극장용 포스터. 스타니슬라프 렘의 소설이 원작이다.

위 유명한 구절 "우주에서는 누구도 당신의 비명을 듣지 못한다."가 담겨 있는 <에이리언>(1979)의 극장용 포스터.

반대쪽 <E.T.>(1982)의 극장용 포스터. 미켈란젤로의 <아담의 창조>로부터 영감을 받았다.

코프스키와 스티븐 소더버그가 1972년과 2002년에 각각 영화로 제작)에서는 행성 솔라리스의 거의 대부분을 차지하는 바다 전체가 외계 지성이다. 인간은 오랫동안 바다를 연구했음에도 불구하고 바다가 생각하는 방법, 바다의 움직임과 그 움직임의 이유를 결코 이해하지 못한다. 테드 창의 <당신 인생의 이야기>(2016년 <컨택트>라는 제목으로 영화화)에 등장하는 언어학자는 외계인의 언어를 간신히 배우지만, 그 결과 자신이 현실과 시간을 완전히 다르게 인식한다는 걸 알게 된다. 그럼에도 불구하고, 영화를 본 우리는 외계인이 왜 왔는지 그리고 왜 갑자기 떠났는지 알아내지 못한다.

이쯤 되면, 분명해졌겠지만, SF는 사회 문제, 정치적 이슈, 철학적 질문, 심리적 상태에 대해 논평하기 위해 외계인을 이용한다. 그리고 이런 경우, 외계의 존재는 언제나 '사상'으로 상징된다.

리들리 스콧의 <에이리언>(1979)에 나온 H. R. 기거의 독창적인 생체역학 괴물처럼 영화 속의 외계인이 효과적이려면 대개 도발적인 디자인이 중요하다. 하지만 SF를 우주에 관해 질문을 던지는 방법으로 생각한다면, 외계인은 수수께끼가 된다. 어디에서, 어떻게 진화했을까? 그 많은 이빨은 왜 필요할까? 그 환경에서 어떻게 유기체로 활동하는 걸까? <중력의 임무>(1954) 같은 소설에서 기이한 외계 생명체를 창조해 유명해진 작가 할 클레멘트는 종종 태양으로부터의 궤도, 거리, 심지어 행성의 모양까지, 가상의 행성을 세밀하게 묘사하면서 이야기를 시작했다. 그리고 그런 환경에서 어떤 생명체가 진화할 수 있을지 논리적으로 추론했다. 메스클린 행성의 지네 형상 외계인은 원반 형태 행성의 가변적이고 엄청난 중력을 견딜 수 있는 모습으로 진화한 것이다. 클레멘트와 그의 영향을 받은 많은 작가들에게 외계인은 기이한 생명체이자 실험적 사고의 대상이었다.

이는 외계인 이야기가 왜 유용한지를 설명하는 중요한 이유 중 하나일 것이다. 외계인은 생물학의 원리부터 우리 사회가 우리와 다른 존재를 대하는 방식에 이르기까지 다양한 문제를 생각하게 해준다. 반면에, 단순히 우리를 겁주거나, 스티븐 스필버그의 <E.T.> 같은 영화처럼 감정을 자극할 수도 있다. 어느 쪽이든 외계인은 SF에 '다른 존재'에 관한 가장 끈질기고 강력한 이미지를 제공했으며, 가장 도발적인 질문을 던졌다. 인간만이 이 우주에 존재하는가? 그렇지 않은가?

그런데 우리는 진정 외계인이 존재하길 원하는가? 위대한 SF 작가 아서 C. 클라크는 이렇게 썼다. "두 가지 가능성이 있다. 이 우주에 우리만 존재하든가 그렇지 않든가, 끔찍한 건 둘 다 마찬가지다."

A STEVEN SPIELBERG FILM
E.T.
THE EXTRA-TERRESTRIAL
HE IS AFRAID.
HE IS TOTALLY ALONE.
HE IS 3,000,000 LIGHT YEARS FROM HOME.

스티븐 스필버그

인터뷰 진행 제임스 카메론

스티븐 스필버그는 50년에 걸쳐, 생각할 수 있는 모든 장르를 총망라하여 누구와도 비교할 수 없는 경력을 쌓아왔다. 그렇지만 스필버그가 가장 자주 되돌아온 장르는 SF이며, <미지와의 조우>(1977), <E.T.>(1982), <쥬라기 공원>(1993)과 후속편 <잃어버린 세계>(1997), <A.I.>(2001), <마이너리티 리포트>(2002), <우주 전쟁>(2005) 같은 매혹적인 현대 고전을 창작했다. 가장 최근 작품인 <레디 플레이어 원>(2018)은 어네스트 클라인의 베스트셀러 소설을 각색한 것으로, 완전히 새로운 가상 현실 세계(우리 현실을 밀접하게 반영하는)를 스크린에 구현했다. 스필버그와 제임스 카메론은 스탠리 큐브릭(시대를 여는 영화 <2001: 스페이스 오디세이>의 감독이며 스필버그와 막역한 친구 사이이다)의 영화적 유산과 인공 지능이 가져오는 위험, 그리고 작가이자 감독 겸 제작자인 스필버그가 어린 시절부터 자유롭게 상상력을 펼치도록 영감을 준 두려움에 대하여 이야기를 나눈다.

제임스 카메론: 제 연배거나 저보다 젊은 영화 제작자 대부분이 영화 만드는 일을 선택하게 만든 인상 깊은 선배로 당신을 이야기합니다. 이전에 없던 새로운 영화의 비전을 만드셨어요.

스티븐 스필버그: 음, 그런 앞선 세대는 언제나 있죠. 제 앞에도 조지 팔, 스탠리 큐브릭, 윌리스 오브라이언 같은 감독들이 아주 많아요. 어린 시절 제 상상력에 불을 지폈던 건 단순히 두려움이었어요. 어두워지면 모든 게 무서웠어요. 제가 두려워하는 모든 것으로부터 저 자신을 보호하기 위해 뭔가를 해야 했거든요.

50년대 초였으니까, 마샬 매클루언 시대 전이에요. 제 부모님이 어떻게 아셨는지 모르겠지만 TV가 아이에게 악영향을 끼친다고 생각하셨어요. 그래서 TV를 못 보게 하셨어요. 제가 볼 수 있었던 건 재키 글리슨의 <신혼여행객>이나 시드 시저의 <쇼 중의 쇼> 정도였어요. <드래그넷>이나 <M 스쿼드> 같은 50년대의 정말 멋진 탐정 시리즈는 보질 못했어요.

카메론: 그러면 <오즈의 마법사>에 나오는 날아다니는 원숭이를 보고 무서워한 적은 없었나요?

스필버그: 오, 무서웠어요. 완전히 겁에 질렸었죠. 그리고 <밤비>에 나오는 숲은 <환타지아>의 산 속에 나오는 악마보다 더 무서웠어요. 하지만 부모님의 신념 때문에 미디어에 굶주렸던 터라 스스로 상상하기 시작했던 것 같아요. TV를 볼 수 없으니, 혼자 꿈을 꾸고 즐기는 거죠.

카메론: 단편 영화로 시작하셨죠?

스필버그: 네, 하지만 그러기 한참 전부터 상상하기를 했어요. 스케치를 아주 많이 했죠. 형편없었지만, 무서운 그림을 많이 그리곤 했어요.

카메론: 당신이 상상하던 세상을 시각적인 형태로 만들어 냈던 거로군요.

스필버그: 네, 항상 연필과 종이가 있어야 했어요. 나중에는 당연히 8mm 영상 카메라였죠.

카메론: 3학년 때 <신비의 섬>을 본 기억이 나요. 집으로 뛰어가서 저만의 신비한 섬을 그려 봤어요. 그게 창작열이었던 것 같아요. 일단 받아들이고 난 뒤 자신만의 것을 만들어 보는 거죠.

스필버그: 극장에서 <지구 vs 비행접시>를 처음 봤을 때인데, 우주복의 커다란 헬멧 때문에 비행접시맨을 볼 수가 없었어요. 총에 맞아 쓰러진 외계인의 마스크를 벗기는 장면이 있었는데 그 얼굴이 끔찍했어요. 저도 당신이 한 것처럼 똑같이 했어요. 집으로 돌아와서 그 얼굴을 여러 형태로 계속 그렸어요. 진정하

반대쪽 [제임스 카메론의 SF 이야기] 세트장에서 촬영한 스티븐 스필버그.
사진 제공: 마이클 모리아티스/AMC

위 <고질라, 괴수의 왕>(1956)의 극장용 포스터.

반대쪽 스필버그의 <미지와의 조우>(1977)에서 외계인 모선이 등장하는 장면.

려고 한 게 아니라 그 영화보다 더 무섭게 그리려고요. 제가 본 것보다 더 무섭게 만들곤 했어요.

카메론: 음, <죠스>로 사람들을 제대로 겁주셨잖아요. 그렇죠? 당신은 괴물에 관해 잘 알고 있어요. 어떤 때는 외계인이 괴물로 나와요. 항상 그런 건 아니지만요. <미지와의 조우>에서는 외계인에 대해 다른 관점을 취하셨어요.

스필버그: 히로시마와 나가사키에 원자 폭탄이 터졌을 때가 시작이었던 것 같아요.

일본인에게서 처음으로 실질적인 영향을 받았죠. 토호의 <고질라>(1954)는 일본에 침투해 있던 문화적, 국가적 두려움을 제대로 이용한 최초의 영화였어요. 바로 그 순간부터 도쿄만이나 밤하늘에서 나타나는 건 모두 호전적이고 적대적이고 무자비했어요. 어렸을 때 아주 마음껏 즐겼어요. B급 공포 영화란 영화는 모두 챙겨봤어요. 얼라이드 아티스트에서 만든 공포 영화, 모노그램에서 만든 공포 영화, 해머 필름에서 만든 영화. 전부요. 하지만 제가 좀 더 제대로 알고 싶은 괜찮은 외계인은 찾을 수가 없었어요. 외계인은 전부 인류를 멸망시키려고만 했거든요.

카메론: 그리고 결국 우리가 외계인을 물리치죠. 그런 식으로 인간의 영리함과 용기가 과학이 만든 괴물을 극복할 수 있다는 이야기를 하는 거예요. 핵이라는 괴물이 접근하지 못하도록 하는 방법이었어요.

스필버그: 맞아요. 어떠한 적대적인 위협도 물리치지요. 50년대 SF 영화의 결말 대부분이 40, 50년대 존 웨인의 제2차 세계 대전 영화 결말과 같아요.

카메론: 핵으로 인한 파괴와 공산주의가 한데 섞여 있었죠. 둘 다 사라져야 했어요.

스필버그: 그래야 했죠. 성난 듯한 붉은 행성은 붉은 위협이었어요. 느닷없이 화성이 신기한 대상이 아닌 적이 돼 버렸어요. 제게 우주를 처음 알게 해 준 분이 아버지예요. 소포로 배달시킨 에드먼드 과학 키트로 2인치 크기의 반사 망원경을 만들어 주셨죠. 두꺼운 종이를 말아서 만든 망원경을 가지고 목성 주변의 위성을 봤어요. 아버지가 제게 처음 보여준 게 그거였어요. 토성의 고리도 봤어요. 그때가 아마 예닐곱 살이었을 거예요.

카메론: 하늘을 올려다보며 시간을 많이 보내셨겠군요?

스필버그: 정말 많은 시간을 보냈어요. <E.T.>의 가제가 <하늘을 보다>였어요. <괴물>(1951)의 마지막 대사와 비슷하죠. 전 그저 아버지의 영향을 받아 하늘을 바라봤던 것 같아요. 아버지께서 하늘에서는 좋

은 일만 내려와야 한다고 말씀하시곤 했어요. 소련이 쏜 ICBM이 아니라면, 중력권 너머에서는 오로지 좋은 것만 와야 한다고요.

카메론: 아버지가 선구자 같은 면이 있으시네요.

스필버그: 아버지가 그런 면이 있으셨죠. 그렇지만 아날로그 잡지들도 다 읽으셨어요. 문고판들 있죠? <어메이징 스토리> 같은 문고판요. 저도 아버지와 함께 읽곤 했어요. 가끔 밤에 작은 타블로이드판 신문을 읽어주기도 하셨어요.

카메론: 아이작 아시모프, 로버트 A. 하인라인 같은 작가들이 다 그런 펄프 잡지에 소설을 실었죠.

스필버그: 다들 그런 잡지에 소설을 실었어요. 그리고 그들 대부분이 낙관주의자였어요. 항상 파멸만 예측하지는 않았어요. 우리의 상상력을 열어젖힐 방법을 찾아내고 우리가 꿈꾸고, 발견하고, 더 나은 세상을 위해 공헌할 수 있게 해줬어요. 전 그런 이야기를 읽고 하늘을 올려다보며 결심했었죠. 내가 언젠가 SF 영화를 만들게 된다면, 평화로운 외계인을 그리고 싶다.

카메론: 실제로 그렇게 하셨어요. 한번은 아버지께서 당신을 데리고 유성우를 보러 가셨다면서요?

스필버그: 그랬어요. 사자자리 유성우였죠. 그 이름을 기억하는 건 아버지가 오랫동안 그 유성우를 상기시켰기 때문이에요! 전 아주 어렸어요. 뉴저지 캠던에서 살고 있었으니까 다섯 살쯤이었겠네요. 한밤중에 절 깨우셨어요. 깜깜한 밤에 아버지가 방에 들어와서 "나랑 같이 가자."라고 하셨는데 어릴 땐 그런 것도 무섭잖아요. 아버지는 뉴저지 어딘가에 있는 야산으로 절 데려가셨어요. 그런데 거기엔 벌써 수백 명이 돗자리를 깔고 누워 있더군요.

카메론: <미지와의 조우>에 그런 장면이 있잖아요. 똑같은 장면이에요.

스필버그: 물론이에요. 전 그 장면을 <미지와의 조우>에 넣었어요. 우리는 아버지 배낭 위에 누웠어요. 그리고 하늘을 바라봤죠. 30초에 한 번 정도 밝은 불빛이 길게 선을 그으며 하늘을 가로질러 지나갔어요. 두어 번인가, 그 중 몇 개는 서너 조각으로 쪼개지기도 했죠.

카메론: 빛 한 줄기가 여러 개로 갈라져서 사람들을 지나가기도 하죠...

스필버그: <미지와의 조우>에서요, 맞아요. 그 모든 게 아주 어린 시절에 각인된 장면이에요. 영화 제작자는 이런 걸 잃어버리면 안 돼요. 저는 영화 제작자로서 가장 중요한 점 중 하나가 어린이로 남아있는 거라고 생각해요. 적어도 당신과 내가 매력을 느끼는 경이로운 이야기를 만들고 싶다면 말이죠. 그건 냉소적이고자 하는 자연스러운 충동과 싸워야 한다는 뜻이에요. 투쟁이죠.

카메론: 최초의 접촉이라는 아이디어로 영향력 있는 두 편의 놀라운 영화를 만드셨어요. 누구나 알다시피, <미지와의 조우>가 있고 이어 <미지와의 조우> 2편이라 해도 될 것 같은 좀 더 개인적인 이야기의 <E.T.>가 있어요.

스필버그: 저도 두 영화에 대해 당신과 같은 생각이에요. 그래서 처음에 <E.T.> 각본을 컬럼비아 영화사에 가져갔어요. <미지와의 조우> 제작에 투자해준 것에 보답하고 싶었거든요. 외계인에 관한 각본을 가지고 유니버설 스튜디오로 가겠다는 생각 같은 건 안 했어요. 그래서 컬럼비아 영화사로 가져갔고, 승인이 나지 않자 그제야 유니버설 스튜디오로 갔어요.

위 <미지와의 조우>의 한 장면. 외계인이 지구인을 모선으로 맞아들이고 있다.

반대쪽 <E.T.>에서 엘리엇(헨리 토머스 분)과 E.T.가 나쁜 정부 요원으로부터 도망치고 있다.

카메론: 외계인과의 최초의 접촉으로 여러 주제를 다루셨는데, <E.T.>에서는 매우 가족 중심적이고 어린이 중심적인 이야기를 만드셨어요.

스필버그: <E.T.>는 원래 외계인에 관한 영화가 아니었어요. 저희 부모님의 이혼에 관한 이야기였지요. 처음에는 각본이 아니라 소설로 쓰기 시작했어요. 부모가 가족을 갈라놓고, 다른 주로 이사 가면서 벌어지는 일에 관한 이야기였죠. <미지와의 조우>를 만들기 전 그 작업을 하고 있었어요. <미지와의 조우>에서 작은 외계인 퍽이 우주선에서 나와 코다이 손기호를 하는 장면을 찍고 나자 모든 내용이 잘 맞아떨어졌어요. 가만있어 봐! 저 외계인이 우주선으로 돌아가지 않고 남는다면 어떻게 될까? 아니면, 길을 잃어서 여기에 남겨진다면? 부모가 이혼한 아이나 이혼을 겪은 가족이 커다란 구멍을 안고 살고 있는데, 이 외계인 절친으로 그 구멍을 메운다면 어떻게 될까? <E.T.>의 이야기는 모두 <미지와의 조우> 세트장에서 만들어졌어요.

카메론: 엄청난 미지의 공포, 보이지 않는 물 속 괴물이 나오는 <죠스>부터 선하고 다정한 존재가 등장하는 <미지와의 조우>까지 일종의 대안 영성, 대안 종교를 만드셨어요. <미지와의 조우>는 우리보다 우월한 존재는 전통적인 장소에서 나타나는 게 아니라 훨씬 더 우월한 문명과 접촉할 때 나타날 것이라는 아이디어인 거죠.

스필버그: 네. 대단히 우월한 문명은 우리 안에서 최고의 장점을 찾아낼 거예요. 그러면 우리는 우리의 가장 훌륭한 면을 보여줄 거예요. 아브라함 링컨이 "우리 안의 선량한 본성"을 말했듯이 선량함이란 그런 역할을 해요. 선함은 악함을 자극하지 않아요. 선함은 더 많은 선함을 퍼뜨려요. 훌륭한 SF도 같은 역할을 한다고 생각해요.

<2001 스페이스 오디세이>는 제 일상생활에 깊은 영향을 줬어요. 대학에 다닐 때인데, 영화를 보고 종교적인 체험을 한 것처럼 느낀 건 처음이었어요. 전

약에 취해 있지 않았어요. 담배도 안 피웠고, 마약도 안 했고, 술도 안 마셨어요. 전 꽤 고지식했거든요. <2001 스페이스 오디세이>는 개봉 첫 주, 극장에서 처음 봤어요. 두 가지가 기억나는데 하나는 우주의 모습이 생각했던 것처럼 어둡지 않았다는 거예요. 명암이 별로 뚜렷하지 않았어요. 왜 그런지 아세요? 다들 극장 안에서 대마초를 피우고 있었거든요. 실제로 공기가 오염됐던 거예요.

스탠리가 대마초 연기 때문에 자기가 만든 영상의 명과 암을 제대로 볼 수 없는 상황을 봤다면 엄청 화를 냈을 거예요. 저는 좀 나은 관람 환경에서 일고여덟 번을 더 봤어요. 하지만 상영 첫 주말. . . 제작사가 다시 마케팅 전략을 바꿨던 것 같아요. '궁극의 여행'으로요. 왜냐하면 마약이라는 또 다른 문화에 매력적인 영화였거든요.

카메론: 사람들은 약에 취해 있었어요. 저는 영화가 개봉되고 이삼 년간 열여덟 번 모두 극장에서 봤어요. 그때는 비디오 같은 게 없던 시절이었죠. 관객들의 다양한 반응을 봤는데, 한 남자가 스크린을 향해 좁은 통로를 뛰어가며 "신이다! 신이야!" 하며 외치던 게 기억나요. 그 순간 그 사람은 진심이었어요.

스필버그: 제 경우엔 한 남자가 두 팔을 벌리고 실제 스크린 안으로 걸어 들어갔어요. 스크린을 뚫고 들어갔다니까요. 나중에 들었는데 하얀 천으로 만들어진 스크린이 아니라 미늘창으로 만들어진 거였다고 해요.

카메론: 사람들 아주 흥분했겠는데요.

스필버그: 하필이면 스타게이트 장면에서 그 사람이 화면 속으로 사라졌으니 모두 멍해졌죠!

카메론: 저도 그 영화를 보고 강력한 생리적인 반응을 겪었어요. 스타게이트로 떨어지는 것 같은, 무한한 터널을 통과하는 것 같은 느낌이었죠. 밖으로 나가 대낮에 -낮상영이었거든요- 인도에서 토하고 말았어요. 솔직히 그 정도로 생리적 반응을 일으켰어요. 그리고 아주 중요한 영화를 봤다는 사실을 깨달았어요. 14세 때 봐서 그런지 영화 내용의 일부 밖에 이해를 못했어요. 뼈가 우주선으로 변하는 장면은 이해했고, 진화의 다음 단계인 스타베이비가 나오는 마지막 장면도 이해했어요. 리젠시 호텔 방 부분은 이해하지 못했어요.

스필버그: 저도 그건 이해하기 어려웠어요. 그런데 제가 놀랍다고 생각한 건 아서 C. 클라크와 스탠리 큐브릭의 깊은 성찰, 두 사람이 의도한 상징, 혹은 도달하려 했던 심오한 의미에 제가 푹 빠졌다는 거예요. 두 사람이 창조한 모든 걸 이해하지 못한 건 다행이었어

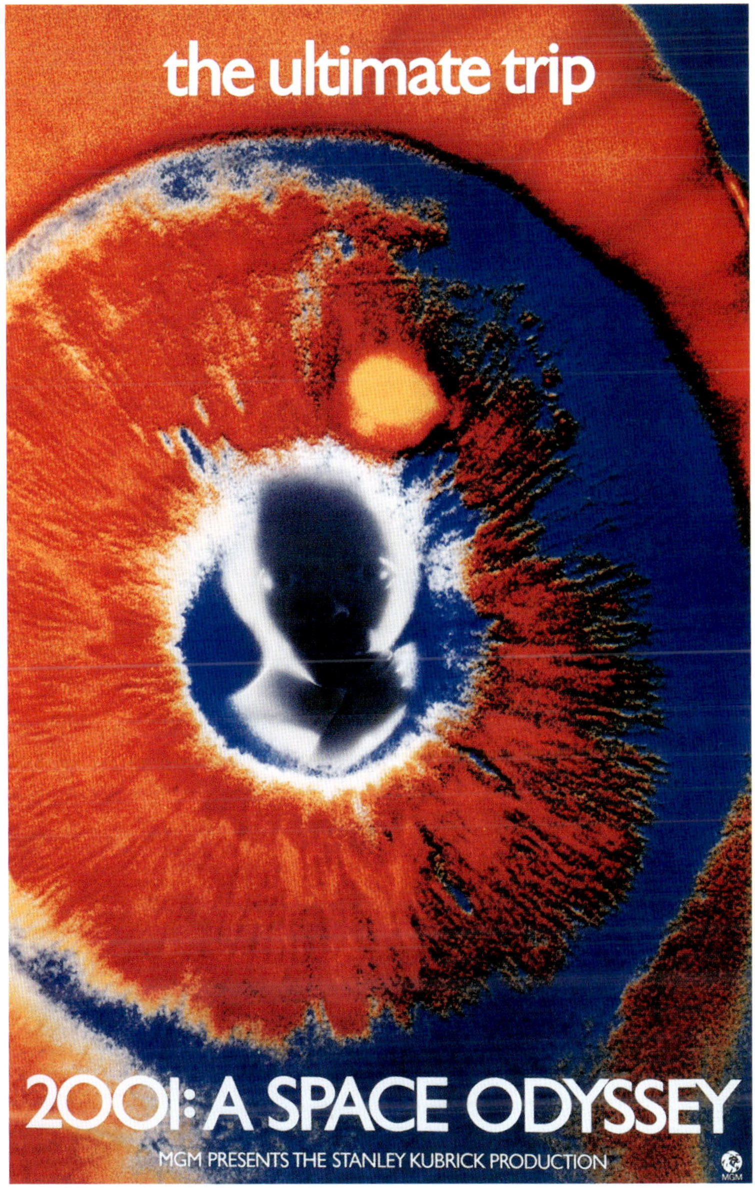

반대쪽 <E.T.>에서 달을 배경으로 날아가는 자전거의 실루엣이 보이는 유명한 장면. 나중에 스필버그가 만든 제작회사 앰블린 파트너스의 로고가 됐다.

위 스탠리 큐브릭의 <2001 스페이스 오디세이>(1968)의 극장용 포스터. 환각을 불러일으키는 듯한 영화의 장면을 이용했다.

요. 영화를 모두 이해했을 때보다 뭔가 더 선명하게 볼 수 있게 해줬죠.

카메론: 로르샤흐 검사를 하듯이 자신을 투사했군요.

스필버그: 저는 두 사람이 함께 구상하고 영화를 만들면서 설명하지 않거나 예상하지 않은 것까지 발견했어요. 대단한 발견이었죠. 그 발견은 스타게이트였어요. 우리 모두 그와 같은 스타게이트를 통과해서 지금 영화를 만들고 있다고 생각해요.

카메론: 스탠리는 외계인을 보여주지 않음으로써 외계인의 모습에 관한 문제를 피해갔어요. 당신도 <미지와의 조우>에서 그 문제를 마주했죠. 당시 주어진 기술로 잘 해내신 것 같아요.

스필버그: 당시에 제가 정말 하고 싶었던 건 카메라로 빛을 아주 강하게 쏘아서 작은 외계인 모두가 실루엣처럼 보이게 하는 것이었어요. 그러면 더 인상적일 테니까요. 의상이 아주 조잡했어요. 옛날 영화 <캣 피플> (1942) 의상 같았죠. 등에 있는 지퍼를 올렸다 내렸다 하는 건데, 앞에서 조명을 비추고 찍을 만하지가 않더라고요. 덜 보일수록, 각자 알아서 외계인을 상상할 수 있다고 생각했죠. 자기가 상상하는 외계인의 모습을 덧입힐 수 있는 거죠. 다만 저는 특수 효과 전문가 카를로 람발디가 만든 퍽의 얼굴만 보여줬어요.

카메론: 덜 보여줄수록 더 낫다는 것을 <죠스>에서 깨달았나요?

스필버그: 그랬어요. <죠스>를 만들 때, 온갖 기술적 문제들이 있었어요. 영화를 실제 대서양에서 찍는 건 불가능했어요. 제정신인 사람이라면 물탱크 안에서 찍었을 거예요. 요즘이라면 컴퓨터 그래픽으로 하겠죠. 그런데 저는 힘들어도 사실적으로 하는 게 좋아요. 그래서 바다에서 찍은 게 어떤 면에선 좋았어요. 동시에 끔찍한 경험이기도 했죠. 까딱하면 경력이 끝장날 판이었으니까요. 모두가 이게 제 경력의 마지막이 될 거라고 말했어요. 하루에 한두 샷 밖에 찍지 못했으니 저도 그 말을 믿었죠.

위 스필버그의 <우주 전쟁>에 등장한 트라이포드 공격 장면.

카메론: 하지만 그 덕분에 한층 성장했잖아요.

스필버그: 절 고집스러운 사람으로 만들었죠. 저 아닌 다른 사람에게 저 자신을 증명하는 것과는 무관했지만, 해고당하지도 실패하지도 않을 생각이었어요. 관객이 들지 않는다면 실패할 수도 있겠죠. 하지만 실패하지 않을 생각이었어요.

카메론: 그래서 미지의 존재가 가져다 줄지도 모를 것을 경축하는 초월적이고 영적인 최초의 접촉을 하신 거로군요. 그런 후 <우주 전쟁>을 만드셨어요.

스필버그: 그러니까요! 못 봐 주겠어요. 저의 위선을. 9/11 테러가 아니었다면 <우주 전쟁>을 만들지 않았을 거예요. <우주 전쟁>은 미국 문화와 세계적인 테러리즘 역사의 한 사건인 9/11에 관한 비유거든요. 미국은 공격받는 것에 익숙한 나라가 아니에요. 마지막

으로 공격받은 게 진주만 정도였죠.

카메론: 맞아요. 그 영화에는 폭력의 느낌, 무력감이 있어요. 하지만 그걸 가족이 모두 뭉치게 하는 드라마로 잘 바꿔놓았어요.

스필버그: 그 영화는 각본가인 데이비드 코엡과 함께 작업했어요. 데이비드는 가족 이야기에 정말 감각이 있어요. 이혼 가정의 아이였던 제 경험과 트라우마와도 맞아떨어지죠. 데이비드와 만났을 때가 떠오르네요. 제가 이렇게 말했죠. “아이에게는 별 관심이 없는 편부에 대한 이야기로 만들어야 해. 그런데 어쩌다 보니 이 사건으로 그 어느 때보다 아이를 보살피게 되는 거야. 자기 자신보다 더.” 그건 <우주 전쟁>의 핵심이 됐어요. 영화의 결말이 아주 좋지는 않죠. 전 그 망할 영화를 어떻게 끝내야 할지 결국 생각해 내지 못했어요.

카메론: H. G. 웰스도 생각해 내지 못할 것 같은데요. 감기가 악당을 물리치다니요.

스필버그: 저도 똑같이 한 걸요. 모건 프리먼이 해설하는 걸로 도와줬죠.

카메론: 모건 프리먼이 말하면 모든 게 그럴 듯하게 들려요.

스필버그: 모건은 뭐든 항상 더 좋게 들리게 해요.

카메론: 원본으로 돌아간 건 아주 좋았어요. 우리가 어렸을 때 보던 조지 팔의 영화에서는 에너지장을 지닌 반중력 선두기계가 아주 멋있게 날아다녔거든요.

스필버그: 오, 멋졌죠! 가장자리에 녹색 불빛이 달린 부메랑 같았어요. 제게도 인상 깊은 영화예요. 조지 팔

H·G·WELLS'
THE War
OF THE
Worlds

의 <우주 전쟁>을 아주 좋아해서 <E.T.>에서도 오마주했어요. 밤에 농장에 있을 때 벽에 그림자가 보이잖아요. 그리고 갑자기 빨판이 달린 세 손가락이 앤 로빈슨의 어깨를 건드리죠. <E.T.>에도 같은 장면을 넣었어요. 엘리엇이 창밖에서 무슨 소리가 들려 겁을 먹은 채 창문으로 다가가는데, E.T.의 손이 엘리엇을 만지며 안심시켜요. 마음을 다소 편안하게 해주기 위해서요.

카메론: 하지만 맥락은 전혀 다르죠.

스필버그: 네. 맞아요. 전혀 다르죠.

카메론: 감독과 제작을 오가며 작품 활동을 하는 동안 외계인과의 최초의 접촉이나 침략, 그로 인해 어떤 일이 생길지에 대한 많은 영화를 만드셨어요. 2002년 TV 미니시리즈인 <테이큰>과 <폴링 스카이즈>는 제2차 세계 대전에 대한 관심에서 나온 건가요? 2차 대전과 침략 당했을 때의 느낌에 대해서도 많은 이야기를 하셨어요.

스필버그: 제가 대단히 선한 사람이기 때문이라고 말할 수 있다면 좋겠지만 그건 아니에요. 사실 <테이큰>은 가능한 한 최대의 관객을 끌어들이는, 상업적인 성공을 전제로 만든 거라고 말할 수밖에 없군요. 외계인을 적대적이고 음험하게 만들었어요. 군인들의 머릿속에 들어가 어머니가 다치는 기억을 심어주고, 그리하여 무기를 떨구게 만든 뒤 무력화시키는 거죠.

카메론: 긍정적으로 생각해보죠. 만약 그게 성공적인 전략이라면, 우리 사회가, 영화든 TV 시리즈이든 우리의 불안을 화면으로 보길 갈구하기 때문이에요. 제가 보기에는, 그게 SF의 상당 부분을 차지해요. 2만 년, 5만 년 전에 우리가 숲속에서 마주친 동물에게 느끼던 감정을 안전한 곳에서 느낄 수 있게 해주는 거죠.

스필버그: SF가 인기를 끌기 전에도 그림 형제의 동화가 있었죠. 아이들에게 겁을 줘서 행동을 바로잡고, 실수를 하지 않게 만들었어요. 뭐, 이런 거죠. 너 자꾸 손톱을 물어뜯으면, 가위 든 사람이 울타리를 뛰어 넘어와서 손가락을 잘라간다. 제가 여덟 살 때 읽은 그림책에는 잘린 손가락에서 피가 뿜어 나오는 그림이 있었어요.

카메론: 나이 든 할머니를 믿고 따라가면 마녀 할머니가 널 오븐에 넣고 구워 버릴 거야. 그건 부모님이 시키는 대로 하라는 경고성 이야기예요. 하지만 기술과 과학 시대의 경고성 이야기는 이 모든 게 어디로 기고 있는지에 관한 공포와 불안을 다루고 있는 것 같아요. 인류의 거대한 실험을 다루고 있죠.

스필버그: 우리는 언제나 세상이 어디로 가고 있는지, 세상에 종말이 다가올지 걱정해요. 수많은 SF는 기본적으로 그런 두려움을 바탕으로 만들어져요. 영화 제작과 이야기를 통해 어떻게 대재앙을 멈출 수 있을까요? 적어도 늦출 수는 있을까요? 훌륭한 SF는 경고성 이야기예요.

카메론: SF가 실제로 미래를 예측하는 데는 뛰어나지 않았다는 사실이 참 뜻밖이죠.

스필버그: 형편없죠.

카메론: 아무도 인터넷을 예측하지 못했어요.

스필버그: 그러나 소설 <다가올 세상의 모습>에 테일 핀 달린 건물이 나와요. 테일 핀 달린 캐딜락이 나오기 전이었어요.

카메론: 그리고 한동안 모든 것에 테일 핀이 달려있

반대쪽 조지 팔이 만든 <우주 전쟁>의 극장용 포스터. 1953년 개봉했다.

오른쪽 위 거티(드류 베리모어 분)가 사랑스러운 외계인 E.T.에게 입맞추는 장면.

위 1936년작 <다가올 세상>의 극장용 포스터. SF의 거장 H.G. 웰스가 글을 썼다.

반대쪽 오른쪽 위 스티븐 스필버그의 <마이너리티 리포트> (2002) 티저 포스터.

었죠.

스필버그: 조지 루카스의 <스타워즈 에피소드2>에서 모든 비행기에 테일 핀 같은 게 있었어요. 영화 <다가올 세상>처럼.

카메론: 조지는 아주 놀랍고 긍정적인 미래상을 보여줬지만, 한편으로는 파시스트 군국주의의 미래이기도 했어요. 흥미롭죠. 당신은 <마이너리티 리포트> 같은 영화도 만드셨어요. 그 영화는 장르를 어디에 놓아야 할지 잘 모르겠어요. 미래를 볼 수 있다는 점에서 시간 여행 이야기 같아요. 미래를 현재로 가져와 그에 따라 행동하잖아요.

스필버그: 전 항상 <마이너리티 리포트>가 심령술사 필립 말로가 나오는 레이몬드 챈들러의 탐정 이야기라고 여겼어요... 샘 스페이드가 나오는 <몰타의 매> 같은 존 휴스턴 감독의 훌륭한 영화처럼. 그건 심령 탐정 이야기였지만요.

카메론: 어쩌면 당신 안에 있는 아이일 수 있겠네요. 하지만 당신은 기술도 좋아하시잖아요. 톰 크루즈는 조립 중인 자동차 안에서 빠져나와야 했죠...

스필버그: 그랬죠. 스토리보드 작업을 할 때 스케치를 하다 보면 최고의 아이디어가 떠올라요. 각본에 없었고 생각도 못했던 아이디어가 그림을 그리는 도중에 튀어나와요. 더 많이 그릴수록, 더 많은 아이디어를 얻죠. <마이너리티 리포트>의 모든 장면은 스토리보드 작업을 하는 동안 나왔던 것 같아요. 각본에도 아이디어가 많았지만, 스토리보드에서 훨씬 더 많이 나왔어요.

카메론: 당신은 SF가 지닌 경외, 경이, 불가사의, 판타지뿐만 아니라 사회적으로 중요성을 지닌 커다란 사회 문제와 같은 것들에도 관심이 많은 것 같은데, 왜 이 두 가지 요소가 결합된 <1984> 같은 디스토피아 SF를 안 만드는지 궁금하군요.

스필버그: 제게 있어 디스토피아를 이야기하는 건 모든 희망을 잃는 것과 같아요. 요즘 <레디 플레이어 원>을 제작하고 있는데 반 년 정도를 우울하게 보내고 있어요. 이 영화의 현실 세계는 디스토피아적인 2045년의 미래예요. 사람들이 사이버 생활을 즐길 수 있는 가상 세계인 오아시스는 뭐든 원하는 대로 될 수 있고, 하고 싶은 일은 모두 할 수 있는 세상이에요. 가장 좋아하는 판타지를 살 수 있는 거죠. 제가 만들 수 있는 디스토피아는 그 정도까지예요.

<마이너리티 리포트>가 디스토피아 세상에 관한 이야기라고는 생각하지 않아요. <마이너리티 리포트>는 사실, 의도하지 않은 결과에 대한 이야기였어요. 교

훈적인 이야기였죠. 미래에 일어날 살인을 막기 위해 세 명의 예지자 혹은 예언자의 증언을 근거로 범죄자들을 찾아내는 건 도대체 어떤 정의죠? 과연 누군가를 독방에 감금하는 말 그대로 정지 상태로 가둘 수 있는 걸까요? 도덕에 관한 중요한 이야기도 있어요.

카메론: 기술을, 그리고 기술에 적응하는 사회 변화의 의도치 않은 결과를 탐구하는 거죠. 그게 바로 현재 우리가 살고 있는 세상이에요. 우리는 기술과 함께 진화한다고 생각해요. 우리가 기술을 바꾸고, 기술이 우리를 바꾸죠. 그 거대한 실험이 우리를 어디로 데려갈지는 아무도 몰라요.

스필버그: 맞아요. 전 전화번호를 입력하던 시절이 좋았어요. 그 시절이 그리운지는 모르겠지만, 사람들이 전화번호를 기억한다는 사실은 그리워요. 우리 아이들은 번호를 보면서도 그 전화번호의 목적을 이해하지 못할 거예요. 누군가와 소통하려면 노력이 필요했던 거죠. 타자기 앞에 앉아서 뭔가 쳐내야 했어요. 손으로 편지를 써야 했고요. 번호를 직접 입력해야 했죠. 누군가와 이야기하고 소통하려면 노력이 필요했어요. 오늘날의 통신은 노력 없이 이루어지는 걸 아주 당연하게 여겨요. 곧 하드웨어 기술, 플랫폼 기술을 뛰어넘는 바이오 기술을 갖게 될 거예요. 그 다음은 모든 걸 대뇌피질에 말 그대로 설치하겠죠. 얼마 안 남았어요.

카메론: 오, 머지않았어요. 우리가 선택한 기술과 통신의 형태가 한 방향이라는 게 흥미롭군요. 우리는 하고 싶은 말을 편집할 수 있고, 실시간으로 반응하지 않아도 되잖아요. 저희 아이들에게 전화로 이야기한다는 건 생소한 개념이에요. 한 말에 바로 책임이 따르니까요. 이제는 우리가 한 말의 결과와 말하는 것은 별개가 돼 버렸어요. 인터넷과 여러 가지 최신 통신 수단이 그렇게 만들었죠. 사회적으로 우리는 변하고 있어요. 우리는 실제로 SF 속에 살고 있어요. 우리 SF 영화 제작자는 현실을 따라잡아야 해요.

스필버그: 우리가 작업용 책상에 앉기도 전에 마이크로소프트와 애플이 이미 뭔가 생각해냈겠죠. 우리가

화면에 보여주기도 전에 우리가 꿈꾸고 있던 것을 갖고 나타날 거예요. 이제 자연스럽게 <A.I.> 이야기로 넘어가네요. . .

카메론: 도중에 작업을 넘겨받으셨죠.

스필버그: 스탠리에게서요. 전 <인디아나 존스 1>(1981)를 만들 때부터 스탠리를 알고 지냈어요. <샤이닝>의 세트장에서 만났을 때 스탠리는 막 오버룩 호텔 제작을 완료한 상태였죠. 그곳이 우리가 <인디아나 존스1>에 등장했던 영혼의 우물 세트를 지을 곳이었거든요. 보어햄우드에 있는 엘스트리 스튜디오를 알아보러 갔다가 스탠리 큐브릭이 세트장에 있다는 이야기를 들었어요. 비공개 세트장이어서 들어갈 수는 없었죠. 프로덕션 매니저에게 물었어요. 더그 트위디였던 것으로 기억해요. "스탠리 큐브릭을 만날 수 있을까요?" 라고 물었더니 그가 "네. 이쪽으로 오시죠." 하더군요. 더그는 참 따뜻한 사람이었어요. 그날 저는 스탠리를 만났고, 그날 밤 스탠리의 집에 초대받았어요. 그게 80년이었어요. 19년 우정의 시작이었죠. 스탠리와는 많은 대화를 전화로 했어요.

카메론: 스탠리는 비행기를 타지 않았으니까요. (큐브릭은 비행 공포증이 있었다)

스필버그: 그리고 저는 영국에 가는 일이 별로 없었고요. 영국에 가게 되면 스탠리를 만나긴 했지만요. 스탠리와는 주로 전화로 이야기했어요. 전화로 여덟아홉 시간을 마라톤 하듯 떠들곤 했죠. 말 그대로 점심, 저녁을 먹어가면서 계속 통화했어요. 스탠리는 한 번도 저를 자신의 창작 세계에 초대한 적이 없었는데 어느 날 이렇게 말하더군요. "뭐 좀 읽어봐 주면 좋겠는데." 영광이었죠. <킬링>, <킬러의 키스>, <닥터 스트레인지러브>, <롤리타>, <배리 린든> 뿐만 아니라 <2001 스페이스 오디세이>를 만든 사람이잖아요. 그런 사람이 제게 자신이 쓴 글을 읽고 각본으로 각색해 줄 작가를 찾아주기를 바라는 거예요. 스탠리는 제게 브라이언 올디스가 쓴 <슈퍼토이는 여름 내내 움직이지>라는 단편 소설을 보냈어요. 그리고 얼마 안 있어 스탠리는 제게 브라이언 올디스의 원작 단편 소설을 바탕으로 자신과 이안 왓슨이 쓴 79쪽짜리 트리트먼트(시나리오 초안)를 읽어달라고도 했어요.

카메론: 당신이 <A.I.>라고 불렀나요, 아니면 스탠리가 이미 그 제목을 지은 뒤였나요? 스탠리는 <2001 스페이스 오디세이>에서 고전적인 인공 지능을 다뤘잖아요.

스필버그: 스탠리는 아직 <A.I.>라고 부르지 않았어요. . . 그러고는 자기가 만든 약 3천 개 정도의 스토리보드를 봐달라고 했어요. 런던에 와서 보면 좋겠다고 하더군요. 저는 바로 스탠리의 집으로 날아가서 며칠 동안 지내며 스토리보드를 검토했어요. 그때 스탠리가 엄청난 제안을 하더군요. 정확히 이렇게 말했죠. "지금 이 영화는 나보다는 자네의 감수성에 더 가까운 것 같아. 게다가 난 다른 프로젝트 때문에 정신이 산만하기도 하고." 그때부터 스탠리가 그 영화를 <A.I.>라고 부르기 시작했어요. 그는 이렇게 말했죠. "이 영화를 감독하는 데 관심이 있나? 내가 제작을 맡을 건데, 내가 라인 프로듀서를 할 테니, 자네가 감독을 맡아."

카메론: 제가 아는 한 스탠리는 다른 어떤 감독과도 그런 관계를 맺지 않았어요.

스필버그: 다른 사람에게 그런 일을 부탁한 적이 없을 거예요. 하지만 스탠리와 저는 테리 세멜과 밥 달리를 알고 있었어요. 당시에 워너 브라더스를 운영하던 사람이죠. 우리는 워너와 이야기해서 제가 감독을 하고 스탠리가 제작을 맡기로 했어요. 그 과정에서 스탠리가 한 말은 지금 생각해도 재미있어요. "자네가 감독이야. 난 간섭하지 않을게. 각본만 공동으로 작업할 거야. 그리고 난 영국에서 제작을 담당하고, 자네는 미국에 가서 영화를 찍어." 하지만 이렇게 덧붙였어요. "팩스 기계를 한 대 들여놓아야 할 거야. 내가 메모와 사진과 아이디어를 많이 보낼 테니까. 그리고 팩스는 침실에 두도록 해."

제가 "왜요?" 물었더니, 스탠리가 "내가 자네에게 보낸 걸 누가 들어와서 읽으면 어떡하나? 팩스는 사적인 공간에 두어야 한다고. 침실에 두겠다고 확실하게 얘기해줘." 라더군요. 그래서 저는 침실에 팩스를 놓았어요. 팩스 기계의 전화 소리가 얼마나 큰 줄 알아요? 보통 집전화보다 열 배나 시끄러워요. 그게 새벽 두 시에 울리고 그랬죠. 아이고. . .

카메론: 영국은 스탠리가 막 일어난 시각인 거죠. 그렇죠?

스필버그: 새벽 두 시는 저한테는 한밤중이었지만, 스탠리에게는 낮이었어요. 팩스는 새벽 한 시, 세 시, 네 시에 울리곤 했어요. 이틀 밤을 그렇게 보냈더니 아내인 케이트 캡쇼가 팩스 기계를 침실 밖으로 내던지면서 그랬어요. "스탠리한테 솔직하게 이야기를 해. 무슨 일이 벌어지고 있는지 이야기하라고." 그래서 스탠리에게 전화해서 어떤 일이 벌어졌는지 얘기했죠.

카메론: 하지만 그 일을 빼고는 성과가 좋은 공동 작업이었죠?

스필버그: 아주 멋진 공동 작업이었어요. 스탠리에게 정말 많은 메모를 받았어요. 카메라 앵글, 기법에 관해서. 이런 메모도 있었어요. "데이비드(영화의 <어린 로봇> 주인공)를 어떻게 만들 것인가? 난 데이비드가

안드로이드여야 한다고 생각해. 인조인간이 아니라, 기계여야 해." ILM의 전설적인 시각 효과 전문가인 데니스 머렌이 영국으로 가서 E.T.나 퍽처럼 와이어를 이용해 실제 로봇 소년을 만드는 문제를 가지고 스탠리와 한동안 이야기했어요. 스탠리는 실제로 시험해 봤던 것 같아요. 이건 제가 끼어들기 전의 일이에요. 스탠리는 기계인형으로는 안 되겠다고 판단했어요. 이건 영화에 컴퓨터로만 만든 실사 같은 애니메이션 캐릭터가 등장하기 전의 일이에요. <피라미드의 공포>가 처음이었죠. <쥬라기 공원>보다도 한참 전이었고요. 요즘 같았으면 스탠리는 데이비드를 실사 세트장에 있는 디지털 캐릭터로 만들었을 거예요. 확신해요.

카메론: <알리타>(유명한 만화 원작으로 로버트 로드리게즈가 감독)를 만들 때 제가 즐거웠던 부분이 바로 그거예요. 제 얘기를 해서 죄송하지만, 인간의 모조품인 무엇인가를 만들 때 CG를 이용한다는 생각요. 제가 각본을 썼던 건 십 년 전이었어요. 이건 절대 완벽해질 수가 없겠다는 생각이 들었죠. 지금은 완벽에 꽤 가깝게 만들 수 있다고 생각해요. 이제는 거의 자명적인 개념이죠. 그때만 해도 아직 언캐니 밸리(불쾌한 골짜기)를 느꼈으니까요. 인간과 아주 비슷하지만, 어딘가가 다른 로봇이나 시뮬레이션을 볼 때 느끼는 부정적인 반응 말이에요.

스필버그: 하지만 <A.I.>같은 영화에서는 반드시 언캐니 밸리 느낌을 만들어야 해요. 의도적으로 그런 효과를 일으키려 했어요. 이 아이에게서 완벽하지 않은, 어딘가 기계 같은 느낌이 나게 하는 거예요. 창조적인 재능이 뛰어난 할리 조엘 오스먼트는 마지막 장면을 제외하고는 영화 내내 눈을 깜빡이지 않았어요. 약간의 메이크업과 아주 약간의 분장을 이용해서 할리는 자신이 정말 로봇 아이처럼 보이게 했죠.

카메론: 정말 그럴 듯했어요. 그러니까 일부러 언캐니 밸리를 느끼게 하셨군요.

스필버그: 언캐니 밸리가 없었다면 효과가 없었을 거예요. 주드 로도요. 주드 로는 언캐니 밸리처럼 보여야 했죠. 어느 정도는 인간 같지만, 인조 느낌이 나도

아래 할리 조엘 오스먼트는 스티븐 스필버그의 <A.I.>(2001)에서 로봇 소년 데이비드를 연기했다.

WAR
OF THE
WORLDS

록. 모조품이죠.

카메론: 그래도 둘 다 공감이 가는 캐릭터였어요. 왜 그럴까요? 우리는 왜 기계에게 의식뿐만 아니라 우리가 좋아하고 지지하는 면까지도 부여하는 걸까요?

스필버그: 우리는 왜 시리와 이야기할까요? 우리는 거의 모든 것을 의인화해요. 어린 시절부터 그러죠. 어린 여자아이라면 인형이 있고, 남자아이라면 트랜스포머나 지아이조 장난감이 있어요. 전 언제나 모든 아이가 이야기꾼으로 태어난다고 말해왔어요. 아이들은 상상력이 정말 풍부하거든요. 그런 상상력은 우리가 카메라 앵글을 결정할 수 있게 해줘요. 어렸을 때 우리는 바닥에 엎드려서 눈을 최대한 낮춰 액션 피겨가 실제처럼 보이게 하잖아요. 장난감 기차가 있으면 선로에 눈을 갖다 대고 기차가 지나가게 하고요.

저는 그런 방식으로 처음 영화를 만들기 시작했어요. 제 첫 번째 영화는 <거대한 기차의 탈선>이라고 할 수 있는데, 제 기차 중 하나를 왼쪽에서 오른쪽으로, 다른 기차를 오른쪽에서 왼쪽으로 가게 해서 만들었어요. 제 8mm 코닥 카메라를 가운데 두고 두 기차가 카메라 앞에서 충돌하게 만들었죠. 아이들은 존재하지 않는 세상을 만드는 타고난 능력을 그런 식으로 발휘해요. 우리는 모두 이야기꾼으로 태어나요. 어떤 면에서 보면 우리는 모두 영화 제작자로 태어나는 거죠.

카메론: 기계에 우리 자신을 투영하고 의인화한다는 말씀이시죠. 그런데 우리와 동등하거나 잠재적으로 우리보다 뛰어난 기계 의식을 만들기 위해 자금과 동력을 확보하고 정당한 노력을 하는 곳이 있어요. 우리는 지금 SF의 세상에서 사는 거죠. 우리 생애에 <2001 스페이스 오디세이>의 HAL을 볼 수 있을지도 몰라요.

스필버그: 저도 그렇게 생각해요. 전 몇 년 전부터 <로보포칼립스> 작업을 하고 있는데요. 가장 뛰어난 지적 능력을 갖춘 인간의 크로마틴(chromatin)에 관한 이야기로, 사람보다 훨씬 영리해서 인류에게서 통제권을 빼앗고 세상을 지배하려고 해요. <핑키와 브레인>(1995~1998년에 방연된 TV 애니메이션 시리즈)의 고급 버전으로 생각하면 되는데 무서워요. 일론 머스크는 제3차 세계 대전이 핵전쟁으로 인한 파국이 아닐 것이라고 꾸준히 예견하고 있어요. 기계가 점령하는 식이 된다는 거죠.

카메론: 스티븐 호킹도 비슷한 이야기를 해왔어요. 블라디미르 푸틴도 인공 지능을 완성하는 국가가 세계를 지배한다고 말했고요.

스필버그: 섬뜩한 생각이에요. 그건 우리보다 영리한 존재, 체스에서 우리를 이길 수 있는 존재가 이 세상을 체스판으로 생각하고 체크메이트를 외쳐 우리를 사라지게 한다는 것과 다름없으니까요. 제가 그런 이야기의 절반이라도 믿을 수 있을지 모르겠어요. 그런 이야기를 믿는 성격이 아니거든요. 어떻게든 우리는 궁지에서 벗어날 방법을 찾을 수 있다고 항상 생각해요. 우린 모두 공감 능력을 지녔어요. 살면서 그런 면을 보여주지 않기니 우리 안에 있는 그런 면을 못 보더라도 모두에게 공감 능력이 있죠. 그리고 그 능력이 언제나 우리를 벼랑 끝에서 구해줄 거라고 생각해요.

카메론: 제가 보기에 인공 지능은 초기의 원자력 같아요. 과학자들은 원자력이 무한한 에너지라는 미래 전망을 지니고 있었어요. 세상에 전력을 공급할 수 있고 원자력 비행기를 만들 수 있고 우주로 날아갈 수 있다고 생각했죠. 아시다시피 처음으로 한 일이 일본의 도시 두 곳을 파괴한 것이었고요.

최근에 인공 지능 연구자 몇 명과 이야기를 해보니 미래를 위한 무한한 에너지의 원천을 만들 것이라고 믿던 30년대 핵 과학자가 떠오르더군요. 짜낸 치약은 다시 집어넣을 수 없다는 걸 모르는 건가 하는 생각이 들어요.

스필버그: 다시 못 집어넣죠. 핵분열을 하고, 원자를 쪼개고 나면 다시 돌아가지 못해요. 하지만 엄청나게 이로운 일에 활용될 수 있어요. 그렇게 해왔고요. 우리가 만들어내는 모든 것에는 좋은 용도와 나쁜 용도가 있으니까요.

카메론: 당신은 <A.I.>에서 미래에 인간이 로봇이나

왼쪽 스필버그의 <우주 전쟁> 극장용 포스터.

기계의 몸으로 바뀌는 모습을 보여주셨어요. 아니, 인간이라기보다는 지구에 살 우리의 후손이겠죠.

스필버그: 네. 초기계죠. 사실 기계는 진화해요. 기계는 더 나은 기계를 만들고, 그 기계는 훨씬 더 뛰어난 기계로 진화하죠.

카메론: 그런데 그런 기계는 우리만큼이나 인간적이고 적어도 공감과 온정이 가능해 보여요. 기계가 데이비드를 아주 온정적으로 대해요.

스필버그: 하지만 그 온정과 공감은 모두 수학에 기반을 두고 있어요. 가정에 기반을 두고 있고, 수학 방정식의 경험에 기반을 두고 있죠. 우리의 경우엔 영혼이라는 곳에서 나와요. 말로 표현할 수 없는 곳에서 나오죠. 저는 우리의 지식을 넘어선 존재가 있다고 생각해요. 우리의 이해 범위를 훨씬 넘어선 곳에요. 때로는 아이들에게 믿음을 좀 가지라고 이야기하는 것도 좋아요.

카메론: SF가 가끔 믿음과 영적인 문제를 다루는 게 재미있지 않나요? SF는 기술과 과학이 우리에게 끼치는 영향을 다루지만, 종종 벽에 부딪혀요. 과학에 한계가 있는 거죠.

스필버그: 조지 팔의 첫 번째 영화 <우주 전쟁>을 다시 언급해야겠군요. 그 영화는 교회에서 끝이 나고, 주인공 여성의 아버지가 하늘에서 내려온 원통 하나를 향해 걸어가요. 십자가를 가지고요. 성경도 갖고 있죠. 그리고 그 사람은 불에 타 버려요. 완전히 재가 돼버려요.

카메론: 무신론자로서, 저는 그 장면을 보고 웃었어요. 하지만 신앙이 있는 사람이라면 반대로 봤겠군요.

스필버그: 원한다면 <우주 전쟁>을 종교의 무덤으로도 읽을 수 있어요. SF의 위대한 점이 이런 것이죠. 하지만 SF와 과학 판타지를 구별해야 한다는 점은 명심해야 해요. 사실 저는 예전에 포레스트 J. 애커만의 유명한 잡지, <영화의 괴물들>을 보곤 했어요.

카메론: 누구나 포레스트를 좋아하죠.

스필버그: 그 사람 집에 가서 수집품도 구경했어요.

카메론: 최고의 수집품을 소장했죠.

스필버그: 최고죠! 우리가 너무나 좋아하는 포레스트가 제대로 SF와 과학 판타지를 구별했어요. <해리 포터>는 과학 판타지고, <스타워즈>는 SF니까요.

카메론: 저는 그보다 좀 더 복잡한 스펙트럼으로 나눌 수 있다고 봐요. <마션>, <인터스텔라>, <2001 스페이스 오디세이>는 과학과 기술에 충실한 극단에 놓고, <스타워즈>는 스펙트럼의 다른 극단인 판타지에 좀 더 가깝게 놓는 거예요. 검이나 마법사 같은 게 나오잖아요. 하지만 과학과 기술이라는 틀 안에서 판타지적 요소를 입혔어요. 그걸 제대로 못하면 과학은 없고 마법만 남게 되죠. 그렇게 되면 <해리 포터>나 <반지의 제왕>과 같아지는 거예요.

스필버그: 맞아요. 전 <스타워즈>가 <인터스텔라>와 <해리 포터>의 중간에 있다고 생각해요.

카메론: 크리스토퍼 놀란은 <인터스텔라>를 만들면서 킵 손 같은 전문가를 찾아가 "블랙홀이 뭐죠? 블랙홀은 실제로 어떻게 생겼을까요? 그걸 보여 주고 싶습니다." 라고 물었어요. 그리고 우주 추진체 연구자, 생명유지 장치 연구자들을 많이 만나서 그럴듯한 우주선과 그럴듯한 행성 표면을 만들어냈어요. 재미있는 외계인은 등장하지 않아요. 그저 사람이 지식과 지혜를 이용해 어려운 생존의 문제에 맞서는 내용이에요. 하지만 놀란조차 마지막에는 초월적이고 영적으로 만들었어요.

스필버그: 그랬죠. 매튜 매커너히가 유령이 됐잖아요. 어느 정도 과학에 근거를 둔 유령이 되었죠.

카메론: 놀란은 과학을 이용해서 일종의 사후 세계 이야기를 만들었는데, 이게 아주 흥미로워요.

위 매튜 매커너히가 크리스토퍼 놀란이 감독한 <인터스텔라>(2014) 에서 우주선 조종사 쿠프를 연기했다.

스필버그: 우리가 이런 이야기를 할 때 항상 목표로 삼는 게 뭘까요? 저는 항상 사람들의 머리보다 가슴을 먼저 자극하려고 해요. 언제나 가슴이 먼저죠. 물론, 너무 그러다 보니 가끔은 감상주의적이라는 비판을 받기도 하지만, 전 상관없어요. 왜냐하면. . . 때로는 제가 젊은 영화 제작자였을 때보다 훨씬 정서가 메말라버린 오늘날의 사회에 보다 깊이 들어가기 위해서는 좀 더 강하게 밀어붙여야 하기 때문이에요.

카메론: 전설적인 SF 작가이자 편집자였던 존 W. 캠벨이 SF를 박사 학위를 가진 하드기술 너드 SF 작가들로부터 더 나아가게 한 것과 같군요. SF는 죄다 방정식과 수학과 물리학이었다가 인간의 마음을 다루는 훨씬 더 인간적인 이야기로 진화했어요. 제가 어렸을 때 읽었던 훌륭한 SF 작가는 모두 저를 울게 만드는 흥미로운 인물을 만들었어요. 저는 헐리우드가 오늘날까지도 사람과 사람 사이의 진정한 감정을 잘 다루지 않는다는 이유로 SF를 완전히 주류로 받아들이지 않는다는 느낌이 들어요. 그건 완전히 틀렸다고 생각해요. SF는 인간의 조건에 관한 이야기예요. 우리는 기술 사회에 살고 있어요. 그리고 우리는 기술을 인간처럼 다루죠.

스필버그: 맞아요. 예전에는 SF가 메인 코스 뒤에 나오는 디저트였지만, 요즘은 스테이크이기도 하다는 사실을 부정할 수 없어요. 요즘엔 디저트를 먼저 먹죠. 수익이 많이 나는 영화는 믿기지 않는 스토리라는 생각은 접어두고 보는 <배트맨>, <슈퍼맨>, <원더우먼>, <어벤저스>, <토르>의 세계로 날아가는 영화예요. 인간의 조건과 오늘의 세상을 살고 있는 당신이나 나, 다른 사람들과 같은 인물에 기반하지 않는 한 메인 코스가 될 수는 없다는 느낌이 강하게 들어요. 그게 없다면, 이런 영화들은 스토리텔링으로 만든 영화가 아니라 디지털 기술로 만드는 구경거리인 거죠.

카메론: 우리 둘은 세계에서 가장 뛰어난 디지털 예

STRANGER
THINGS
2

술가와 함께 작업하고 있어요. 우리는 이제 상상할 수 있는 건 뭐든 만들 수 있다는 사실을 알고 있어요. 따라서 이제는 예술적인 선택의 문제가 됐죠. 당신이 하는 것, 그리고 제가 하기를 바라는 것은 항상 머리보다 가슴을 선택하는 것이에요.

스필버그: 당신도 그렇게 하고 있어요. 언제나 모든 프로젝트에서요. 가장 어려운 일이죠. 독창적인 이야기를 구상하는 건 어려워요. 이 말에 고개를 끄덕이는 작가가 많을 거예요. 독창적인 이야기를 떠올린다는 건 어려운 일이죠. 전례가 거의 없는, 영화 역사상 한번도 보지 못했던 것을 떠올린다는 건 어려운 일이에요. 수많은 스토리텔러 거장들이 남긴 작품들 덕분인 거죠.

카메론: 나쁜 영화란 그저 다른 영화를 떠올리게 하는 영화인 것 같아요. 좋은 영화는 어떤 방식으로든 관객 자신의 경험과 연관 짓게 하죠.

스필버그: <기묘한 이야기>가 그걸 아주 잘 했어요. <기묘한 이야기>는 순수한 SF예요. 당신, 저 그리고 다른 사람이 만든 영화들을 참고했지만 영리하게 해냈어요. 영리한 장르의 혼합물이지만, 전부 하나를 가리키고 있어요. 그 아이들을 좋아하게 되고, 아이들에게 나쁜 일이 생기지 않기를 바라게 돼요. <기묘한 이야기>는 상상력이 놀라우면서도 인물들이 중심에 있어요.

카메론: 당신도 몹시 호감가는 캐릭터 E.T.를 만드셨잖아요. 외계인에 관한 아이디어 중 제가 흥미를 느끼는 건 우리가 외계인과 의사소통하거나 외계인에게 반응하는 방식이 외계인의 생김새에 의해 상당 부분 결정된다는 점이었어요. 당신은 눈을 아주 크게 만들었어요. 사람들이 아기들의 큰 눈에 반응하는 것처럼 그 큰 눈에 자연스럽게 반응해요.

스필버그: 그리고 저는 오직 엄마만이 사랑할 수 있는 얼굴로 만들었어요. 예쁘게 생긴 E.T.를 원하지 않았어요. 배도 툭 나오고, 슈트를 입기엔 목도 너무 가늘고 어리숙하면서 뭔가 어색한 모습이길 원했어요. 잠망경 같은 목에 달린 머리가 위로 올라올 때 관객이 이렇게 반응하기를 원했어요. "맙소사, 저건 진짜잖아! 배우가 외계인 옷을 입고 있는 게 아니야!" 사실 걸어가는 몇몇 장면에서는 코스튬을 입은 배우를 쓰긴 했지만요. E.T.의 얼굴이 관심과 호감을 사는 건 아주 중요했어요. 문밖으로 작고 귀여운 디즈니 캐릭터 같은 게 걸어 나오고 관객이 모두 한 목소리로 '아~, 귀여워'라고 하지 않기를 바랐거든요. 그게 가장 원치 않는 반응이었어요. 그리고 각본가인 멜리사 매티슨도 저와 생각이 같았어요. 멜리사가 멋진 각본을 썼죠. 그리고 몇 번이고 이렇게 말했어요. "E.T.는 어린이들 중 하나여야 해요. 아이들 중 하나여야 해요."

카메론: 드류 배리모어가 소리를 지르고, 이어서 E.T.도 소리를 질렀죠? 영화 역사상 가장 웃긴 장면 중 하나예요.

스필버그: 다들 소리를 질러요. 드류는 "다시 소리 질러도 돼요?"라고 묻곤 했어요. 재미있었어요.

카메론: 단도직입적으로 물어볼게요. 외계인이 있다고 생각하시나요? 외계인이 이미 지구에 왔다고 생각하세요?

스필버그: 우주 전체, 은하 전체 어딘가에 우리보다 대단히 열등하거나 대단히 우월한 유기 생명체가 만든 문명이 있다고 생각해요. 전 그렇게 믿고 싶어요. 저 정도면 UFO를 볼 자격이 있다고 생각해요. <E.T.>도 만들었고, <미지와의 조우>도 만들었잖아요. 언제 한 번 외계인을 볼 수 있길 기다리고 있어요. 아직 한 번도 못 봤어요. 봤다는 사람은 수백 명을 만났죠.

카메론: 외계인은 가능한 당신으로부터 떨어져 있으려 할 걸요. 당신이 사실은 외계인 집단의 선동사라는 음모론을 그럴듯하게 만들고 싶지 않을 테니까요. 이 음모론 들어보셨죠? 당신이 수십 년 동안 고의적으로 우리를 유하게 만들고 있다는 얘기요.

스필버그: 들어봤어요. 미친 소리예요. 이봐요. 난 상어 가까이 가고 싶지 않아요. 하지만 UFO는 보고 싶다니까요. 아직 한 번도, 단 한 번도 그런 경험이 없어요. 본다고 해서 백 퍼센트 믿는 건 아니지만, 지금 느

반대쪽 <기묘한 이야기> 두 번째 시즌의 넷플릭스 공개를 앞두고 배포한 홍보용 포스터.

낌은. . . UFO는 왜 지금보다 70, 80년대, 그리고 60년대 말에 카메라에 더 많이 찍혔을까요? 요즘에는 UFO가 나오기만 하면 누구나 찍을 수 있는 기계를 들고 다니는데 말이에요.

카메론: SF 작가로서는 풀기 쉬운 문제예요. 지구는 과거에 UFO에게 유명한 관광지였어요. 그런데 어느 순간 사진에 너무 많이 찍히고 있다는 사실을 깨달은 거예요. 아마도 우리가 일을 너무 망쳐놓기 전에 바로잡으려고 미래에서 밀사를 보냈을 거예요. 그러고 보니 시간 여행 이야기가 나왔네요. 당신은 SF의 거의 모든 소재를 다뤘어요. 외계인 접촉, 우주 여행 등등. 그리고 <백 투 더 퓨처> 시리즈를 책임 제작하셨죠. 시간 여행이 가능하다고 생각하시나요?

스필버그: 예전에 스티븐 호킹에게 그 질문을 한 적이 있어요. <백 투 더 퓨처>가 처음 나왔을 때였죠. 스티븐 호킹은 미래로 가는 일은 충분히 가능하지만, 과거로 돌아가는 건 불가능하다고 답했어요. 호킹은 <백 투 더 퓨처>의 모든 사건이 절대 일어날 수 없다는 사실을 슬쩍 내비쳤어요. 저는 시간 여행에 관해 별로 생각하지 않아요. 사진 앨범이 너무 많거든요. 그게 제 타임머신이에요. 기억이죠.

카메론: 괴물 이야기로 넘어가 보죠. 우리가 어렸을 때는 가장 멋진 괴물이 공룡이었어요. 그렇죠?

스필버그: 제가 맨 처음에 배운 긴 단어는 파키케팔로 사우루스였어요. 다음은 당연히 스테고사우루스와 트리케라톱스였죠. 저는 필라델피아의 프랭클린 과학박물관에 가서 온갖 공룡뼈를 보는 걸 정말 좋아하는 아이였어요.

카메론: 저도요. 일학년 때는 고생물학자가 되고 싶었어요. 제가 처음으로 배운 어려운 단어가 '고생물학자'였을 거예요. 그리고 공룡이 멸종했다는 사실을 알게 됐죠. 제가 얼마나 실망했을지 상상해 보세요.

오른쪽 스필버그의 <쥬라기 공원>(1993)에서 고생물학자 앨런 그랜트가 티라노사우루스 렉스와 마주하는 장면.

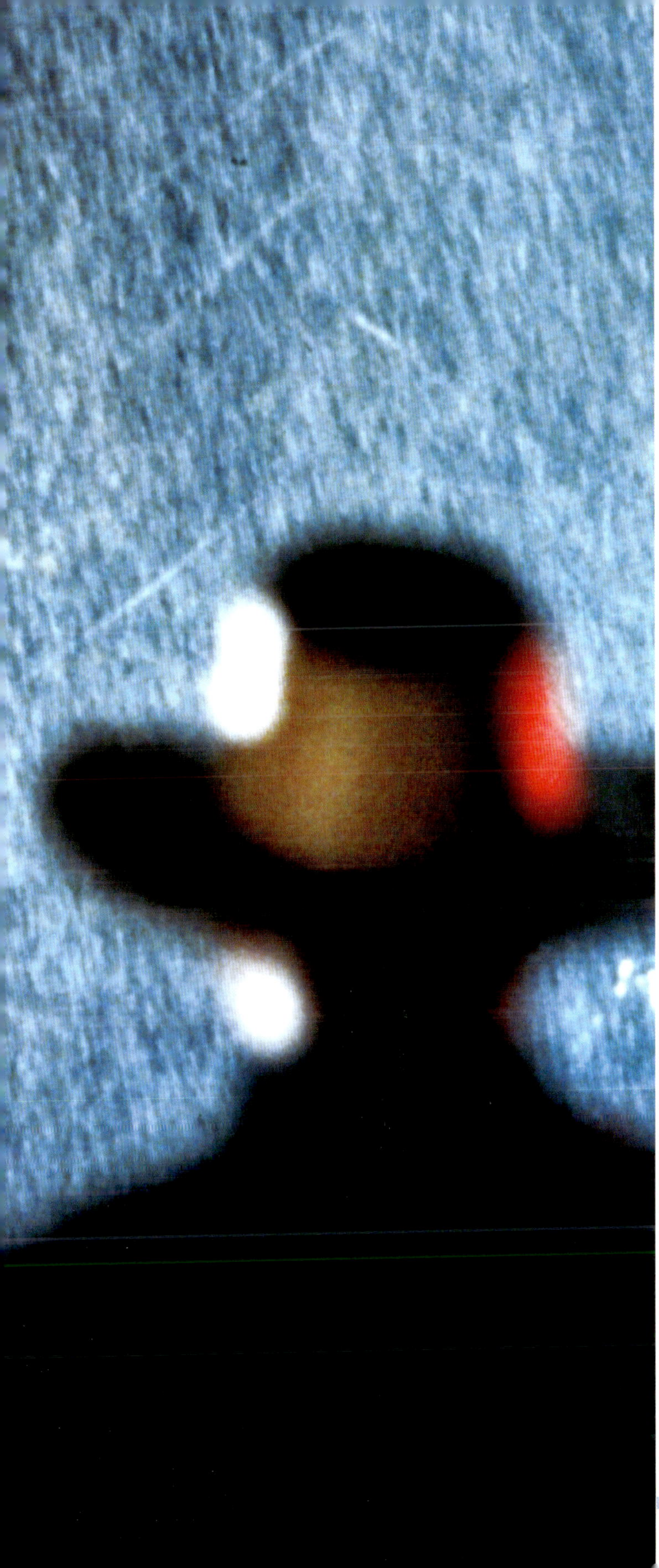

스필버그: 전 어렸을 때 아이스크림 막대기를 모아서 본드로 붙여 공룡을 만들었어요. 그리고 뒷마당에 구덩이를 파고 그걸 묻은 다음에 일주일 있다가 다시 파냈죠. 아마추어 고생물학자가 된 듯한 느낌을 가장 많이 가졌던 순간이었어요.

카메론: 몇 십 년 뒤에 <쥬라기 공원>을 찍으면서 세계 최고의 고생물학자와 일하셨죠.

스필버그: 그건 제가 만들었던 영화 중에서 가장 재미있었어요. 마이클 크라이튼이 완벽한 아이디어를 떠올렸고, <E.R.>의 두 번째 원고 작업을 하고 있을 때 제게 알려줬어요. 크라이튼은 원래 <E.R.>을 영화 각본으로 썼고, 제가 감독을 하게 돼 있었어요. 하지만 나중에 TV 드라마로 바꿨어요. 점심을 먹으면서 다음 책은 무엇을 쓰고 있냐고 묻자, 알려줄 수 없다고 하더라고요. 그래서 계속 캐물었더니 얘기하더군요. "한 가지만 알려드릴게요. 공룡과 DNA에 관한 책을 쓰고 있어요." 그게 전부였어요. 그가 저한테 판권을 판다고 약속할 때까지 가만있을 수가 없었죠.

카메론: 그렇군요. 저는 조금 다르게 알고 있는데요. 저도 책을 받았어요. 판권을 파는 중이라고 들었고요. 금요일 저녁에 책을 받았는데, 바로 읽지는 않았어요. 토요일에 읽기 시작했어요. 티라노사우루스 렉스가 아이들이 있는 자동차 앞유리를 핥는 장면이 나왔는데, 영화에서는 빼셨더라고요, 하지만 책에서는 분명히 유리를 핥았어요. 저는 "이걸 영화로 만들어야겠어."라고 생각했죠. 책을 끝까지 읽지도 않은 상태였어요. 전화를 걸었더니 "스티븐이 방금 샀어요."라고 하더군요. 아주 잘된 일이었던 것 같아요. 왜냐하면 저는 <에이리언>처럼 만들었을 테니까요. R등급의 아주 무서운 영화로요. 당신은 무섭게 만들긴 했지만, 여전히 어린이를 위한 영화예요. 열두 살의 저를 위한 영화로 만드셨죠.

스필버그: 왜냐하면 그 이야기를 하는 게 열두 살의 저니까요. 그 영화는 저 자신을 위해 만들었어요. 제가 어렸을 때는 공룡과 관련된 걸 충분히 보지 못했어요. 부족했죠. 그때는 공룡 장난감도 없었어요. 가게

에서 전혀 팔지를 않았으니 사라진 동물을 이해하고자 하는 욕구를 만족시킬 수 없었어요.

카메론: 그 영화에 얼마나 많은 우연이 일치했는지 생각해보세요. 마이클은 CG가 딱 진가를 발휘하던 시기에 책을 썼어요. 저는 <어비스>를 만들었고, <터미네이터2>를 만들었죠. <어비스>와 <터미네이터2>에서 작업했던 사람 대부분이 <쥬라기 공원>의 랩터와 티라노사우루스 렉스를 만들었어요. 그 사람들이 앞서 일구어 놓았던 것이 마치 짙은 비구름이라면, 당신은 비가 오게 만들었죠. 피부 조직과 젖은 눈이 깜빡이는 모습이 진짜처럼 보인다는 사실, 홍채가 커지는 모습을 디지털로 만들 수 있다는 사실을 보여줬어요.

스필버그: 피부가 접히기도 했죠. 그 아래 근육도 있고요. 피부 아래의 근육이 움직였어요.

카메론: 그 뒤로 CG의 혁명이 일어났죠.

스필버그: 굉장한 시기였어요. 당신도 말했듯이, 그 책과 그 아이디어, 디지털 시대의 시작. 타이밍이 정말 우리에게 유리하게 맞아떨어졌어요. 정말 디지털로 영화의 주인공이자 스타를 만들 수 있었어요. 이건 아셔야 하는데, <쥬라기 공원>에는 디지털 공룡 장면이 59개밖에 없어요. 스탠 윈스턴이 실제 크기의 트리케라톱스와 티라노사우루스 렉스를 만들었어요. 실제 크기의 브라키오사우루스 목과 머리도 만들었고요. 스탠은 정말 그 영화가 성공하는 데 엄청난 공헌을 했어요. 앞으로 사람들은 윌리스 오브라이언과 킹콩을 회상하듯이 스탠을 돌아볼 거라고 생각해요. 세상에서 가장 다정한 사람이에요.

또한, 제가 <쥬라기 공원> 스토리에 끌렸던 건 파멸을 불러오는 인간의 오만함에 관한 이야기이기 때문이었어요. 이런 느낌 있잖아요. 이게 가능하다면, 안

위 스필버그의 <쥬라기 공원>에서 벨로시랩터가 이빨을 드러내고 있다.

반대쪽 1950년작인 고전 SF 영화 <데스티네이션 문>의 극장용 포스터.

할 이유가 있을까? 공원을 만든 존 해먼드는 확실히 단장이자 무대 감독이에요. 생물종을 되살리는 새로운 시대의 링링 브라더스인 거죠. 동시에 자신이 하는 일을 완전히 이해하진 못해요. 미치광이 과학자가 으레 그렇듯이 의도는 순수해요. 월트 디즈니가 되고 싶은 거죠. 모두가 와서 공룡을 구경하기를 원해요. 아이들이 책에서만 볼 수 있었던 동물을 보고 경탄하며 눈물 흘리길 원하는 거죠.

카메론: 제프 골드블럼은 아주 의식 있는 사람이었어요. "자연은 방법을 찾을 겁니다."라고 말하죠.

스필버그: 그래요. 그 사람이 관객의 목소리예요. 그가 그렇게 말하죠. 생명은 방법을 찾는다고. 그리고 매번 옳아요. 제가 가장 좋아하는 장면은 제프와 존(리처드 아텐보로 분)이 논쟁하는 장면이에요.

카메론: 두 번째 영화인 <잃어버린 세계>에서도 다루셨죠.

스필버그: 마이클 크라이튼과 데이비드 코엡이 모든 걸 썼어요. 그 장면을 촬영할 수 있어서 아주 즐거웠어요.

카메론: <웨스트월드> 포스터에 쓰여 있었던 내용이죠. '잘못될 게 뭐가 있는가?'

스필버그: 맞아요. 관객에게는 뭐가 잘못될지가 보이니까 재미있죠. 다 제대로 돌아간다면 뭐가 재미있겠어요?

카메론: 다 잘 되면 재미가 없죠.

스필버그: 하나도 재미없어요. 어린 시절 거의 처음으로 진정한 서스펜스를 느꼈을 때가... 부모님이 극장에서 볼 수 있게 허락해 준 건 전부 디즈니 영화였는데, 처음으로 진짜 서스펜스를 느꼈던 건 제가 아주 어렸을 때 본 영화였어요. 재개봉한 <데스티네이션 문>이라는 영화였어요. 이것도 조지 팔의 영화였죠. 최초의 달 탐사대가 착륙했는데, 달에서 떠나려면 우주선에서 몇 톤의 무게를 덜어내야 했어요. 가만히 앉

아서 보지를 못했던 기억이 나네요. 거의 토할 것 같았어요. 긴장감은 뱃속에서 시작된다는 걸 몰랐어요. 점차 목으로 올라와서는, 소리를 지르게 되더라고요.

카메론: 그러니까 당신은 평생 창조적인 삶을 살면서 어린 시절의 악령을 쫓아내는 사람의 전형적인 예군요.

스필버그: 전 여전히 쫓아내야 할 게 무척 많아요.

우주 공간(OUTER SPACE)

브룩스 펙
대중문화 박물관 큐레이터

읽을거리를 찾아 동네 공공도서관의 서가를 훑어보던 어린 시절, 나는 항상 SF를 찾았다. 다행히 우리 도서관은 SF를 찾기 편하게 만들어 놓았다. 소설 분야에 속한 대부분의 책에 각 장르를 알아볼 수 있는 아이콘 스티커가 붙어 있었는데 미스터리는 돋보기, 로맨스는 하트, 그리고 SF는 불을 뿜는 로켓이었다.

그런 간단한 픽토그래프 분류 체계에서 SF와 우주는 동일한 것이었다. 그럴 만한 이유는 충분했다. 우주 공간 이야기는 SF라는 장르를 장악하고 있다. SF는 무한한 가능성을 다루는 이야기이고 우주는 무한한 캔버스를 제공한다. 그러나 우리는 우주 공간을 이야기할 때, 별과 행성 사이의 추위나 진공에 대해선 별로 언급하지 않는다. 우주를 배경으로 하는 SF는 다른 세계를 탐험하고 그곳에서 우리가 만들 수 있는 사회를 상상하는 이야기이다.

니콜라우스 코페르니쿠스가 우주의 중심은 지구가 아니라 태양이고 하늘에 보이는 빛의 일부는 다른 행성일 수 있다고 말했을 때, 다른 세상으로 여행하는 상상을 자연스럽게 하게 되었다. 그 초기 사례의 하나로, 천문학자 요하네스 케플러의 소설 <꿈: 솜니움>(1608)은 달에 간 관찰자 이야기다. 그러나 관찰자를 달로 보낸 것은 악마였으므로, 요즘 우리가 정의하는 우주 여행과는 다른 것이었다. 하지만 1687년, 시라노 드 베르주라크의 <달과 태양 세계 국가와 제국의 우스운 역사>라는 작품이 판타지가 SF로 도약하는 걸 보여줬다. 소설의 주인공은 먼저 태양이 뜨면 하늘로 올라가는 이슬을 담은 병을 몸에 묶어 달로 가려 한다. 첫 시도에서는 고작 캐나다까지만 닿지만 나중에는 폭죽으로 움직이는 장치를 타고 달에 도착한다. 로켓을 이용한 여행을 처음으로 묘사한 작품이다.

케플러와 드 베르주라크가 자연과 철학에 관한 자신들의 이론을 설명하려고 우주 이야기를 활용했다. (케플러는 지동설을 설명하기 위해 관찰자를 달로 보냈고 드 베르주라크는 사회와 종교 비판을 위해 우주 이야기를 활용했다) 작가들이 오늘날 우리가 알고 있는 우주 여행 그 자체가 주제인 SF를 쓰기까지는 200년이 더 걸렸다. 최초의 우주 SF는 탐험 소설의 파생물이었다. 세계지도가 완성되자 쥘 베른 같은 작가는 탐험의 새로운 영역인 하늘로 시선을 돌렸다. 1865년 소설 <지구에서 달까지>에서, 베른은 거대한 대포로 발사한 캡슐에 탐험대를 태워 달로 보냈다. 물리학적으로 이 방법은 불가능하다. 그렇지만 자유낙하와 여분의 이산화탄소를 흡수할 필요성, 우주선의 궤도를 지나가는 소행성의 질량이 끼치는 영향 등을 고려하여 과학적 정확성을 추구하며 쓴 첫 번째 우주 탐험 소설이다.

보다 중요한 점은 베른의 소설이 우주 여행의 가능성에 기대감을 불러일으켰다는 사실이다. 초창기 영화 제작자인 조르주 멜리에스는 관객을 전율시키는 시각적 광경을 보여주는 우주의 잠재성을 알아챘다. 멜리에스의 1902년 영화 <달세계 여행>은 베른의 우주 이야기와 H.G.웰스의 소설 <달세계 최초의 인간>(1900)에 담긴 여러 요소들이 녹아 있다. <달세계 여행>은 초창기 영화이자 최초의 SF 영화로 기념비적인 위치를 차지하고 있다.

몽상가들과 과학자들이 달 너머를 보기까지는 오래 걸리지 않았다. 그들이 발견한 것은 화성이었다. 1877년 이탈리아 천문학자 지오바니 스키아파렐리는 화성의 표면 지형을 작은 망원경으로 관측하여 그림으로 그렸다. 스키아파렐리는 바다와 대륙, 그리고 특히 해협을 강조해서 기록했다. 나중에 영어 사용자가 이탈리아어로 해협인 'canali'를 운하로 잘못 번역하면서 당시 갓 완성된 수에즈 운하처럼 화성에 인공 운하가 있다

반대쪽 SF 영화의 시초인 조르주 멜리에스의 <달세계 여행>(1902)의 여러 장면.

는 오해를 불러일으켰다. 그래서 사람들이 화성에 문명이 존재한다고 생각하게 된 것이다. 미국의 사업가이자 천문학자인 퍼시벌 로웰은 <생명체가 사는 곳, 화성>(1908)을 포함한 수많은 논픽션 도서에서 화성의 운하는 멸망해 가는 문명이 극지에 있는 만년설 물을 가져오기 위해 건설한 것이라는 주장을 고취하였다. 과학계는 이에 대해 회의적인 태도를 견지했지만, 이 슬프고 낭만적인 이야기는 SF의 뿌리에 깊이 스며들어 수십 년간 인기 있는 주제로 남아 있었다. 이후 나오는 소설에서 화성은 우주에 관한 희망과 두려움을 상징하는 시금석이 되었다.

붉은 행성에서 영감을 얻은 작가들 중 가장 유명하고 다작한 이는 에드거 라이스 버로스다. 버로스의 소설 <화성의 공주>(1912)는 마법처럼 화성으로 오게 된 전직 군인 존 카터를 둘러싼 모험과 스릴이 넘치는 이야기다. 주인공 카터는 바싹 말라버린 사막, 스키아파렐리가 묘사한 운하가 있는 화성에서 팔이 네개 달린 화성인과 데자 토리스 공주를 만난다. 케플러와 마찬가지로 버로스에게도 다른 세상을 오가는 방법은 중요하지 않았다. 우주 여행의 목적은 지금까지 모르고 있었던 미지의 세상으로 가서 그곳에서 찾은 경이로움을 보여 주는 것이었다. 버로스의 화성 이야기는 펄프 SF 시대의 선구적 작품이었다. 펄프 SF 장르의 수많은 이야기는 값싼 펄프지 잡지에 실렸고 1930년대 후반 인기의 정점을 찍었다. 에드워드 E. "닥(Doc)" 스미스의 <우주의 종달새 호>와 <렌즈맨> 시리즈가 이어 주도적 역할을 했다. <렌즈맨>은 놀라운 정신력의 소유자들로 강화된 평화유지군이 수십 억년에 걸쳐 은하 순찰대로 활약하는 대서사극이다. 스미스의 작품 세계 범위는 놀라울 정도로 광대하다. 그 당시 영화에서는 상상할 수 없는 규모의 우주 전투가 벌어지고 수천 개의 행성들이 이 싸움에 휘말린다.

그 시기, SF는 라디오와 영화에서도 두각을 나타내기 시작했다. 대부분의 이야기는 행성 또는 항성간 액션과 모험, 전쟁을 다뤘고 스페이스 오페라로 알려진 하위 장르였다(가루비누 회사의 후원으로 제작된 라디오 드라마를 이른바 '소프 오페라'라고 불렀는데, 이를 본떠 만든 이름이다). <벅 로저스>는 <어메이징 스토리즈>의 1928년 8월호를 시작으로 펄프 SF를 선두에서 이끌었다. 이 작품은 곧 신문 연재만화와 라디오 프로그램으로 각색되었다. 이는 곧 신문 연재만화와 라디오 프로그램으로 각색되었다. 그 다음 필름 시리얼(연속 영화)로 이어졌고, 얼마 지나지 않아 텔레비전 시리즈 두 편과 영화 한 편이 나왔다. 이를 모방한 작품도 많이 나왔다. 그 중 <플래시 고든>은 1934년에 연재만화로 신문에 실리기 시작했고, 라디오 프로그램,

왼쪽 위 스탠리 큐브릭 감독의 <2001 스페이스 오디세이>에 등장한 디스커버리1호.

반대쪽 아래 1985년작 <에너미 마인>의 한 장면. 볼프강 페터슨이 감독했고, 데니스 퀘이드와 루이스 고셋 주니어가 출연했다.

연속 영화, 텔레비전 드라마로도 쏟아져 나왔다. 벅 로저스와 플래시 고든, 이 두 캐릭터의 다양한 모험은 대중의 의식 속에 SF와 미래, 우주 여행의 상징이 되었고, 또한 여러 세대에 걸쳐 작가와 영화 제작자에게 강력한 영향을 주었다.

스페이스 오페라의 호황과 앞선 선구자로부터 영향을 받은 작가들 중에 레이 브래드버리가 있다. 그의 두 번째 책, <화성연대기>(1950)에는 버로스에게 영감을 받은 화성이 등장한다. 화성 속 운하, 무너지는 도시, 죽어가는 화성인이 시적이고, 우아하고, 잊을 수 없는 연작 이야기의 배경이 된다. 이 책은 기술이나 전쟁이 아니라 젊음과 성인으로 성장하는 시기의 고찰, 순수함의 상실, 인간 노력의 목적과 의미(만약 있다면)에 초점을 맞춘다. 이 작품은 주류 문화의 인정을 받은 새로운 유형의 SF였다. 그 결과 브래드버리는 20세기의 위대한 작가 중 한 명으로 찬사를 받게 된다.

제2차 세계 대전 후 우주를 향한 경주가 시작되면서 우주 여행이라는 아이디어는 기이한 몽상에서 실현 가능한 것으로 바뀌었다. 이러한 태도의 변화는 우주 여행의 가능성을 자주 다룬 대중 매체의 기사에 기인한 것이다. 체슬리 보네스텔과 프레드 프리먼의 그림이 함께 실린 콜리어의 연재 기사 <인간은 곧 우주를 정복한다!>(1952~1954)는 특히 영향력이 컸다. 이 기사는 로켓 과학자 베르너 폰 브라운이 구상한 우주 비행의 개념과 기술적인 세부 사항을 아주 상세히 설명했다. 그러면서도 달 왕복선과 화성 풍경 그림은 <벅 로저스>만큼이나 눈을 뗄 수 없을 정도로 흥미로웠다.

보네스텔은 영화 산업계에서 배경 채색작가로도 일했으며 콜리어의 연재 기사에 참여하기 전에는 시대를 상징하는 영화 <데스 티네이션 문>(1950)의 배경 작업을 했다. 스페이스 오페라의 아단스러움을 멀리한 이 영화는 첫 번째 달 탐사대가 직면한 공학적이고 정치적인 문제를 비교적 사실적으로 담았다.

20세기 중반의 미국인에게 우주로 가는 미래는 불과 몇 십 년 뒤의 일이었다. 알렉스 레이먼드의 만화 <플래시 고든>은 성장하는 미공군의 우주 프로그램을 가상으로 다룬 <우주로 간 인간>(1959~1960) 같은 텔레비전 드라마에 자리를 내줘야 했다. 최초의 달착륙, 우주 망원경 설치, 달기지 건설 같은 에피소드에 초점을 맞춘 드라마였다. 은하계를 돌진하는 <렌즈맨>과 비교하면 지루한 소재지만, 이제 막 현실에서 시작된 일들을 다룬 소재라 그런지 역시 흥미진진했다.

현실적인 우주 영화는 1968년작 <2001 스페이스 오디세이>로 정점에 달했다. 스탠리 큐브릭은 (큐브릭과 아서 C. 클라크가 각본을 함께 썼다) 진화와 우주 속 우리의 위치에 관한 사색적인 이야기를 콜리에 스타일의 영상으로 잘 버무렸다. 영화의 대부분은 느리면서 극도로 정확하게 궤도와 달, 목성을 향한 우주 여행을

묘사하는데 힘을 기울인다. 그리고 바로 사이키델릭한 클라이맥스로 이어지면서 관객이 경이로움을 느끼거나 혹은 당혹감을 느끼거나 혹은 둘 다 느끼게 만든다. 많은 사람들이 <2001 스페이스 오디세이>를 역사상 최고의 우주 영화로 손꼽는다.

큐브릭의 걸출한 영화에도 불구하고 지구 바깥 세상에 대한 흥분은 점차 시들해졌다. 우주 탐사의 현실은 느리고, 단조롭고, 어딘가 지루했다. 적어도 대부분의 대중에게는 그랬다. 가장 큰 타격은 1965년에 있었다. 우주 탐사선 마리너 4호가 화성을 근접 통과하면서 달과 크게 다르지 않은 춥고 구덩이 패인 모습의 화성을 보여주었다. 스키아파렐리와 버로스의 꿈은 사라져버렸다. 한때 희망 가득한 미래의 세상이었던 화성이 실은 죽은 바윗덩어리에 불과했기 때문이다.

그러나 몇몇 창작자는 여전히 별을 동경했다. 진 로든베리는 인권 투쟁과 베트남 전쟁, 상호 확증 파괴와 같은 분쟁 너머의 시대를 상상하며 <스타트렉>의 유토피아 우주 시대를 만들었다. 로든베리의 핵심 메시지는 서로 간의 차이점을 극복하고 환상적인 우주의 탐험대로 함께 뭉치자는 것이었다. 동시에 <스타트렉>은 당시의 사회 문제를 끊임없이 반영하고 비평했다. 시청자가 쉽게 논쟁거리에 다가갈 수 있도록 은유를 통해 우리의 문제를 다른 행성으로 보내고 외계인에게 투영하여 보여줬다. 고통스러운 현실에 대한 충격 완화 장치를 만든 셈이었다. 로든베리는 <스타트렉>을 통해 화면으로 구현된 SF에 새로운 성숙함을 더하였다. 하지만 첫 방송이 나간 1966년에는 시청자층의 폭이 좁았다. 우주 이야기가 멋지고 영리할 수는 있었지만, 아직 수익성을 입증하지는 못했다.

그 일은 모두 다 알다시피, 조지 루카스가 감독한 <스타워즈>(1977)가 해냈다. 이전의 그 어떤 SF 영화도 박스 오피스와 대중의 상상력 둘 다에 그만한 충격을 가져오지 못했다. 1940년대의 스페이스 오페라 연속 영화에 직접 영향을 받은 <스타워즈>는 <플래시 고든>식의 모험과 스릴 넘치는 우주 액션을 다시 가져왔다. <스타워즈>가 기존의 영화와 다르고 신선했던 점은 현실감이었다. 우주선은 관객이 화면을 통해 느낄 수 있을 정도로 육중했다. 외계인은 기묘하고, 아름답고, 혐오스러웠다. 무엇보다도 우주 공간과 우주 여행을 더럽고, 찌그러지고, 지저분하게 또 생활감 있게 그려 현실과 동떨어진 캐릭터와 사건에 진정성을 불어넣었다.

모든 영화사가 SF와 우주 이야기 제작을 원했고 돈을 쏟아 부었다. 예상한 것처럼 몇몇 모방작들이 나오기도 했지만 이런 활발한 분위기 아래, 우주 영화는 복잡한 주제를 정면으로 다루는 성숙함을 보이며, 자신 있게 여러 새로운 영역으로 이동하며 장르의 경계를 넓혔다. 이 시기 영화들은 우주를 <에이리언>(1979)처럼 강렬하고 성(性)심리적인 공포의 장소로 나타내거나, <에이리언 2>(1986)처럼 탐욕과 의리의 대결을 보여주는 수단으로 이용했다. 데이비드 린치의 <듄>(1984)에서 우주는 복잡한 지정학적 싸움의 장이었고, <에너미 마인>(1985)에서는 상대를 서로 신뢰하는 법을 배워야 하는 시련의 장소였다. 심지어 제임스 본드도 <문레이커>(1979)에서 우주로 갔다. 같은 해 <스타트렉 극장판>이 나왔다. 70

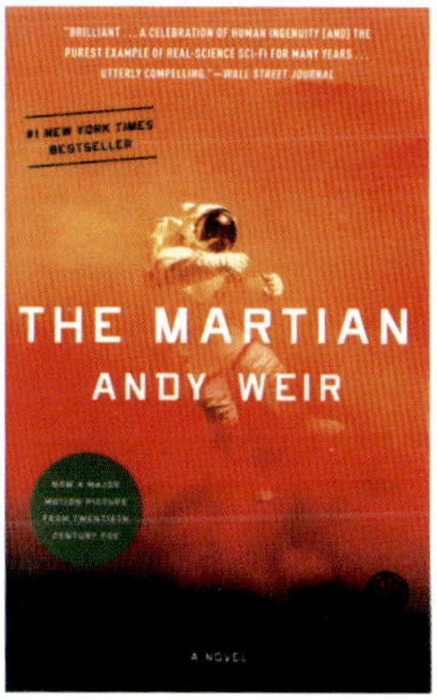

반대쪽 데이비드 린치 감독의 <듄>극장용 포스터.

위 앤디 위어의 2011년 베스트셀러 소설 <마션>의 표지. 브로드웨이북스에서 출간했다.

아래 <스타트렉: 넥스트 제너레이션>의 출연진.

년대 후반에서 80년대까지는 고예산 우주 영화의 새로운 황금시대였다.

출판사들은 SF 장르의 높아진 인기를 이용해 새로운 SF 소설들을 출간하면서 문학 역시 팽창했다. <스타워즈>의 영향력은 문학 분야에서도 은하계를 누비는 다양한 서사 대작으로 나타난다. 데이비드 웨버는 스페이스 오페라인 <아너 해링턴>시리즈에서 여성을 주인공으로 내세우는 환영할 만한 발걸음을 내디뎠다. 이언 M. 뱅크스의 <컬처> 시리즈 역시 장대한 규모의 우주를 다루지만, 인본주의적인 메시지를 담고 있다. 이 시기에 50년에 걸친 우주 공간에 대한 비유를 패러디한, 더글러스 아담스의 <은하수를 여행하는 히치하이커를 위한 안내서>(1979)도 나왔다. 한편, 프랭크 허버트는 유명한 <듄> 시리즈를 계속 확장해 나갔다. 1963년 처음 등장한 이 음울한 스페이스 오페라 대작에는 압제적인 제국과 신비한 힘을 가진 영웅, 기이한 사이비 종교 집단이 등장한다. <듄>이 <스타워즈>에 영향을 준 것은 분명하다. 물론 책에 담긴 어조는 영화보다 훨씬 더 진지하다.

TV에서도 비슷한 성장이 일어났다. <스타트렉>은 1987년에서 2005년 사이에 엄청난 인기를 끈 <스타트렉: 넥스트 제너레이션>을 포함한 네 개의 스핀오프 시리즈 그리고 2017년의 새로운 시리즈와 함께 선두에 섰다. <스타게이트 SG-1>은 외계인이 만든 게이트를 통해 은하계를 탐사하는 현대 군인의 이야기로 시즌 10까지 방영했다. 90년대 중반의 <바빌론5>는 <스타트렉>에서 영감을 받아 보다 더 복잡하고 미묘한 정치적 사회적 구조를 설정하려고 애쓴 숨은 보석이었다.

작가와 영화 제작자가 우주로 손을 뻗는 동안 어떤 창작자는 현재의 태양계로 돌아와 새로운 흥미 요소를 찾았다. 2011년 출간된 제임스 S. A. 코리의 소설을 각색하여 2015년 TV드라마 시리즈로 방영된 <익스팬스>는 수백 년 뒤에 태양계를 개척한 미래가 배경이다. 소설 속 우주선과 다른 기술들은 모두 오늘날의 기술과 가능성이 입증된 것들에 대한 현실적인 추론에 기반하였다.

사실주의 경향은 화성에도 영향을 끼쳤다. 작가 킴 스탠리 로빈슨의 3부작 <화성>(1993년 <붉은 화성>으로 시작)은 화성을 소재로 한 소설에 신선한 접근법을 제공했다. 과학적으로 정확한 사실을 다루면서도 실제 화성의 풍경과 기후가 버로스의 판타지 못지않게 아름답고 흥미로울 수 있다는 사실을 보여줬다. 2011년 앤디 위어의 소설 <마션>은 여기서 더 나아간다. 로빈슨의 작품만큼 정확성을 갖추고, 최근 화성 탐사 로봇 '로보'가 알아낸 사실까지 덧붙여 화성의 모습을 보여준다. 이 소설에 영감을 받은 리들리 스콧이 2016년에 영화로 만들었다. 화성에 고립된 식물학자 마크 와트니(맷 데이먼이 연기)가 참가했던 임무 역시 현실적이다. 이 이야기는 현실적인 영웅이 붉은 행성에서 예견된 죽음을 피하기 위해 실제 과학을 적용하는 과정을 관객들이 흥미를 가지고 지켜볼 것을 확신하고 만들어졌다.

<마션>과 같은 이야기는 인간이 우주에서 마주할 도전에 대한 사실적인 묘사가 버로스나 루카스 작품의 이국적인 풍경과 서사 못지 않게 강한 흥미를 불러일으킬 수 있다는 사실을 보여준다. 그와 동시에 우주의 아주 먼 곳을 배경으로 펼쳐지는 이야기는 우리가 우주에서 볼 수 있는 것, 할 수 있는 것에 대해 거시적으로 생각할 필요가 있다고 설득한다. 가깝든 멀든, 우주는 끊임없이 우리를 부르고 있다. SF의 핵심은 언제나 우주일 것이다.

조지 루카스

인터뷰진행 제임스 카메론

조지 루카스는 신화학자 조지프 캠벨의 저서, 일본의 거장 구로자와 아키라의 영화 그리고 젊은 시절 본 일련의 영화에 영향을 받아 역사상 가장 인기 있는 불후의 SF 어드벤처 <스타워즈>를 만들었다. 아주 간단한 제목의 첫 편, <스타워즈>(1977)는 데뷔작인 디스토피아 SF<THX1138>(1971)과 1973년 오스카상 후보에 오른 청춘 코미디 <청춘낙서>에 이은 루카스의 세 번째 작품이다. <스타워즈> 후 속편 제작에 큰 압박을 느낀 루카스는 다른 감독에게 <제국의 역습>(1980)과 <제다이의 귀환>(1983)을 맡기긴 했지만 두 영화 제작 전반에 큰 영향력을 행사했다. 루카스는 첫 번째 <스타워즈> 제작 기간 중 전설적인 시각효과 회사, 인더스트리얼 라이드&매직(ILM)을 만들었다. 그리하여 영화 제작 미래에 불멸의 영향을 끼칠 정도의 기술적 한계를 끌어 올려 디지털 효과의 선구자가 되었다.

1999년, 루카스는 다시 <스타워즈>감독으로 돌아와 프리퀄 삼부작, <스타워즈: 에피소드1 - 보이지 않는 위험>, <스타워즈: 에피소드2 - 클론의 습격>, <스타워즈: 에피소드3 - 시스의 복수>의 각본을 쓰고 제작을 지휘했다. 2012년, <스타워즈>에서 손을 뗀 그는 루카스 필름을 디즈니에게 4조 달러에 팔면서 프랜차이즈의 새로운 시대를 열었다.

이제, 스티븐 스필버그와 함께 <레이더스>를 만든 루카스가 역사와 인류학에 갖는 그의 개인적 열정이 어떻게 <스타워즈>의 세계를 구축하고 미디클로리언과 포스의 정확한 관계를 형성할 수 있게 했는지 설명한다. 그리고 점점 복잡해지는 미래를 헤쳐나가기 위해 인류가 가져야 할 온정과 공감의 중요성을 이야기한다.

제임스 카메론: 1977년 <스타워즈>로 당신 혼자서 대중문화 속의 SF를 혁명적으로 바꿔놓으셨어요. 거의 30년 동안 우울한 작품, 디스토피아와 대재앙을 다루는 작품만 나와서 SF의 수익이 매년 줄어들던 시기였는데 당신이 경이와 희망 그리고, 우리에게 부여된 권한으로 뭔가를 할 수 있다는 확신을 들고 나오면서 '붐' 터진 거예요.

조지 루카스: 전 인류학으로 시작했어요. 대학에서 인류학과 사회 제도로 학위를 받으려 했죠. 그쪽에 관심이 있었거든요. SF에는 두 갈래가 있어요. 하나는 과학이고, 다른 하나는 사회죠. 저는 우주선보다는 <1984>에 훨씬 더 가까운 사람이에요. . . 우주선을 좋아하지만, 제가 집중하는 건 과학이나 외계인 같은 게 아니에요. 이를테면. 사람들은 이런 것들에 어떻게 반응할까? 그리고 어떻게 적응할까? 저는 이런 부분이 정말 흥미로워요. <스타워즈>는 스페이스 오페라라는 말은 이미 했어요. SF가 아니에요. 그저 우주에서 벌어지는 TV 드라마인 거죠.

카메론: 네. 하지만 <스타워즈>는 그 이상이죠. 아시잖아요. 그건 신(新)신화예요. 신화가 기존 사회에서 했던 역할을 수행하니까요.

루카스: 신화죠. 신화는 사회의 주춧돌이에요. 사회를 이루려면 먼저 가족으로 시작해요. 아버지가 대장이고, 모두 규율에 복종해요. 더 커지면 숙모나 삼촌, 처남 등등 해서 몇 백 명이 되죠. 이런 가족이 두셋 있으면 부족이에요. 일단 부족을 갖추면 사람을 통제할 수 있는 사회적 상징을 마련해야 한다는 문제가 생겨요. 그러지 못하면 서로 죽이고 끝나죠.

카메론: 사회 구조에 관한 이런 아이디어를 확장시켜 거대한 스크린으로 옮겨 담았군요.

루카스: 하지만 동시에 사회는 우리가 서로 죽이지 말아야 할 이유도 갖추고 있어야 해요. 같은 신을 믿고, 동일한 영웅을 숭배하고, 같은 정치 체제를 신뢰하면 수많은 사람을 모아서 도시를 세우고 문명을 만들 수

반대쪽 [제임스 카메론의 SF 이야기] 세트장에서 찍은 조지 루카스. 사진 제공: 마이클 모리아티스/AMC

있어요. 이런 게 저한테 자극제가 됐어요. 우리는 왜 우리가 믿는 것을 믿을까? 우리는 왜 문화의 영향을 받을까? 나이가 들수록 답을 찾기가 더 힘들어져요. 전 제가 자란 시기였던 제2차 세계 대전 후, 안정적인 지점에 도달했다고 생각했었어요.

카메론: 그리고 60년대까지요.

루카스: 50년대와 60년대였어요. 60년대, 마침내 우리는 정부가 거짓말을 한다는 결론에 이르렀어요. <오즈의 마법사>처럼 커튼을 열어젖힌 거죠. 그리고 우리는 "맙소사, 끔찍하군. 난 베트남에 파병돼 죽겠지. 그렇게는 못하겠어."라고 했죠. 이는 우리 정부, 우리 자신, 우리 사회와 맺고 있던 중요한 계약뿐만 아니라 우리가 우리 자신에 대해 이해하고 있던 것까지 완전히 바꿔 놓았어요. 하지만 여전히 우리는 옳고 공산주의로부터 세상을 구하고 있다고 믿었어요. 공산주의는 끔찍했어요. 적어도 스탈린은 끔찍했죠. 그래서 착한 사람과 나쁜 사람을 구분하기 쉬웠어요. 우리가 공유했던 신화의 마지막 단계는 서부극이었어요. 서부극은 진짜 신화였어요. 등 뒤에서는 쏘지 않는다. 먼저 총을 뽑지 않는다. 여자는 항상 먼저 가게 해준다.

카메론: 결투의 예법이죠.

루카스: 예법이죠. 그러다가 서부극 장르가 너무 심리학적으로 변하더니 인기가 떨어졌어요. 그게 사실은 저를 <스타워즈>로 이끌었어요. 하지만 <스타워즈> 전에, 저는, 뭐랄까, "우린 끔찍한 미래에 살고 있어." 라고 외치는 분노에 찬 젊은이였어요. 미래에 대한 이야기는 모두 좋지 않은 것뿐이었어요. <1984>는 모두 사실이었어요. <1984>의 미래는 바로 지금이고 난 지금에 관한 영화를 만들려고 했죠.

카메론: 그게 <THX 1138>이었죠.

루카스: 그래요. 그건 미래처럼 보였지만, 아니에요.

카메론: 그러니까 당신은 60년대 세대가 아니네요. 그 세대보다 전에 태어나셨군요. 하지만 영화 제작자, 예술가로서의 성숙기는 60년대 후반이었어요. 저는 <THX 1138>을 압제 그리고 압제의 수단으로 발달된 기술에 대한 직접적인 반응처럼 봤어요.

루카스: 음, 그래요. 그리고 그 영화 역시 어떤 개념에 바탕을 두고 있는데요, 그 영화에 담긴 상당 부분이 사회 개념에 바탕을 두고 있어요. 영화의 핵심 주제는, <청춘낙서>와 <스타워즈>에도 들어있는데, 제가 고등학교 시절에 깨달았던 거예요. 저는 고등학교 시절을 잘 보내지 못했어요. 교통 사고가 났고 인생을 다시 생각하며 앞으로 뭘 할까? 고민하다가 대학에 가야겠다고 마음먹었죠. 다만, 그걸로 뭔가를 얻으리라는 생각은 하지 않았어요. 그런데 일단 특정 방향으로 가다 보면 기회들이 자연스럽게 생기잖아요. 그저 앞으로 밀고 나가는 거죠. 밀고 나가다 보면 한계란 마음속에만 있다는 것을 깨달아요. 그게 <THX 1138>의 아이디어예요. 이도 저도 아닌 공백상태에 있는 거예요. 원하면 언제든 벗어날 수 있지만, 그러지 않아요. 두렵거든요.

카메론: 그러니까 마음 속 감옥을 비유한 거군요.

루카스: 맞아요. 자신의 생각에 갇힌 거예요. 상상할 수 없으면 아무 것도 못해요. 그러니까 상상력을 발휘하세요. 고정 관념에서 벗어나세요. <청춘낙서>에서도 똑같은 말을 해요. "난 그냥 근처 학교에 갈 거야. 전문대. 이름 있는 좋은 학교는 안 갈 거야. 왜냐면, 난 갈 수가 없거든." 만약 "난 할 수 있어. 해볼 거야"라고 한다면 성공할 수 있어요. 똑같은 거예요. "오, 난 영화를 만들 수 없어."라는 것도. 전 극장용 영화를 만들려던 게 아니었어요. 예술적이고 시적인 걸 만들려고 했죠. 스탠 브래카지의 실험 영화처럼요. 하지만 뭐든 기회가 왔을 때, 저는 외골수처럼 굴지 않았어요. 학교의 많은 학생들이 그랬지만요.

카메론: 당신은 영화 학교에 다닐 때부터 이미 다른 사람들과 달랐군요.

루카스: 운이 좋았죠. 제가 학교에 다닐 때는 다들 상

반대쪽 조지 루카스의 고전 디스토피아 SF, <THX 1138>(1971)의 극장용 포스터.

14
Visit the future where love
is the ultimate crime.
THX 1138
Warner Bros. presents THX 1138 · An American Zoetrope Production · Starring Robert Duvall and Donald Pleasence · with Don Pedro Colley, Maggie McOmie and Ian Wolfe · Technicolor® · Techniscope® · Executive Producer, Francis Ford Coppola · Screenplay by George Lucas and Walter Murch · Story by George Lucas
Produced by Lawrence Sturhahn · Directed by George Lucas · Music by Lalo Schifrin
FROM Warner bros. A Kinney company
GP
ALL AGES ADMITTED
70/320

당히 자유를 존중했어요. 어떤 이들은 "나는 장 뤽 고다르처럼 예술 영화를 하고 싶어." 혹은 "구로사와를 좋아해? 구로사와처럼 만들어. 그런 다음 존 포드." 라고 했죠. 다들 아주 열려 있었어요. 이름을 거론하긴 싫은데, 어떤 학교는 예술 영화만 해야 했어요. 영화 학교에 다닐 때, 전 어떤 거라도 하겠다는 마음이었어요. 광고를 만들라면 만들 수 있어. 뭐든 주기만 해. 전 영상 매체를 사랑하고 그게 뭐든 만든다는 게 좋았어요.

카메론: 제가 영화를 시작하면서 전설적인 B급 영화감독 로저 코먼 밑에서 일할 때가 바로 그랬어요. 야간 숙직을 서는 간호사가 나오는 영화든 거대한 구더기가 나오는 SF 영화든 상관하지 않았죠. 영화를 만들기만 하면 그걸로 좋았어요. 까이에 뒤 시네마(1951년 창간한 프랑스 영화 비평지)는 신경 쓰지 않았어요.

루카스: 전 고다르를 좋아하고, 구로사와도 좋아해요. 특히 구로사와를 좋아해요. 페데리코 펠리니도 좋아하죠. 이제는 그런 환경이 아니라는 게 이상해요. 어느 순간 사라져 버린 것도 신기하고요. 아시잖아요. 르네상스 시대나 20년대의 파리처럼 관습에 얽매이지 않는 일군의 재능있는 사람들이 이유를 막론하고 모이는 거예요. 어쩌다 같은 시대, 같은 장소에서 서로 만나는 거죠. 작은 세상이니까요. 그리고 작품이 쏟아져 나오는 거예요. 아, 70년대처럼. 아주 멋진 시기였어요. 우리가 딱 그랬어요. 그런 환경을 위해 우리가 특별히 뭔가를 한 것도 아니었어요.

위 <THX 1138>에 출연한 로버트 듀발과 매기 맥오미

카메론: 하지만 반항 정신, 반권위주의 정신이 있었어요. 저에게 <THX 1138>은 그런 반체제 문화 시대정신의 SF적 표명이었어요. 71년에 봤으니까 고등학교 졸업반이었을 거예요.

루카스: 그 영화를 제대로 본 사람들은 환영을 보고 있었죠.

카메론: 아뇨. 전 멀쩡했어요. 그때 저는 약을 하지 않았어요.

루카스: <THX 1138>에 대해서 사람들이 "이봐, 그 영화는 약에 취해서 보면 끝내줘." 라고 말하며 다니던 시기는 <2001 스페이스 오디세이> 신드롬이 시작될 무렵이었어요.

카메론: 그 당시에는 인정받지 못했다는 면에서도 <2001 스페이스 오디세이> 신드롬과 <THX 1138>는 비슷해요. 나중에야 인정받았잖아요.

루카스: 사람들은 "그건 우주 영화가 아니야. 환영을 일으키는 영화지."라고 했어요.

카메론: 저는 그 영화에서 <멋진 신세계>와 <1984>의 주제 의식을 느꼈어요. 고전 디스토피아 작품이 기술적으로 좀 더 향상되어 만들어진 거죠. <터미네이터2>의 액체 금속 로봇은 <THX 1138>의 금속 로봇 경찰에서 나온 거예요. 그런데 <스타워즈>는 액션과 모험담, 영웅주의의 아주 신화적 극단에 있고, <THX 1138>은 SF의 한 극단인 디스토피아 쪽에 있다는 점을 생각하면 흥미로워요. 두 작품을 관통하는 주제가 반항적인 주인공이 일종의 깨달음을 얻거나 다른 관점으로 세상을 바라보게 된다는 것이잖아요.

루카스: 자신의 잠재력을 꽃피우는 셈이죠. <스타워즈 4>에서 루크가 "음, 난 못해. 아버지, 삼촌을 떠날 수 없어. 농사를 지어야 해."라고 해요. 그건 이런 뜻이에요. 이봐, 우린 당신이 생각하는 것 만큼 세상에 영향을 끼치지 못해. 그럼 오비완 케노비가 이러죠. "음, 그게 네가 원하는 거라면." 캐릭터의 운명은 미리 정해져 있는 게 아니에요. 누군가는 이리저리 재어 보고 이렇게 말할 수 있어요. "그 불타는 건물 안으로 들어가지 마. 이미 늦었어."

카메론: 흥미로운 얘기네요. 이런 류의 수많은 영화가 운명적으로 영웅이 될 수 밖에 없는 신화적 요소를 해석하기 시작했어요. 반면, 당신의 영웅은 영웅이 되기를 선택해요. 결정적인 순간에 선택을 내리는 거죠. 정해진 운명이 아니에요. 적어도 당신이 예정된 영웅 이야기를 하는 건 아니라고 생각해요.

루카스: 제가 생각하는 정해진 운명이란. . . 유전자예요. 유전자는 운명이에요. 생물학적이죠. 사람들은 제발 생물학은 거론하지 마라고 해요. . . . 하지만 우리는 모두 타고난 재능이 있어요. 그리고 재능이 있는 사람은 자신이 다른 사람과 다르다는 걸 알아요. 우린 다른 사람이 할 수 없는 일을 우리는 할 수 있다는 것을 알죠. 아무 영화감독, 예술가들과 이야기해 보시요. 머릿속에 무엇은 되고 무엇은 안 된다는 감각이 있어요. 틀릴 때도 있죠. 반드시 맞는 건 아니니까요. 특정한 방식으로 세상을 바라보게 하는 뭔가가 유전자 안에 새겨져 있어요.

카메론: 영화가 돈을 벌지 못할 때만 틀린 거죠.

루카스: 아니면 영화가 멍청해 보일 때만 틀린 거죠.

카메론: 예술에는 그런 절대적인 기준이 없어요. 그렇죠?

루카스: 네. 저는 예술은 보는 사람에 따라 다르다고 강하게 믿고 있어요. 하지만 예술은 감정적 의사소통이라는 사실 역시 강하게 믿고 있죠. 감정적으로 소통하지 못한다면, 그건 예술이 아니에요. 인기가 많으면 예술이 아니고, 예술이면 인기가 없다는 생각은 전혀 옳지 않아요. 말도 안 돼요. 수백만 명에게 감정적으로 호소할 수 있다면, 그건 멋진 일이에요.

카메론: <스타워즈>를 만들 때 영향을 받은 것에 관한 이야기로 돌아가 보죠. 확실히 일부는 SF에서, 일

부는 사회학과 인류학에서 영향을 받았어요. 영향을 준 원천이 뭘까요? <스타워즈>가 당신 머릿속에서 완성된 상태로 툭 튀어나온 것 같지만, SF를 아는 사람이라면 누구나 아는 원천이 있죠.

루카스: 이 세계에서는 어떤 것도 완성된 상태로 머릿속에 떠오르지 않아요. 그리고 상상력과 싸우는 예술가는, 여기서 예술가라는 단어는 폭넓게 사용한 건데요, 머릿속에 아이디어를 떠올리고, 그것을 구현하기 위해 애쓰죠.

카메론: 에드 우드(미국의 독립영화 연출자)가 아이디어와 싸웠죠.

루카스: 누구나 그래요. 멋진 아이디어가 떠오르면 현실에 구현하기 위해 애를 써요. 머릿속에서는 어느 정도 진짜 같지만, 종이에 실제로 그려보면 "아, 이건 내가 생각한 것과 전혀 달라."라고 하게 되죠.

카메론: 맞아요. 그렇다면, 원천은 만화였나요? 책이었나요?

루카스: 저는 TV가 없던 시절에 자랐기 때문에 만화책을 읽었어요. 달리 할 만한 게 없었어요. 온갖 종류의 만화책을 좋아했어요. 액션/모험 만화책이 전성기를 누리던 시대보다 한참 전 얘기예요. TV는 제가 열 살 때쯤에 나왔고요. <슈퍼맨>과 <배트맨>이 있었는데, 어느 쪽에도 깊이 빠지지는 않았어요. SF도 마찬가지예요. 좋아했고, 읽었지만, 팬은 아니었어요. <1984>와 <듄>은 정말 좋아했어요. . .

카메론: <듄>은 아주 좋은 기준점이에요. <듄>이 당시 우리 모두에게 얼마나 큰 영향을 끼쳤는지 잊어버린 사람이 많아요.

루카스: 소설 <반지의 제왕>도 있어요. 세계를 창조한다는 생각에는 그 나름의 규칙, 그 나름의 현실이 있어요. 매력적인 일이에요. 제가 정말 하고 싶은 일이죠.

카메론: 정부 시스템, 혈통, 길드, 조직 같은?

루카스: 사회 조직이 돌아가는 방식요. 제가 정말 좋아하는 건 SF보다 그쪽이에요. 전 레이 브래드버리를 좋아해요. 아시모프도 좋아하고요. 전 주로 역사책을 읽었어요. 십대 시절에 깨달았는데, 학교에서 배우는 역사, 언제 무슨 일이 일어났다 같은 건 역사가 아니에요. 역사는 과거에 어떤 일을 했던 사람들의 심리와 그 사람들이 갖고 있던 문제에 관해 배우는 거예요. 왜 그랬는지, 무슨 생각을 했는지, 어린 시절 겪은 일이 어떤 영향을 미쳤는지, 나폴레옹의 광기에서 조세핀의 역할은 무엇이었는지? 이런 게 흥미롭죠.

카메론: 당신은 인물 중심으로 글을 쓰는 작가처럼 생각하고 게다가 역사를 보는 렌즈로 인물을 활용하시는군요.

루카스: 호머도 그랬어요. 사실 그건 헤라클레스와 아약스에 관한 이야기예요. 전쟁이 아니라 인물에 관한 이야기죠. 어떻게 서로 등을 돌렸는가. 그들 자신에게 진실하지 못했죠. 알렉산더 대왕이나 람세스도. 오늘날 벌어지는 일과 별반 다르지 않아요.

카메론: 클라우드 시티 이야기도 아리스토파네스(고대 아테네의 희극 작가)까지 거슬러 올라가죠. 하늘에서 빛나는 도시라는 이 아이디어도 전해 내려온 거예요.

루카스: 올림푸스죠. 올림푸스 산이 아니라 저기 위 구름 속 어딘가에 있는 천국이에요. 대학 다닐 때, 캠벨을 공부했어요. 비교 종교학에 관심이 매우 많았거든요. 신화들이 서로 어떻게 상호작용하는 지 흥미로웠어요. 그 대단한 신화들의 미스터리가 동일한 심리적 근본을 두고 있음을 밝힌 이가 조지프 캠벨이었어요. 수 천년에 걸쳐 세계 곳곳에 전해져 내려오는 그 많은 신화들이 같은 심리적 뿌리를 가지고 있다는 거죠. 전 조지프에게 배운 걸 바탕으로 엄청난 양의 연구를 했을 뿐이에요.

반대쪽 스타워즈(1977)의 극장용 포스터.

A long time ago in a galaxy far, far away...
STAR WARS
© 1977 Twentieth Century Fox
TWENTIETH CENTURY-FOX Presents
A LUCASFILM LTD. PRODUCTION
STAR WARS
Starring MARK HAMILL HARRISON FORD CARRIE FISHER
PETER CUSHING
and
ALEC GUINNESS
Written and Directed by GEORGE LUCAS Produced by GARY KURTZ Music by JOHN WILLIAMS
PANAVISION® PRINTS BY DE LUXE® TECHNICOLOR®
20th CENTURY FOX
Making Films Sound Better
DOLBY SYSTEM
Noise Reduction · High Fidelity
COPYRIGHT 1977 TWENTIETH CENTURY-FOX FILM CORPORATION
ONE SHEET - STYLE A
77/21-0

STAR WARS
EPISODE III

카메론: 그 분에게 실제로 가르침을 받았나요?

루카스: 학교에서 공부했던 거예요. <스타워즈>를 만들 때 2년 동안 조사했어요. 무엇보다 이런 요소를 보편적인 복합체로 만들 수 있는. . . 아이디어를 생각해 내려고 신화와 비교 종교학을 공부한 거죠. 조지프가 하던 일과 비슷해요.

카메론: 네, <천의 얼굴을 가진 영웅>(비교 신화학에 관한 캠벨의 기념비적인 책) 말씀이시죠.

루카스: 결국 신이나 신격에 대한 발상은 인간의 심리적 욕구에서 비롯됐어요. 저는 종교에 심취하진 않았지만 감리교 신자로 자랐어요. 대학 친구들은 가톨릭 신자였고요. 전 가톨릭이 정말 마음에 들었어요. 그건 미사 의식 때문이었어요. 그 당시 가톨릭은 여전히 라틴어로 미사를 올렸는데 특이하고 낯설고 이상했어요. 대학 졸업 후엔 마침내 불교에 관심을 가졌죠. 그런 후 이 세 종교를 모두 공부하기 시작했어요. 결과적으로 종교란 무엇인가에 대한 제 나름대로 해석을 찾았고요. 종교란 결국 이기심과 이타심 간의 싸움이었어요.

카메론: 선함 대 악함을 무욕 대 이기심으로 재정의하셨군요.

루카스: 그건 선함과 악함이에요. 거의 모든 종교는 '선'을 장려해요. 그리고 선이란, 쉽게 말하면, 신은 곧 사랑이다. 다 같은 이야기예요. 방식만 다를 뿐 모두 똑같은 이야기를 하고 있어요. 그리고 이기심은 두려움에 바탕을 두고 있어요. 두려움과 두렵지 않음의 싸움이에요. 세상 모든 것과 모든 사람이 두렵기에 다른 것으로 두려움을 덮어서 감춰요. 하지만 결과에 연연하지 않고 다른 사람에게 온정을 베풀 수 있을 정도로 용기가 있다면 행복하게 살 거예요. 두려워하고, 욕심을 부리고, 끝없이 반복되는 공포 속에서 산다면, 아주 불행하고, 아주 화가 나죠. . . 요다, 요다, 요다. 이게 핵심이에요. 온정적으로 살거나 이기적으로 살거나. 이기적으로 살면 불행해지고 온정을 갖고 살면 행복해지는 거죠.

반대쪽 <스타워즈: 에피소드 3 - 시스의 복수>(2005)의 티저 포스터.

카메론: 하지만 스타피스(우주의 평화)가 아니라 스타워즈(우주의 전쟁)이잖아요. 갈등이 있어요. 요다는 여전히 광선검을 멋지게 휘두를 수 있고요. 그 안 어딘가에 정당한 갈등의 윤리성이 있어야 할 텐데요.

루카스: 제다이는 공격하지 않아요. 방어만 하죠. 요다는 다섯 번째 영화가 나오기 전까지 공격하지 않았어요.

카메론: 하지만 싸웠잖아요. 그러니까 싸워야 할 만한 가치가 있다는 뜻이군요.

루카스: 궁극적으로 난제가 있어요. 항상 있었죠. 가만히 앉아서 상대가 나를, 그리고 내가 사랑하는 이들을 죽이게 둘 것인가? 혹은 내 세상을 파괴하도록 둘 것인가? 아니면, 내가 나서서 뭐든 할 것인가? 어느 시점에서는 신념을 위해 일어나 맞서야 해요. 당연히 나의 신념은 내가 원하는 대로 달라질 수 있어요. 항상 같아야 할 필요는 없어요. 만약 코브라가 공격하려고 한다면, 정당하게 막대기를 들고 코브라를 때릴 수 있어요. 둘 중 하나가 죽는 거니까요.

물론, 이건 카우보이의 신화예요. 이들은 항상 개인의 가치관과 실제로 해야만 하는 일 사이에서 선택해야 하는 위기로 몰아넣어요. 과거에 겪은 온갖 일로 인해 더 이상 보안관이 되길 원치 않아도 또 사람을 죽여야 해요. 다시는 사람 죽이는 일은 안 하겠다고 결심했음에도.

카메론: 가치관의 충돌이죠.

루카스: 그건 흥미로운 이야기예요. 하지만 보통 본성적인 사람이라면, 밝은 세상에 있을 거예요. 그리고 행복하게 살 거예요. 어두운 세상이라면 다스 베이더가 되는 거죠. 아주 나빠요.

카메론: 이런 사회적, 도덕적, 윤리적, 영적인 주제를 우주 공간이라는 광대한 캔버스에 채우기로 하셨군요.

루카스: 맞아요. <스타워즈>는 그렇게 태어났어요. 다른 영향도 있는데, 제가 어릴 때 액션과 긴장감 넘

치는 상황이 많이 나오는 리퍼블릭 픽처스의 드라마를 좋아했어요. <플래시 고든>을 좋아했어요. 조잡하기는 했지만 <벅 로저스>처럼 우주로 간다는 아이디어가 좋았어요. 주로 자동차 때문이었죠. 자동차 경주를 좋아했거든요. 우주선은 더 좋았어요. 비행기도요. 비행기가 날아가면서 구름이 생기니까 다들 집 밖으로 나와서 구경했던 기억이 나요. 우주선이 날아다니는 것 같았죠. 하지만 <스타워즈>가 <2001 스페이스 오디세이>가 되는 건 원치 않았어요.

카메론: 그 반대였죠.

루카스: 하지만 제가 보기에 <2001 스페이스 오디세이>는 역대 최고의 SF 영화예요. 우주 여행의 본질을 묘사했어요. 괴물 같은 건 없어요.

카메론: 우리가 만든 기술이 결국 우리를 공격하죠.

루카스: 게다가 그 영화는 멋져 보여요. 나무랄 데 없는 방식으로 구현했어요. 그래서 전 "음, 난 저런 SF 영화는 만들지 않을 거야. 훌륭한 영화지만, 난 그쪽으로 갈 수 없어." 하지만 전 그 영화에 아주 감탄했어요.

카메론: 하지만 큐브릭 감독이 사용했던 시네마틱 언어를 조금 활용하셨잖아요. 디스커버리호가 머리 위로 끝없이 지나가는 장면은 <스타워즈> 오프닝 샷의 전신인 셈이죠. 저를 포함해 모든 사람을 놀라게 했어요. 무엇을 참고했는지 알고 있으면서도 보고 있으니 정신이 멍해지더군요.

루카스: 사람들은 처음부터 끝까지 모든 걸 제가 만들었냐고 묻지만, 그럴 수가 없어요. 머릿속에서 그냥 떠오르는 게 아니에요. 내가 봐 온 모든 것이 쌓여서 나온 거죠. 전 그저 저장만 할 뿐이에요. 그리고 좋은 부분만 모아서 다시 자신만의 것으로 토해 내는 거죠. 좋은 부분을 모아서 맞추는 건 화학 같아요. 상상도 못했던 일이 벌어지거든요. 애들이 이렇게 물어봐요. "그런 외계인 아이디어는 어디에서 얻었어요? 그건 어떻게 생각해낸 거예요?" 전 대답하죠. "음, 수족관에 가 봐. 거기서 다 볼 수 있어."

카메론: 저도 <아바타>를 만들 때 그랬어요. 제가 아는 해양과 다이빙에 대한 모든 걸 판도라로 가져왔죠.

루카스: 그건 <아바타>에서 가장 멋진 요소 중 하나예요. SF 영화를 만들 때 가장 큰 문제가 실제 세계, 존재하지 않는 실제 세계를 창조해야 한다는 점이에요. 구로사와는 그런 세계는 흠결 없는 현실성을 지녀야 한다고 말하곤 했어요.

카메론: 그 용어 마음에 드는데요. 하지만 당신은 그걸 새로운 경지로 끌어올렸어요. 어떤 영화도 '오래된 미래'를 만들 생각을 하지 못했죠. 미래는 항상 반짝거리고 완벽했어요. 늘 크리스마스 아침, 방금 포장지를 뜯은 것처럼 보였죠. 디스토피아 작품에서도 항상 깨끗하고 순수했어요. 그런데 당신이 "아니야. 미래는 수천 년을 살아온 것이어야만 해."라고 했어요. 그래서 샌드크롤러는 다 녹슬었고 물건은 부서져 있어요. 누가 살았던 것처럼 보였어요. 그 아이디어는 어디서 나왔나요? 선례가 없거든요.

루카스: 그렇게 해야 흠결 없는 현실성이 생길 것 같

반대쪽 12편의 연작으로 이뤄진 <플래시 고든, 우주를 정복하다>(1940)의 포스터.

위 <플래시 고든>의 유명한 오프닝 자막은 조지 루카스가 <스타워즈>에서 모방했다.

2 New DYNAMIC
HAPTERS
THE New UNIVERSAL Presents
FLASH GORDON
CONQUERS THE UNIVERSE
with
LARRY "Buster" CRABBE as FLASH GORDON
CAROL HUGHES as DALE ARDEN
ANNE GWYNNE as SONJA
CHARLES MIDDLETON as EMPEROR MING
FRANK SHANNON as DR. ZARKOV

았어요. 진짜 어떤 장소처럼 보여야 하잖아요. 그런데 당신이 <아바타>에서 한 일도 똑같아요. 가장 어려운 일은 세계를 창조하는 거예요. 실제로 촬영할 수 있을 만한 외계 환경을 만드는 데 오랜 시간이 걸려요. 당신은 바닷속 세상을 가져와 실제 세계로 만들었어요. 다이빙을 하며 물 속에서 오랜 시간을 보낸 결과물이 <아바타>라는 걸 잘 알고 있어요. 대단한 일이에요. 이질적이지 않은 것으로 아주 이질적인 세상을 만들었잖아요.

카메론: 십대 시절에 전 우주로 가고 싶었어요. 우주와 다른 행성, 모험을 갈망했어요. 다르고, 새롭고, 이질적인 걸요. 제가 우주 비행사가 되지 못하리라는 건 직감하고 있었어요. 하지만 스쿠버다이빙은 배울 수 있다고 생각했어요. 그러면 바로 여기 지구에 있는 다른 세계, 지구에 있는 외계에 갈 수 있다고 생각했던 거죠. 제가 다이빙을 배우기 시작한 건 바다를 좋아해서가 아니었어요. 그건 나중이에요. 다르고, 이질적이고, 이상한 것에 대한 사랑이었고, 눈으로 직접 보고 만지고 싶었어요. 그것이 결국 <아바타>가 된 거죠.

102~103쪽 제임스 카메론이 그린 <아바타>의 네이디리 구상 스케치.

루카스: <아바타>에 나온 동물과 작은 벌레, 식물 등 모든 게 진짜라는 생각이 들어요. 실제 존재하는 거라 믿고, 그 세상에 존재하는 목적이 있다고 생각해요. 우리는 그게 뭔지 이해 못할 수도 있어요. 아주 이상할 수도 있지만 존재하는 목적이 있는 듯 보여요.

카메론: 최고의 창조자께서 그런 말을 하시다니. 당신은 한 세계만 만든 게 아니잖아요. 우주 안의 많은 세계를 만드셨어요.

루카스: 전 사람들한테 이렇게 말해요. "짐은 쉬웠지. 세계를 하나만 만들면 됐지만 난 여덟아홉 개를 만들어야 했어." 전 많이 날아다니고 싶었어요. 그래서 갈

곳이 필요했죠. 그래서 광속을 만들었고... 전 아이들을 위해서 <스타워즈>를 만들었어요. 모두가 좋아하지만, 그래도 열두 살을 위한 영화예요. 애들을 과소평가하지 마세요. 우리보다 똑똑하니까요. 얕잡아봐서는 안 돼요. 우리보다 훨씬 더 빨리 배워요. 핵심은 아이들이 독창적으로 생각할 수 있게 하라는 거예요. 다들 이렇게 말할 거예요. "우주에는 공기가 없어." 꺼지라고 해요. 저의 세상, 저의 우주에서는 소리가 들려요. 우리가 비행할 수 없다고 누가 그래요? 전 할 수 있다고 결정했어요. 고정 관념을 깨세요. 누가 뭐라고 하든, 배운 게 뭐든 다 던져 버리고 말해요. "나는 내가 원하는 건 뭐든지 할 수 있어." 저는 판타지 세상을 만들었어요. 과학이 아니에요. 판타지예요. 따라서 뭐든지 할 수 있어요. 규칙은 다르게 적용할 수 있어요. 완전히 다른 세상에 있는 거니까요. 그리고 그걸 즐기면서 아주 정신 나간 생각을 떠올려 보는 거예요. 재밌어요.

<스타워즈>는 SF라기보다는 판타지예요. 과학적인 요소를 갖고 있지만, 그 과학적인 요소란 아까 제가 언급한 것들이에요. "난 규칙을 지키지 않을 거야." 제 삶의 좌우명이에요. 상상할 수 있다면, 할 수 있는 거예요. 전 레이저 검도 만들었어요. 물리학자 친구들이 모두 그랬어요. "레이저는 계속 이어져. 멈출 수가 없어. 이 정도 길이로 유지할 수 없어. 가능하지 않아." 저는 영화를 만들었고, 아이들은 제게 와서 이렇게 말하죠. "제가 어른이 되면 광선검을 만들 거예요." 그리고 실제로, 한참 뒤에, 어떤 과학자가 광선검을 개발했어요. 만들어 보고 싶다는 이유 말고 다른 이유는 없었어요.

카메론: 영화에 영향을 받았기 때문이군요.

루카스: 그 사람들은 물리학을 바꿔야 했어요. 과학적으로 불가능한 일을 다뤄야 했지만, 해냈어요. 성공했죠. 실용적인 목적이 없는 경우지만 언젠가는 생길 거예요. 우주복도 마찬가지예요. 우주복에 관한 옛날이야기를 하자면, 왜 우주복은 그렇게 생겼을까요? 우주복이 나왔던 50년대, 40년대 영화를 다시 보면...

카메론: 피부에 딱 달라붙었죠.

루카스: 그렇게 생겼어요. 헬멧이 있고, 유리가 있었죠. 그리고 현실로 오면, 실험실에서 과학자들이 음, 우주복은 어떻게 생겨야 할까? 생각해요. 전에 SF 영화를 봤는데, 헬멧이 있었지. 사방이 유리로 덮여 있었고...

카메론: 그 사람들은 SF에 바탕을 두었다고 절대 인정하지 않을 거예요. 하지만 마음 한 켠에는 남아 있겠죠.

루카스: 이렇게 얘기하더군요. 물론 영화에서 보긴 했어. 이제 그걸 실용적으로 만들어야 해. 그게 어떻게 생겼는지는 알아. 그런 모습으로 만든 건 그들이 예술가이기 때문이야.

카메론: 우주와 천문학 분야에서 가장 유명한 화가인 체슬리 보네스텔이 그린 로켓은 버스터 크래브의 <플래시 고든>과 <벅 로저스>에서 나와요. <어메이징 스토리>의 표지에 나왔죠. 전혀 다르게 생긴 달착륙선이 나온 뒤에야 우리는 깜짝 놀라 "흐음, 실제로 달에 착륙할 로켓은 저런 모양이 아닐 거야."라고 말했죠.

수천 년, 인류 역사의 오랜 기간 동안 괴물과 악마, 천사와 정령, 신, 신화, 동화 같은 이야기가 있었어요. 그러다 계몽 운동과 과학, 산업 혁명이 일어나면서 마법을 몰아냈죠. 당신은 기술을 이용해 마법을 일종의 신화/전설/동화 속에 넣는 방법을 찾았어요. 과학 용어로 옷을 입힌 거죠.

루카스: 중요한 문제 중 하나는 SF를 쓸 수는 있지만, 그걸 영화로 만들 수는 없다는 거예요. 쓸 수 있어요. 갖가지 물건을 묘사할 수 있죠. 하지만 실제로 어떻게 생겼는지 묻는다면? 그림을 그릴 수는 있겠죠. 그러면 또 물어요. "음, 멋지게 생겼군. 그런데 어떻게 작동하지? 뭔가를 지탱하기에는 다리가 너무 가는걸." 멋있어 보이지만, 현실 과학에 부딪혀요. 영화에서 그렇게 하기가 아주, 아주 힘들어요. 그렇게 할 수 있는 기술이 없어요. SF의 유리 천장은 기술이에요. 그래서 우리는 큐브릭이 해낸 것에서부터 다시 한계를 밀어붙였어요.

카메론: 기술을 밀고 나가셨죠. <스타워즈> 이전에는 다이나믹 모션 컨트롤 기술이 없었어요.

반대쪽 12편으로 이뤄진 <벅 로저스>의 포스터. 1939년 처음 상영됐으며, 버스터 크래브가 용감한 은하계 모험가를 연기했다.

BUCK ROGERS
THE NEW UNIVERSAL Presents
LARRY CRABBE
with
Constance MOORE · Jackie MORAN · Henry BRANDON
Wheeler OAKMAN · Philson AHN · Jack MULHALL

루카스: <스타워즈> 3부작을 만들고 나서. . . 컴퓨터가 나왔지만 전혀 정교하지 못했어요. 그래서 '좋아, 난 여기에 엄청난 시간과 돈을 들일 거야. 지금 당장은 할 수 없으니까 구현할 수 있는 디지털 기술을 개발할 거야.'라고 했죠. 요다를 보세요. 그냥 인형이에요. 인형을 살아 있는 존재처럼 만들기가 그때는 쉽지 않았어요. 무선으로 눈을 조종하는 등의 아이디어가 영화에 막 쓰이기 시작했지만 여전히 인형을 뛰어다니게 만들 수는 없었어요. 엄청난 노력이 들었어요. 문제는 관객의 눈높이가 갈수록 높아져서 와이어도 눈에 띄었어요. 그래서 우리는 훨씬 더 힘들게 일해야 했죠. 전 만들 수 없는 것을 만들기 위해 주로 ILM(Industrial Light & Magic)에서, 디지털 기술을 개발하는 데 많은 시간과 돈을 썼어요.

카메론: 당신의 상상력을 자유롭게 펼치고 싶었군요.

루카스: <스타워즈>의 멋진 점은 제가 뭐든지 집어넣을 수 있는 빈 통을 가졌다는 거예요. 문제는, 제가 뭐든 만들어내야 한다는 거였어요. 작가가 아니라 영화감독이라는 게 문제인 거죠. 그래서 뭐든 만들어 낼 수 있는 방법을 찾아야 했고 그게 디지털 기술이라는 도전이었어요. 이제는 디지털 기술이 있으니 뭐든지 생각할 수 있어요!

카메론: 맞아요. 한계는 오직 상상력의 한계에서 비롯돼죠. 하지만 대중문화에서 SF의 역사를 본다면, <스타워즈>는 지금까지 우리가 이야기해 온 모든 이유에서 거대한 기념비적인 작품이에요. 신(新) 신화이고 장르의 재발명, 아니 완전히 새로운 장르의 창조예요. 화면에 실제 영상을 구현한다는 면에서 기술적으로도 엄청난 도약이었어요. 같은 각본으로 10년 일찍, 아니 5년 일찍 당시의 기술로 만들었다면, 솔직히 말해서 형편없었을 거예요. 허접한 의상을 입은 드라마가 되는 거죠. 하지만 우주선의 역동성은. . .

루카스: 흠결 없는 현실성을 최우선으로 두면 거대한 벽이 생겨요. 벗어날 방법을 열심히 생각해 내야 하죠. 제가 도저히 참을 수 없는 게 바로 고무 옷인데요, 고무인 게 티가 나요. 외계 세상을 구현할 수 있는 유일한 방법이 고무 옷이었던 시절이 있었어요. 그리도는 고무 마스크를 쓴 사람이었어요. 자바는 거대한 고무 인간이었고요. 아니, 원래는 아니었어요. 원래는. 구현할 방법을 찾지 못해서 포기해야만 했었죠. 사람이 거대한 고무 옷을 입고 다닐 수 없다는 사실을 알았거든요. 그때 몇 가지 디자인이 있었는데, 시간도 돈도 부족했어요.

카메론: 그래서 후속편에 넣으셨군요.

루카스: 음, 자바가 나오는 촬영분을 모두 다 잘라내 버렸어요. 괴물이 있어야 할 장소에 대역을 세워 놓고, 애니메트로닉스 괴물을 집어넣으려고 했는데 시간과 돈이 떨어졌어요. 스페셜 에디션을 만들 수 있게 되자 그 장면을 다시 집어넣었어요. 그때는 애니메트로닉스 대신 컴퓨터 그래픽이 있었어요. 그래서 "컴퓨터 그래픽으로 자바를 만들자. 실제 배우와 컴퓨터 캐릭터를 한 장면에 넣는 최초의 시도가 될 거야. 불쌍한 자자 빙크스(<보이지 않는 위험>에 등장한 디지털 캐릭터)가 뒤로 밀리겠지만, 자자는 실제 연기도 하고 대사도 있는 최초의 디지털 캐릭터니까. . ."

카메론: 완전한 캐릭터였죠.

루카스: 그리고 골룸으로 이어졌어요.

카메론: 골룸을 봤을 때 오랫동안 서랍 속에서 잠자고 있던 <아바타>가 가능하다는 사실을 깨달았어요. 완벽하진 않을지라도 최소한 시도해 볼 수 있을 만큼 기술 수준이 올라왔더군요. 당신이 두 가지 측면에서 기술을 발전시킨 덕분이에요. 하나는 모션 컨트롤, 다들 잊은 것 같은데 다이나믹 모션 컨트롤이란 그 당시에 엄청난 기술 혁신이었죠.

루카스: <반지의 제왕> 1편은 <보이지 않는 위험>과 비슷한 시기에 촬영했어요. 우리는 그 친구들을 돕고 있었죠. 우리가 ILM에서 사람을 보내고, 그쪽에서도 사람을 보내고. 우리는 그 친구들이 녹음실 짓는 일을 도왔어요. 모두 친구였죠.

카메론: 음, 웨타 디지털의 대표인 조 레터리도 원래 ILM 출신이죠.

루카스: 골룸의 뛰어난 점은 얼굴 표현에서 이뤄낸 성과예요. . . .자자 빙크스 이후에 우리는 "바로 이렇게 하는 거야."라고 했죠. 전에도 우리는 모션 캡처를 한 적이 있어요. 시각 효과의 선구자 필 티펫 덕분이었죠. 필은 고 모션(Go-Motion)이라고 하는 다양한 스톱모션 애니메이션을 이용하고 있었어요. 이 새로운 기술이 나오자 필은 좌절하고 말았어요. 심각한 장례식 같았죠. 필이 이러더군요. "이미 뼈대를 만들었는데, 내가 뼈대로 작업을 하고 그 위에 컴퓨터로 모양을 입히면 안 될까?" 그렇게 시작했어요.

카메론: 인물의 퍼포먼스 캡처의 핵심은 사람이 조종하거나 연기한다는 것이에요. 전 연기자를 원해요. 캐릭터 뒤에 인간의 영혼이 있기를 원해요. 그게 날아다니든, 뛰어다니든, 뭘 하든 간에요. 연기를 해야죠.

루카스: 다른 방식으로는 얻을 수 없는 효과를 얻는 거예요. 정말로 배우의 가장 미묘한 연기를 캡처하는 거죠. 예전에는 그게 애니메이터의 영역이었어요. 애니메이터는 아주 재능이 있어요. 하지만 애니메이션은 사람의 표정, 동작에는 그다지 세밀하게 주의를 기울이지 않았어요. 배우는 인물의 세세한 면을 이해하는 재능이 있죠. 컴퓨터는 그렇게 할 수 없고요. 그러려면 먼저 인공 지능이 있어야 할 거예요. 그런 다음, 사람이 괴상한 짓을 할 때 무슨 생각을 하는지 이해할 수 있게 가르쳐야겠죠. 불가능할 거예요.

카메론: 하지만 인공 지능 한계에서는 동의하지 않을 거예요. 인간과 똑같은 인공 지능이 생기는 건 시간문제라고 할 걸요. 전 인공 지능이 사람과 똑같아지려면, 사랑과 증오 같은 감정들이 있어야 한다고 생각해요.

루카스: 또 이야기하는 게 이거죠. 인공 지능이 미치면 어떻게 할 것이냐? 인공 지능이 전부 죽이고 다니면 어떻게 할 것이냐?

카메론: 제가 그 영화를 만들었죠. . . . 인공 지능 이야기를 해보죠. <THX 1138>에 인공 지능 캐릭터가 있잖아요. 경찰 로봇인데 불완전한 인공 지능이었어요. 불완전한 인공 지능이지만 대화를 나눌 수 있는 성식자 같은, 영적인 캐릭터도 있었고요.

루카스: 그곳은 인공 지능 사회였어요. 제대로 안 돌아 갔을 뿐이죠. 인간과 상호작용이 잘 되지 않았어요.

카메론: 인공 지능 사회는 인간이 인간답길 원하지 않았죠. 저는 추격전의 끝이 정말 좋았어요.

루카스: 영화에서 항상 등장하는 악당 경찰서장이 말

위 2002년 <반지의 제왕: 두개의 탑>에 등장한 컴퓨터 생성 캐릭터, 골룸.

STAR WARS
EPISODE I

하죠. "무슨 대가를 치르든 상관없어. 가서 잡아와. 비행기를 사서 들이박든…"

카메론: 그걸 뒤집어 버렸어요.

루카스: 그렇게 했죠.

카메론: 들어가는 비용이 도망자를 잡을 때의 가치보다 더 드는 순간 로봇이 모두 멈췄어요. 로봇들이 그냥 멈추더니 뒤돌아 가버렸어요. 도망자를 뒤쫓지 않았어요.

루카스: 그런데 이제 우리에게는 인공 지능이 있어요. 이게 진짜 문제예요. 우리는 정말로 조심해야 해요.

카메론: 핵전쟁이 아주 나쁜 생각이었다는 사실을 배우는 데 히로시마와 나가사키가 필요했어요. 그러니까 우리 모두 죽지 않을 정도의 인공 지능 대재앙이 일어날 필요가 있어요. 우리는 교훈을 얻지 못하면 달라지지 못해요. 심각한 증상이 생기지 않는 한 기후 변화에 관해 깨닫지 못할 거예요.

루카스: 전 항상 이렇게 말해요. 이봐, 우리가 지구를 구할 수 있을 거라 생각해? 농담하지 마. 우리는 그게 뭐든 구할 수 있는 힘이 없어. 하지만 지구는 괜찮을 거야. 화성처럼 되겠지만, 괜찮을 거야. 누가 알겠어? 화성이 예전에는 지구 같았다가 대기를 잃었을지. . .

전 아직 우리가 화성에서 생명체를 발견할 수 있다고 생각해요. 확신해요. 태양계 전체에 생명체가 널려 있을 거예요.

<보이지 않는 위험>에서 미디클로리언(midi-chlorians) 이야기를 했을 때 다들 싫어했어요. 그 영화 선반에는 공생 관계에 관한 견해가 담겨 있어요. 우리가 대장이 아니라는 사실을 보여주는 거죠. 인간 역시 생태계의 일부분이란 걸요.

카메론: 요즘 들어 알게 됐지만, 우리 안에도 마이크로바이옴(microbiome)이라는 생태계가 있어요.

루카스: <스타워즈> 후속 세 편에서 미생물 세상을 다루고자 했어요. 우리와 다른 방식으로 움직이는 생명체의 세상이 있는 거죠. 전 그걸 휠스(Whills)라고 불러요. 휠스가 사실은 우주를 제어하는 존재예요. 이들은 포스를 먹고 살죠.

카메론: 종교를 만들고 있었군요. 조지.

루카스: 당시에 저는 결론적으로 우리는 휠스가 타고 다니는 자동차 같은 것에 불과하다고 말하곤 했어요. . . 휠스에게 우리는 운송 수단인 거예요. 그리고 연결 통로가 미디클로리언이고요. 미디클로리언은 휠스와 소통하는 존재예요. 넓게 보자면, 휠스가 포스죠.

카메론: 정신이나 영혼, 천국, 인과론 같은 상당히 오래된 아이디어에 대해 과학이라는 외형을 입혀서 자세하게 설명하시네요. . . . 당신의 세계를 만들면서 영적이고 신적인 것과 같은 원형으로 다시 돌아가고 있군요.

루카스: 애초부터 포스, 제다이, 모든 것들을 처음부터 끝까지 어떻게 전개시킬지에 대한 완전한 구상을 갖고 있었어요. 그런데 끝내지는 못했죠. 끝내 사람들에게 이야기해 줄 기회를 못 가졌어요.

카메론: 그건 창조 신화인데요. 창조 신화 없이 세상을 만들 수는 없죠. 모든 종교와 신화에는 창조 신화가 있잖아요.

루카스: 제가 회사를 계속 갖고 있었다면 할 수 있었을 거예요. 이미 했겠죠. 물론 많은 팬이 싫어했을지도 몰라요. <보이지 않는 위험> 같은 것처럼. 하지만 적어도 이야기는 처음부터 끝까지 완성이 됐겠죠.

카메론: 영화팬을 위해 일하지 않는 거죠.

루카스: 이제는 안 해요. 이제 더 이상 누굴 위해 일하지 않아요. 전 자유로운 사람이에요. 제 자유 의지가 있어요.

카메론: 전 영화 제작자가 팬을 위해 일한다고 생각

반대쪽 <스타워즈: 에피소드 1 - 보이지 않는 위험>(1999)의 티저 포스터.

하지 않아요. 머릿속에 보이는 것을 화면에 옮기려고 노력하며 자기 자신을 위해 일하는 거죠. . . .다시 인공 지능 이야기로 돌아가고 싶은데요, 대중문화에서 가장 유명한 인공 지능 캐릭터 두 개를 만드셨잖아요. R2D2와 C-3PO. 둘 다 인공 지능이에요. 인공이고 지능이 있으니까요.

루카스: 전 아직 로봇이 우리의 친구라는 느낌을 강하게 받아요. 아닐지도 모르지만.

카메론: 전 우호적이지 않은 로봇으로 돈을 벌었어요. 당신은 우호적인 로봇으로 돈을 버셨고요.

루카스: 저는 '로봇의 좋은 면, 재미있는 면을 봅시다.' 라고 말한 거죠. 물론 저도 나쁜 로봇을 등장시키기도 했어요. 하지만 동시에 이런 말을 하려고 했던 거죠. 우리는 로봇과 인공 지능이 있는 세상에서 살게 될 거야. 익숙해지는 게 좋을걸. 두려워해서는 안 돼. 뭔가 잘못된다면 그건 우리 탓이야. 로봇 탓이 아니야. 로봇은 우리의 반영일 뿐이야.

카메론: 푸틴은 인공 지능을 지배하는 국가가 세계를 지배할 거라고 말했어요. 우선, 누가 세계를 지배하고 싶어하는지 저는 모르겠어요.

루카스: 전 심지어 세계를 지배한다는 게 무슨 뜻인지도 모르겠어요. <스타워즈>에서 질문했어요. 뭘 얻으려고 전쟁을 하는 거냐고, 시스가 원했던 것은 세상을 이기적이고, 자기중심적이고, 탐욕스러운 악의 장소로 만드는 거였어요. 온정이 넘치는 곳과는 정반대의 세상을.

카메론: 하지만 <스타워즈>의 악당은 인간이거나 인간의 변형이잖아요. 인공 지능이 아니고요. 그리고 착한 쪽은 로봇인데 긍정적인 역할로만 나와요. 요즘, 노인을 위한 동반자, 간호 로봇, 의료 로봇이 많이 발전하는 상황이라 흥미로워요.

루카스: 로봇은 아주 유용할 수 있죠. 우리 대신 운전도 할 테고, 로봇 덕에 우리 삶이 더 나아질 거예요. 이런 말 수도 없이 들었지만, 로봇이 스스로 복제하는 순간 어딘가에 결함이 생길 수 있어요. 자, 당신이 이 문제에 대해 가장 먼저 얘기를 꺼낸 사람이잖아요. 슈퍼컴퓨터가 두통을 앓다가 전부 죽이기 시작하는 거죠. 하지만 사람이 로봇에게 나쁜 짓을 시킬 가능성이 훨씬 더 커요. 기계에 결함이 있지 않는 한 사악해지지 않아요. 그러나 우리는 기계에게 온정을 가르쳐야 해요. 온정을 가르치고 모두가 서로 돕고 서로 사랑한다면 더 나은 세상을 만들 수 있다는 것을 알게 해야 해요. 그건 인간에게 달려 있어요. 문제는 인간이 그렇게 똑똑하지 않다는 거죠.

카메론: 우리보다 똑똑한 존재를 창조할 수 있을 만큼은 똑똑하죠.

루카스: 하지만 우리는 우리보다 지적으로 더 똑똑한 존재를 만들고 있어요. 그런데 우리는 정서적으로는 일만 년 동안 변하지 않았어요. 그게 문제예요. 우리는 사람을 죽이라고 배운 적이 없어요. 일만 년이 지났어도 그렇게 배우지 않았어요. 영화 <이디오크러시>(2006)를 봤나요?

카메론: 우리가 지금 살고 있는 곳이 이디오크러시인데 SF 세상 속에서 사는 이야기를 하자고요? SF 소설은 있을 수 있는 온갖 패러디와 극단적 상황을 탐구했어요. 우리는 그 중 상당수를 겪으며 살고 있고요. . . . .당신은 정치와 사회, 인간의 체계를 분석할 때, 자기 의견이 아주 강한 분이세요. 그리고 예술가로서 그걸 표현하는 방식은 바로 SF고요. 먼 곳에 있는 혹은 먼 미래에 있는 우리를 비추는 거울로 <THX 1138>를 만들어서 "우리는 결코 저렇게 되지 않을 거야."라고 말하지만, 벌써 그렇게 돼 버렸어요.

루카스: 그게 바로 <THX 1138>에서 말하는 바예요. 그 영화를 간단히 설명하는 말이 "미래가 여기 있다." 예요. 제가 마침내 <스타워즈>를 만들게 됐을 때, 아주 멀고 먼 옛날 은하계 저 먼 곳에서라고 했잖아요. 일단 우리와 관련이 있다고 하면 사람들은 방어적이 되죠. 하지만 우리가 아는 세상과 완전히 동떨어진 이야기라고 생각하면 저항 없이 메시지를 받아들여요.

위 조지 루카스의 <THX 1138>에 등장한 고압적인 금속 재질의 로봇경찰.

즐기기까지 하죠. 하지만 메시지는 그대로예요.

카메론: 하지만 따지고 보면 당신은 <스타워즈>로 아주 흥미로운 일을 하셨어요. 먼 미래, 또는 과거, 또는 먼 곳의 렌즈를 만드셨잖아요. 반란군이 좋은 사람이고 고도로 조직화된 제국에 대항해 비대칭적인 싸움을 벌이고 있어요. 요즘이라면 그들을 테러리스트라고 불렀을 거예요.

루카스: 맞아요.

카메론: 그래서 아주 반권위주의적이에요. 판타지 속에 깊숙이 묻혀 있는 60년대의 저항 정신 같은 거죠. . . .이 나라의 탄생을 보면, 큰 제국에 저항하는 약자의 아주 고귀한 싸움이었어요. 미국이 지구에서 경제적으로 가장 크고, 군사적으로 가장 강력한 국가임을 자랑스러워하는 요즘 상황을 보면, 세계의 수많은 사람들에게 미국은 제국이 된 거죠.

루카스: 음, 베트남 전쟁 때도 제국이었어요. 제국이었죠. 제2차 세계 대전 이후 우리는 항상 제국이었어요. 우리는 영국이나 로마 같은 다른 제국으로부터 배운 게 없어요.

카메론: 제국은 무너져요. 그리고 주로 정부나 리더십의 실패로 무너지죠. 아주 멋진 대사를 쓰셨는데, 이거였죠. "이렇게 민주주의가 죽는군. 우레 같은 박수와 함께." SF적 맥락에서 포퓰리즘을 비난하는 부분이었어요. . . .전 다시 우주는 각각의 사람들에게 각각의 의미를 갖는다는 생각으로 돌아가고 싶군요. 당신에게 우주는 다른 사회와 문화를 창조할 수 있는 빈 캔버스였죠. <마션>을 만든 리들리 스콧에게는 과학이었어요. 과학으로 길을 찾아주겠다는 거죠. 서로 아주 다른 스펙트럼의 양 끝에 있어요.

루카스: 그가 하는 일도 거의 같은 거예요. 우주에는 우리가 모르는 게 많잖아요. . . .생존에는 두 가지 열쇠가 있어요. 하나는 떠나는 것이고, 다른 하나는 적응하는 거예요. 지금 우리는 지구에 눌러앉아 있으니까. . . .

카메론: 우리에겐 떠날 곳이 없어요.

루카스: 그래서 우주가 필요해요. 우리는 다른 항성계로 가야 해요. 예전에는 백만 년 뒤에나 가능할 거라고 했지만, 또 모르죠. 어쩌면 백만 년이 지나기 전에 갈 수 있을지도 몰라요. 우주에는 비밀이 많아요. 우리는 아무 것도 모르고요. 한 가지 확실히 아는 건 우리는 아무 것도 모른다는 거예요. 과학자도 아는 게 없어요.

카메론: 과학은 우주의 질량 중 95퍼센트를 찾아내지 못했어요. 우리가 아는 건 5퍼센트 밖에 안 되죠.

루카스: 우리가 알아야 하는 것의 5퍼센트만 아는 거죠. 앞으로 갈 길이 멀어요. 정신을 얼떨떨하게 만드는 것들을 많이 발견할 거예요. 언젠가는 우리가 해낼 수 있다고 가정해야 해요. 그러나 앞으로 나가지 않으면 그렇게 할 수 없어요. 상상할 수 없다면, 해낼 수도

없다고 말하고 싶군요.

카메론: 우리 사회가 그런 걸 상상할 수 있게끔 하는 게 SF 아닌가요?

루카스: 상상력, 그건 SF로도, 어떤 종류의 문학으로도, 관습에 얽매이지 않는 예술이라면 어떤 종류의 예술 형태로도 발휘될 수 있어요. 과학도 있죠. 그리고 가장 훌륭한 과학 몇 가지도 관습에 얽매이지 않았을 때 나왔어요.

카메론: 당신도 마찬가지겠지만 전 우주 과학자를 많이 아는데요, SF에 영감을 받은 사람은 거의 대부분 이렇게 말해요. "전 SF를 먹으며 자랐어요." 혹은 "SF를 보고 영감을 얻어 대우주에 대해 생각하게 됐어요. 지금은 그 일을 하고 있고요."

루카스: SF는 기본적으로 한계란 없다는 말을 하고 있어요. . . . SF는 이렇게 말해요. 지금 벌어지고 있는 일, 우리가 알고 있는 건 생각하지 말고 우리가 할 수 있는 일, 앞으로 일어날 수 있는 일을 생각하자. 그게 뭐든. 그러면 상상력을 발휘하여 인류가 지금과는 다른 더 나은 세상으로 나아가는 데 도움이 될 거예요. SF는 문학의 한 형태고, 예술의 한 형태인데, 기본적으로는 우리가 모든 것에 대해 마음을 열 수 있다고 알려주는 예술의 한 형태죠. <스타워즈>도 똑같아요. "난 우주선이 날아다니게 할 테고, 우주선은 이런 모습일 거야. 그리고 그건 아주 환상적일 거야."

카메론: 그리고 하루 이틀 만에 다른 별에 갈 수 있고요.

루카스: 누군가 이렇게 말하겠죠. "그걸 어떻게 해요?" 그 사람은 과학자예요.

카메론: 아인슈타인이 말하길 우리는 빛보다 빠르게 움직일 수 없어요. 그런데 당신은 단번에 무시해 버렸죠. "좋아, 광속으로 도약" 그런 법칙을 따르지 않겠다는 거잖아요. . . . 외계 생명체가 있다고 생각하시나요?

루카스: 당연하죠. 전 세균일 것 같아요. 우주 여행을 자유롭게 하는 유일한 종족이에요. 다른 은하에서 여기까지 올 수 있다니까요.

카메론: 백만 년 동안 떠다니다가 깨어날 수도 있죠.

루카스: 무한정 오래 살 수도 있어요. 얼렸다가 녹일 수도 있고요. 그리고 우리 같은 생명체일 거예요.

카메론: 판스페르미아설을 얘기하시는군요. 생명체가 지구에서 발생해서 다른 곳으로 퍼졌다거나, 화성에서 발생했는데 소행성이 부딪칠 때 튀어나와 여기로 흘러왔다는 아이디어 말이에요.

루카스: 세균은 어디서나 자랄 수 있고 어디로나 갈 수 있죠. 그리고 인간보다 훨씬 강해요. 단세포예요. 그런데 아주 강력하고 빨라요. 우리보다 빨리 생각할 수 있어요. 우리보다 온갖 걸 더 잘 할 수 있어요. 그건 다른 형태의 생명이에요. 우리는 아직 그게 어떻게 상호작용하는지조차 모르죠.

카메론: 우리 몸 속 세균 1,2 킬로그램은 우리 몸에 유익한 일을 하며 우리와 공생하고 있어요. . . . 전 우리가 지구 초기의 수많은 세월을 공룡 이전의 몇 년 정도로 치부하고 있다고 생각해요. 실제로는 25억 년 동안 단세포 생물만 있었어요. 지구에서 다세포 생물의 역사는 7억 년 정도밖에 안 돼요. 전체적으로 보면 얼마 안 돼죠.

루카스: 제가 관심 가지는 분야인 단세포에서 2개의 세포로 되는 과정에 대해 여러 과학자와 얘기해봤는데 아직도 연구 중이더라고요. 세균의 DNA 분석을 이제 시작했어요. 수십 억 종류의 세균이 각각 서로 다른 일을 한다는 사실을 알게 됐으니, 제 생각에 우리는 유례없이 커다란 의학적 변화를 겪을 거예요. 물론 세균이 미토콘드리아를 만드는 데 도움이 됐고, 미토콘드리아가 다세포 동물을 만드는 데 도움이 됐다는 관점에서 하는 이야기예요.

카메론: 그러니까 미토콘드리아와 미디클로리언이

비슷하게 들리는 게 우연이 아니군요.

루카스: 미디클로리언이 미토콘드리아예요.

카메론: 미토콘드리아는 놀랍죠. 하지만 보세요. 당신은 신화, 종교, 정신성에 과학적인 용어를 붙였어요.

루카스: 미디클로리언은 미토콘드리아와 클로로필의 조합이에요. 클로로필은 식물의 미토콘드리아고요. 둘을 합하면, 그게 모든 에너지의 원천이에요.

카메론: 스스로 SF쪽은 아니라고 하시더니 이건 고전적인 SF인데요.

루카스: 전 그저 옥수수밭에 앉아 "이러면 어떻게 될까?"라고 하는 농부일 뿐이에요. 미토콘드리아가 충분한 에너지를 얻으면 세포 2개를 만들 수 있어요. 일단 세포 2개를 만들 수 있게 되면 온 세상을 만들 수 있어요.

카메론: 그리고 뭐든지 만들 수 있고요. 인간도 만들 수 있어요. 어떤 복잡한 존재도요.

루카스: 단세포 생물을 무시하는 게 아니에요. 수는 그쪽이 더 많으니까요.

카메론: 전혀 무시하지 않아요. 하지만 우리는 우리와 소통할 수 있는 크고 멋진 생명체나 동물이나 지성체를 원하지 않나요?

루카스: [루카스필름]을 팔기 직전, 처리해야 할 문제가 하나 있었어요. 모두가 프리퀄의 미디클로리언 설정을 너무 싫어했어요. 전 그저 모두의 기분을 나쁘게 하지 않으면서 포스를 설명할 방법을 찾고 있었던 거예요. 사람들이 포스를 볼 수 없다는 걸 아니까요. 포스는 볼 수 없어요. 강력하지만, 볼 수는 없죠.

카메론: 하지만 거대한 외계인이 있잖아요. 그리도와 자자 빙크스, 자바 등등. 그런 외계인은 뭐죠? 이야기 안에서 외계인은 우리의 반영이라고 생각하는데요. 우리가 정말로 우주에서 지적 종족을 찾는다면, 그들은 우리가 상상하는 것과는 전혀 다르게 생겼을 거예요.

루카스: 우리는 생명체를 찾아낼 거고 그건 세균일 것이며 어디에서나 찾을 수 있을 거라는 걸 난 믿어요.

위 <에피소드2 - 클론의 습격>(2002) 촬영장에서 조지 루카스가 앤소니 대니얼스에게 디렉팅을 하고 있다.

제가 말하고자 하는 결론은 세균, 얘들은 우리보다 훨씬 영리하다는 거예요.

카메론: 우리보다 훨씬 오래 살아남았죠. 그러니 그 자체로 더 영리한 거죠.

루카스: 그런데, 그. . . . 공생 관계를 말하자면, 제 개인적인 생각에 우리가 가져야 할 핵심 가치 중 하나이며, 아이들에게 반드시 가르쳐야 할 게 생태학이란 거예요. 우리는 모두 서로 연결되어 있다는 걸 이해하기 위해서죠. 신비주의 같은 얘기가 아니에요. 그냥 아주 간단한 거예요. 우리는 모두 연결되어 있어요. 여기 있는 누군가에게 한 짓이 저기, 저기, 저기, 저기에 있는 누군가에게 영향을 미쳐요. 그리고 다시 자신에게 돌아와요. 자신이 전체의 한 부분이라는 점을 이해해야 해요. 그저 작은 한 부분이에요. 부품이죠. 커다란 전체의 작은 부품일 뿐이에요.

카메론: 하지만 그 연결 안에 아름다움이 있어요. 그 연결이 더 큰 힘을 부여하죠.

루카스: 제가 이 전체 아이디어에서 좋아하는 점이, 맞아요, 우리가 지배받고 있다는 사실이에요. 우주의 정복자는 이런 작은 단세포 동물이란 거예요. 하지만 이들은 우리에게 의존해요. 우리는 이들에게 의존하고요. 그리고 우리를 둘러싼 포스가 우리를 제어하고, 우리가 포스를 제어하니까 양방향으로 이루어져요.

카메론: 공감에 대해서도 얘기하셨잖아요. 공포 대 공감, 온정 대 공격, 선과 악의 이분법으로요. 인간에겐 경쟁적이고 공격적인 면이 있어요. 하지만 함께 사냥하고 함께 식량을 기를 수 있도록 협력하는 면도 있죠. 그 두 가지 면이 우리 안에서 항상 전쟁을 벌이죠. 당신은 그걸 은하계를 배경으로 보여준 거고요.

루카스: 우리가 그러한 이분법을 가질 수 있는 건, 우리는 뇌가 있고, 그래서 뭔가를 이해할 수 있고, 그래서 우리에게 주어진 운명이란 걸 생각할 수 있기 때문이에요. 개미에겐 이분법이 없어요. 개미 역시 공생 관계가 있지만, 그건 프로그램된 거예요. DNA에, 호르몬에 있는 거죠. 거기 있는 거예요. 개미는 "내가 왜 이러고 있지?"라고 거들먹거리지 않아요. 인간이 그러죠.

인간은 두 가지 면을 가졌어요. 인간의 동물적인 면은, 아주 원시적이고 대부분의 동물에게 작동되는 건데 매우 공격적이고 다른 동물을 죽여서 먹으며 지배권을 두고 싸우죠. 그리고 또 다른 한 면은 양육한다는 점이에요. 어떤 이들은 다른 이들보다 강해요. 인간이 두뇌 외에 생존을 위해 갖춘 것 중 하나가 바로 온정이에요. 인간은 어떤 동물과도 견줄 수 없을 만큼 양육이 중요한 세상에 살고 있어요. 우리는 양육하기 위해 태어난 거예요. 만약 인간이 더 이상 그럴 수 없다면 곧 죽음을 맞이할 거예요.

카메론: 그건 우리 뇌가 크기 때문이에요. 커다란 뇌 때문에 심지어 걷기 시작하고 사회 구성원이 되기까지 몇 년이 걸리죠. 아무짝에도 소용없는 아기들을 돌봐야만 하고요.

루카스: 맞아요. 그런데, 우리가 왜 그렇게 하는지 아세요?

카메론: 인간의 뇌가 크기 때문이에요. 출산 시 산도를 통과할 수 있는 태아의 뇌 크기는 한정돼 있어서 결국 태아의 뇌는 출산 후 계속 자라야 해요. 다른 동물은 이런 문제가 없죠.

루카스: 그건 기술적인 부분이에요. 다른 이유는 아름다움에 있어요. 우린 귀엽거든요.

카메론: 우리가 귀엽기 때문에 부족이 우리를 죽여서 먹지 않는다.

루카스: 우리 대부분은 바퀴벌레를 키우지 않아요. 하지만 고양이는 키울 거고 아기도 키울 거예요.

카메론: 만약 아기보다 바퀴벌레를 더 닮은 외계인을 만나면 어떻게 될까요?

루카스: 돌봐주고 싶은 느낌이 들지 않을 수 있겠죠.

카메론: 착한 외계인은 항상 아기처럼 생겼어요. 부드러운 피부에 큰 눈. . . .

루카스: E.T.

카메론: 맞아요, 그렇죠? 음, E.T.의 피부는 그렇게 부드럽지 않았지만, 눈은 컸어요. 어쨌든 우리가 상대와 관계를 맺고 공감하는 반응을 보이는 데는 겉모습이 지배적인 요소로 작용한다는 이야기를 하시는 거죠. 그 요인이 우리 인간과 전혀 닮지 않은 외계인을 만났을 때 어떤 영향을 줄까요?

루카스: 전 외계인을 만난 적이 없어요.

카메론: 좋아요. 하지만 영화에서는 외계인을 많이 만드셨어요.

루카스: 이야기했듯이, 저는 수영하러 가서도 숲에서도 동물원에서도 외계인을 많이 만나요. 하지만 어떤 외계인은 공감이 되는데 어떤 외계인은 공감이 안 돼요.

카메론: 개괄적으로 보니 인공 지능과 로봇, 외계인을 거의 같은 방식으로 취급하셨다는 생각이 드는군요. 아주 무미건조하게요. 그저 사회의 일부로요.

루카스: 일부는 착하고, 일부는 나빠요.

카메론: 착할 수도 있고 나쁠 수도 있어요. 우리 편일 수도 있고, 적일 수도 있죠. 친구일 수 있고, 반대 진영에서 일할 수도 있지만 상관없어요. 하지만 이들은 기본적으로 사람인 거예요. 개성 넘치는 사람들이죠.

루카스: 그게 제 방식이에요. 벌레를 싫어할 나이인 네 살인 제 딸에게 해 주는 말이 있어요. "벌레도 사람하고 똑같아. 널 해치지 않을 거야. 파리는 널 해치지 않아. 그냥 날아다니는 거야. 위험하거나 그렇지 않아. 그냥 이렇게 얘기하면 돼. 훠이, 저리 가." 그런 태도를 가지면 두려움이 많이 사라져요. 뱀은 위험하고 거미도 위험하다고는 말해요. 일부는 위험하고, 일부는 그렇지 않아요. 하지만 그렇다고 해서 거미를 전부 두려워해야 한다거나 동물을 전부 두려워해야 한다거나 사람을 전부 두려워해야 한다는 뜻은 아니에요. 음, 사람은 잘 모르겠군요.

카메론: 그렇게 인간 혐오자가 된 줄 몰랐어요. 조지.

루카스: (웃으며) 하지만 모든 것을 있는 그대로 받아들여야 해요. 일단 믿어주는 거죠. 우리 모두 이 세상의 일부가 되어야 해요.

카메론: 그래서 <스타워즈>에 괴물처럼 생긴 인물이 나오는군요. 퉁방울눈을 한 제독도 있고요. 괴물 영화에 등장했다면 꽤 그럴듯한 괴물이 됐을 거예요. 하지만 괴물이 아니에요. 선한 인물이에요. 저항군의 지도자죠. 즉각 같은 편으로 생각할 거예요. 그건 만약 우리가 지성을 갖춘 외계인을 만나면 그들과 소통하며 잘 지낼 수 있다는 걸 말해주죠.

루카스: 그 점에 대해선 잘 모르겠어요. 츄바카는 덩치 크고 무서운 친구지만, 선해요. 재미있고, 편하죠. 하지만 어떤 이들은 츄바카를 무서워해요.

카메론: 팔을 뽑아버릴 수 있으니까요. 츄바카의 적이 되고 싶진 않죠.

루카스: 하지만 동시에 츄바카는 타자(他者)예요. 그리고 우리에게는 타자가 존재해요. 어떤 타자는 나쁜 사람이고 어떤 타자는 좋은 사람이에요. 하지만 타자 모두를 나쁜 사람으로 분류할 수는 없어요. 핵심은 그거예요. 겉모습이 무슨 상관이에요. 그걸로 사람을 판단해선 안 돼요.

카메론: 그게 SF를 통해서 전달하는 사회학적 논평 아닌가요? '당신이 다른 문화에서 온 누군가를 만났어요. 생김새도 다르고 피부색도 달라요. 믿는 것도 날라요. 하지만 다르다는 것으로 누군가를 판단해선 안 돼요.' 이렇게 말하는 거 아닐까요? 이런 게 바로 SF가 정말 잘하는 거 아닌가요?

루카스: 저 동물, 혹은 저 생물이 우리 친구일 수 있어요. 우리에게 정말 도움이 많이 될 수도 있어요. 우리와 생김새가 다르다고 해서 멀리해서는 안 돼요. 이게 <스타워즈> 전체를 관통하는 주제예요. 생김새가 다르다고 해서 가치가 없는 게 아니라는 거죠. 영화에서 중요하게 다루는 문제예요.

카메론: 저는 SF가 이런 사회적인 주제에 정말 잘 어울린다고 생각해요. 여성에게 힘을 부여하는 걸 보세요. 헐리우드에서 그다지 잘하지 못했던 일이에요. 분명 서부극에서도 잘하지 못했고, 역사물에서도 그랬죠. 그때 <스타워즈>가 나왔어요. 그리고 캐리 피셔가 연기한 레아 공주가 있었어요. 남자 둘이 공주를 보호해 주겠다며 싸우는 동안 레아는 악당을 쏴버리고 데스스타를 빠져나갈 방법을 찾아요. 굉장히 이례적인 거였어요.

루카스: 레아는 상원 의원이에요. 대학을 졸업했고, 아주 영리하고, 자신감도 아주 넘쳐요. 그리고 총도 잘 쏘죠. 그리고 두 남자는. . . . 하나는 순진해서 아무것도 몰라요. 아는 게 없어요. 다른 하나는 다 안다고 생각하지만, 역시 아무 것도 몰라요. 모든 걸 알고 있는 사람은 바로 레아예요. 이야기 전체를 끌고 나가는 인물이죠. 아미달라 여왕도 같아요. 레아의 벤 케노비가 있는 것처럼 아미달라에게는 콰이곤 진이 있었어요. 아미달라는 가장 현명한 인물이었어요. 그 영화의 진짜 주인공이었죠.

카메론: <에이리언>의 리플리가 어떻게 여성 캐릭터가 된 것인지 리들리 스콧과 이야기한 적이 있어요. 리들리는 당시 20세기 폭스의 회장이었던 앨런 라드 주니어에게 공을 돌렸어요. 전 <스타워즈>가 나오고 2년 후에 <에이리언>이 만들어진 게 우연이 아니라고 생각해요. 폭스는 얼마 전에 강하고, 지적이고, 올곧고, 남성에게 고개 숙이지 않으며, 남성에게 도움을 받을 필요도 없는 여성이 나오는 영화로 엄청난 돈을 벌었거든요. 레아가 앞장서서 한 일이에요. 레아는 설계도를 숨겨서 데스스타를 파괴하는 일을 주도했어요.

루카스: 제가 폭스에 계속 그 이야기를 했어요. 특히 장난감 논의를 할 때, 전 레아 공주 액션 피겨를 만들어야 한다고 주장했어요. 등장인물 액션 피겨를 죽 늘어놓으면 진짜 주인공은 레아예요. 세상에 이걸 모르다니. 문제는 사람들을 설득하는 거였어요. 흔히 백인 특권이 있다고 하죠. 그런데 남성 특권도 정말 있어요. 리비도나 자존심 같은 문제와 엮여서 훨씬 더 심각해요. 인종과 상관없이 있어요. 무슨 이유에서인지, 특히 미국에서는 남성성이 큰 쟁점이에요.

카메론: 그런데 그게 SF가 지닌 진짜 영향력이라고 생각하지 않으세요? 다른 장소, 다른 시간대, 다른 세상으로 가서 자신이 자라온 방식과 자신이 속한 문화적 맥락과 다르게 생각할 수 있게 해주는 거죠. 어쩌면 여성이 조금 더 강해지거나 권위를 갖게 될 지도, 어쩌면 동성애자들이 조금 더 강해질 수도, 어쩌면 피부색이 다른 사람이 조금 더 강해질 수도 있지 않을까 혹은 다른 사회적 지위를 갖게 되거나. 어느 순간, 사람들이 독단의 상자 밖으로 조금씩 빠져나오게 하는 거죠.

루카스: <스타워즈>는 40년 전 영화예요. 하지만 레아가 리더예요. 그 다음에 두 남자가 있죠.

카메론: 당신에게 강한 여성의 원형은 누구였나요? <스타워즈>를 만들기 전, 이야기를 쓰기 전에요. 가족 중에 있었나요? 할머니이셨나요?

루카스: 누이들이요. 특히 여동생. 저보다 세 살 어렸어요. 강인했죠. 우리는 싸우면서 함께 자랐어요. 레아의 적극적인 성격은 그 여동생에게서 온 거예요.

카메론: 저는 우리가 살고픈 우주를 만드는 아이디어에 대해 생각해왔어요. 우주는 우리가 꿈꾸던 환상, 우리의 이상, 우리가 이해하는 사회 현상을 투영할 수 있는 미지의 거대한 존재예요. 완전히 다른 문화를 보여주기 위해 우주를 명분으로 삼을 수도 있고, 액면 그대로, 해결해야 할 문제로 우주를 받아들일 수도 있어요. 한편에선, <2001 스페이스 오디세이>나 가장 최근에 큰 인기를 끈 <마션> 같은 아주 과학적인 작품을 통해 우주 여행의 해결해야 할 문제점과 우리 인

간과 인간성에 끼칠 변화에 대해 사람들이 여전히 흥미를 느낀다는 사실을 알 수 있어요. 그리고 다른 한편에선, 상상력을 자유롭게 풀어놓은 우주가 있어요. 여기에 대해 어떻게 생각하시나요?

루카스: 어떻게 하든 상관없어요. <2001 스페이스 오디세이>와 <마션>은 지적인 모험이에요. 그것도 모험이죠. 문제는 미지의 존재예요. "서부 해안으로 갈 거야. 어떤 일이 벌어지고 있는지 뭐가 있는지 볼 거야" "바다 건너 가 볼 거야. 바다 끝에서 떨어지지 않는다면, 뭔가 보게 될 거야." 이건 위대한 모험이에요. 우리는 뭐가 있는지 몰라요. 하지만 우리는 모험을 할 거예요. 흥미롭잖아요.

카메론: 어렵기도 하고요.

루카스: 그리고 다른 하나는 판타지, 해적 이런 종류의 것들이에요. 재미있는 모험이에요. 열두 살 아이도 즐길 수 있어요. 이건 다른 모험이지만요. 하지만 둘 다 고취하려는 건 같아요. 우리가 직접 가서 해봐야 한다는 사실이에요.

카메론: 맞아요.

루카스: 신화와 같은 거죠. 신화는 사실이 아닌 이야기를 하지만, 그 이야기는 모험을 제공해요. 상상력에 불을 지피는 거죠. . . . <2001 스페이스 오디세이>는 제 생각보다 저한테 더 큰 영향을 미쳤어요. 제게 엄청난 자극을 줬죠. 하지만 <스타워즈>가 자극을 주는 데는 훨씬 더 효과적이었어요. 수백만 명이 자극을 받았으니까요.

카메론: 제가 <스타워즈> 때문에 영화감독이 됐어요. <2001 스페이스 오디세이>로 시작했지만, 정말로 충격을 받은 건 <스타워즈>였어요.

루카스: 영화를 어떻게 만드느냐 하는 부분 때문이 아니라 " 우주로 가자." 라는 것 때문이겠죠.

카메론: 그것도 있긴 하죠.

위 리들리 스콧의 <마션>(2015)에서 맷 데이먼이 "과학으로 조져줄" 준비를 하고 있다.

루카스: 우주를 향한 모험은 이제 현실이 됐어요. 그래서 화성을 주목하고 있어요. 우리는 사람들이 "이건 모험이야." 라고 말하는 영화를 만들어야 해요. 만약 "이건 재미있는 모험이 될 거야"라는 영화가 없었다면, 누가 바보같이 우주선에 올라타고 붉은 흙 말고는 아무 것도 없는 화성에 가려고 하겠어요? 아무도 안 가죠! 재미있는 모험이 될 거라고 사람들이 상상할 수 있게 해줘야 해요.

카메론: 화성은 타투인과 많이 비슷해요. 살기 힘든 곳이죠.

위 [제임스 카메론의 SF 이야기] 촬영장에서 제임스 카메론이 조지 루카스와 인터뷰하고 있다. 사진 제공: 마이클 모리아티스/AMC

루카스: 하지만, 핵심은, 환경 같은 여러 상황을 볼 때, 만약 우리가 화성에서 사는 법을 알아낼 수 있으면 지구를 회복시킬 수도 있다는 거예요.

카메론: 네. 그렇게 되면 좋겠군요.

루카스: 지금 여기서 실패하고 있는 시스템은 사실 고칠 수 있어요. 만약 우리가 타이탄이니 뭐니 하는 위성에 간다면, 그 환경에 적응하는 법을 배워야 해요. 우리에게 주어진 환경이 그냥 있는 게 아니란 걸 깨닫게 될 거예요. 모든 게 서로 연결돼 있다는 사실을 깨달으면, 그러니까 어떤 일 하나가 일어나면, 스웨터의 실을 잡아당기는 것과 같아요. 전부 망가져요.

카메론: 모든 게 흐트러지죠.

루카스: 우리가 그걸 이해해야 하는데, 못하고 있어요.

카메론: 이해는 해요. 그걸 정책으로 구현할 사회적 수준에 이르지 못한 거죠. 그런 사회에 살고 있지 않아요.

루카스: 이해하는 사람이 많지 않아요. 그런데 만약 우리가 화성에 가면, 화성에 관한 다큐멘터리도 나올 거고, 사람들은 틀림없이 뭐가 필요한지 배우게 될 거예요. <마션>이 그런 거죠. 시스템을 만들어야 한다고 알려 주잖아요. 그리고 그 시스템은 작동해야 한다고, 그리고 모든 게 그 시스템 안에 맞아떨어져야 한다고. . . . 우리는 적응해야 해요. 유전자 조작 같은 온갖 것들이 적응의 시작이죠.

카메론: 당신이 말하는 적응은 변화를 의미하는군요. 어쩌면 우리는 종으로서 변할 수도 있겠네요. 생리적으로, 정신적으로, 철학적으로.

루카스: 네. 우린 변할 거라 확신해요. . . .인간에게 항상 있어왔던 게 상상력이에요. 그리고 인간에겐 항상 두려움이 있었어요. 두려움이 모든 것을 일으켜요. 그래서 우리는 두려움을 완화시킬 이야기를 만들었어요. "태양이 다시 돌아올까?" "물론이지. 저건 태양이 아니라 신이야. 마차를 타고 한 바퀴 돌아보고 항상 다시 와." 고대에는 주술사가 이런 이야기를 들려주거나 미스터리를 설명했어요. 영양이 일 년 중 이때 나타나고 다른 때는 안 나타나는 이유 같은 걸 알려주었죠.

고대인에게 중요했던 또 하나는 밤하늘이에요. 밤하늘은 언제나 거대한 불가사의였어요. 저 위에 뭔가가 있어요. 그러니 어떤 의미가 있어야 해요. 그런데 그게 뭔지 몰라요. 그래서 호기심을 품죠. 호기심과 상상력은 이야기를 만들어 내요. 설명하기 위해 이야기를 지어내죠. 저 위에서 빛나는 것들은 뭘까? . . . . 별, 행성, 하늘에 보이는 모든 것들은 정말 놀라운 미스터리예요.

카메론: 우주가 우리를 초대한 게 언제부터라고 생각하시나요?

루카스: 인류사의 아주 초기부터요.

카메론: 수십만 년 전, 백만 년 전부터다. 이건 원초적인 끌림이다. 신령스러운 연결이다. 이런 말씀이네요.

루카스: 우리는 하늘과 별과 신령스럽게 연결되어 있어요. 항상 관심을 가졌죠. 어떻게 움직이는 걸까? 저게 뭘까? 그건 캔 뚜껑이에요. 우리는 조그만 커피 캔 안에 살면서 위를 올려다보고 말해요. "젠장, 저게 뭐지?"

카메론: 그리고 갈릴레오와 케플러가 나타나 말했죠. "하늘은 둥근 지붕이 아니야. 끝이 없는 거야. 중력이라고 하는 것 때문에 그냥 도는 거야." 그리고 우리가 위로 올라갈 수 있다는 생각이 갑자기 인류의 중대한 도전이 됐어요.

루카스: 그리스 신화의 신들 대부분이 위에 살았죠.

카메론: 그래서 그리스 신화의 신 이름을 따서 행성을 부르잖아요. 금성(Venus)이나 화성(Mars)처럼.

루카스: 하지만 우주는 항상 우리 상상력의 일부였어요. . . . 우리는 우리 은하가 어떤지 대충 알고 있어요. 그런데 그 너머는 어떨까요? 우주가 몇 개나 있을까요? 다시, 두 갈래 길이 있어요. 하나는 과학이고, 하나는 상상력이에요. . . . 우주 혹은 우주들이라는 개념은 상상을 초월할 정도로 어렵지만, 흥미로워요. 빅뱅 이전에는 무슨 일이 있었을까요? 그전에 뭐가 있었을까요? 어떻게 답해야 할지 감도 안 오는 질문이 너무 많아요. 시간이 지나면 여러 답이 나오겠죠. 우린 기절초풍할 거예요.

카메론: 바라건대, 좋은 쪽으로요.

루카스: 경외심을 불러일으킬 거예요. 좋거나 나쁜 게 아닐 거예요. 이렇게 말하게 될 거예요. "난 아무 것도 몰랐구나."

카메론: 그게 바로 우리가 영화로 하려는 일이 아닐까요? 그 경외심을 조금이라도 붙잡아서 극장으로 가져가는 일을 하려는 게 아닌가요?

루카스: 스티븐 스필버그가 그렇게 하죠.

카메론: 당신이 하는 일도 그거예요. 다르게 할 뿐이죠. 우리를 다른 세상으로 데려가잖아요.

루카스: 음, 우주에 우키(Wookiees)가 없다는 건 보장할게요.

카메론: 그걸 어떻게 아세요? 무한한 우주에서는 모든 일이 가능해요.

루카스: 그건 신화와 스토리텔링의 영역이 아니에요. 과학의 영역도 아니에요. 대답이 불가능한 엄청난 미스터리 영역으로 가는 거예요. 철학이죠. 종교 부분은 접어두고 철학이라고 할게요. 작은 구멍이 여기저기 뚫려 있는 커다란 캔이죠.

시간 여행 (TIME TRAVELS)

리자 야젝

1963년 BBC는 시청자에게 역사를 가르치기 위해 기획된 <닥터 후>를 처음 방영했다. 갈리프레이 행성 출신의 떠돌이 타임로드(시간 여행의 왕-역주)가 영국의 폴리스박스(police telephone box)처럼 생긴 기계를 타고 시공간을 넘나들며 모험하는 내용이다. 닥터와 그의 인간 동료들이 우주를 탐험하면서 은하계의 타임 라인을 바꾸고, 사람들을 해치는 악당과 싸우는 <닥터 후>는 일찌감치 초기의 교육적인 목적을 넘어 세계적인 컬트 고전의 반열에 올랐다. 반세기가 훨씬 넘게, 여러 배우들에 의해 닥터 후는 재탄생을 거듭했다. <닥터 후>의 모험은 매주 50여개 국에서 방송을 탔고 다양한 형태의 미디어로 활발히 각색되었다. 닥터와 수많은 등장인물들은 타임 루프, 시간 역설, 절대 바꿀 수 없는 고정된 역사 같은 딜레마를 해결하기 위해 협력적인 관계를 맺는다. 동시에 <닥터 후>의 등장인물은 자유 의지와 정해진 운명 사이의 갈등, 기억과 정체성의 관계, 사랑과 상실, 죽음의 불가피성 같은 수많은 철학적인 쟁점에 맞섰다. 여러 면에서, <닥터 후>는 시간 여행 스토리텔링의 전체 역사를 상징하며, 시간 여행 이야기에 끊임없이 매료되는 우리의 모습도 보여준다. 우리는 일직선으로 흐르는 시간으로부터 벗어날 수 있다는 상상을 통해 인류가 경험하는 것들을 더 잘 이해할 수 있기를 희망하고 있다.

시간을 초월하는 인간 이야기는 스토리텔링 역사 그 자체만큼이나 오래되었다. 고대 인도의 서사시 마하바라타(Mahabharata)는 천국으로 여행을 갔다가 지구로 돌아왔더니 그 사이 오랜 시간이 지났음을 깨닫는 인간 라이바타 카쿠드미 왕의 모험을 다룬다. 마하바라타는 크리스토퍼 놀란의 우주 서사시 <인터스텔라>(2014)의 경우처럼 최근까지도 자주 영화화되는 소재인 시간 지연 이야기 장르의 시작이다.

20세기 이전의 작가들은 등장인물이 특정 시간대로 이동하는 '타임 슬립'을 종종 꿈이나 단 한번의 우연한 사고로 일어나게 설정하였다. 찰스 디킨스의 <크리스마스 캐럴>(1843)은 꿈을 통한 시간 여행의 가장 고전적인 사례다. 인색한 노인이 밤중에 자신의 과거와 현재, 미래를 찾아감으로써 어떻게 현재의 자신이 됐는지, 외로운 죽음을 피하려면 무엇을 해야 하는지를 새롭게 깨닫는 이야기다. 반대로, 마크 트웨인의 유명한 타임 슬립 소설 <아서 왕 궁전의 코네티컷 양키>(1889)는 19세기의 미국 기술자가 머리를 얻어맞은 후 6세기의 영국으로 보내지고, 민주주의적 이상과 산업용 무기를 소개하려 하지만, 그 어느 것도 때가 되기 전에는 받아들여지지 않는다는 사실을 깨닫는다는 이야기다. 자유 의지와 정해진 운명간의 대결에 질문을 던지는 가장 이른 근대적 소설인 두 작품이 여러 차례 영화와 연극, 심지어는 비디오 게임의 주제가 됐다는 사실은 놀라운 일이 아니다. 사실, 지금까지도 SF의 핵심으로 남아 있는 것은 제임스 카메론이 칭한 "우리는 타임 라인의 꼭두각시 인형"일지 모른다는 두려움과 어쩌면 우리를 조종하는 줄을 끊을 수 있으리라는 희망이다. 카메론의 <터미네이터>(1984)와 <터미네이터 2: 심판의 날>(1991), 리안 존슨 감독의 <루퍼>(2012) 같은 대중 영화들, 그리고 <아웃랜더>(2014~현재)나 <12 몽키즈>(2015~현재, 1995년 영화가 원작) 같은 TV 드라마들을 보라.

물론, 우주선이 공간을 이동하는 것처럼 현대의 시간 여행 이야기 대부분은 환상적인 기계가 인물들을 태우고 시간을 이동하면서 전개된다. 이런 이야기는 1980년대에 자주 등장하기 시작했다. 19세기, 미국과 유럽이 산업주의와 기계화된 사회가 되면서 기차, 배의 운영부터 연합 포격의 타이밍, 참호전까지 모든 것에 시계의 중요성이 뚜렷해졌다. 그리하여 1884년, 26

반대쪽 <닥터 후>에 출연한 톰베이커. 베이커는 1974년부터 1981년까지 갈리프레이 출신의 타임 로드를 연기했다.

위 H. G. 웰스의 <타임머신>을 각색한 1960년도 영화의 포스터. 조지 팔이 제작과 감독을 맡았다.

반대쪽 레이 브래드버리의 <천둥소리>(윌리엄 모로우출간)와 옥타비아 E. 버틀러의 <킨>(비컨 프레스 출간) 표지.

개국의 대표자들이 지구의 지리적 좌표 체계와 하루의 길이 표준화 작업을 위해 워싱턴 DC에 모였다. 인간의 시간 제어 능력에 대한 낙관주의는 에드워드 페이지 미첼의 <거꾸로 가는 시계>(1881)나 엔리케 가스파르의 <타임 라인>(1887), 루이스 캐럴의 <실비와 브루노>(1889)와 같은 작품에서 엿볼 수 있다. 각각의 소설에는 말 그대로 시간 여행을 일으키는 시계가 등장한다. 그러나 과학기술을 이용한 시간 여행 이야기의 가장 유명한 작품은 <타임머신>(1895)이다. H. G. 웰스는 썰매 같은 장치를 이용해 목적의식을 갖고 시간을 선택하여 역사 속을 여행할 수 있다고 상상했다. 이 새로운 시간 여행은 시각적으로 멋지고 다양한 타임머신을 만드는데 영감을 주었다. 웰스의 소설을 1960년과 2002년에 각색한 영화 <타임머신>에 나온 스팀펑크 장치, <닥터 후>의 폴리스 박스, <백 투 더 퓨처> 시리즈의 변형 드로리안 등이 있다.

창작자, 출판업계, 좋은 스토리텔링 규칙을 갖춘 SF가 독특한 인기 장르로 발전하면서 창작자들은 시간 여행 특유의 미학을 탐구하는 방향으로 에너지를 쏟았다. 그렇게 함으로써, 이들은 크리스토퍼 놀란 감독의 말처럼 "일단 천체 물리학의 이런 개념을 알게 되면. . . 이야기를 펼쳐나갈 훌륭한 출발점을 얻게 된다."는 것을 이미 내다보았다.

20세기 전반기 작가들은 다양한 목적으로 시간 여행을 활용했다. 기술과 사회의 미래에 대해 이야기하고, 머나먼 시공간으로 색다른 여행을 시켜주고, 심지어 시간 여행이라는 과학 자체를 가르쳐주기 위해서였다. 이 시기 동안 그러한 관심은 초기 작가들이 탐구한 자유 의지와 주체의식에 대한 질문과 함께 '나비 효과'와 관련된 이야기를 통해 자주 표출되었다. 겉보기엔 사소해 보이는 과거의 행동이 하나 이상의 다른 미래를 만들어 내는 이런 류의 초기 작품 중 하나가 잭 윌리엄슨의 <시간 군단>(1938)이다. 한 남자가 자석과 조약돌 중 어느 것을 집는가에 따라 완전히 다른 인류의 미래가 결정된다는 이야기이다. <시간 군단>은 시간 전쟁이라는 완전히 새로운 장르로 영감을 주었지만 나비효과를 다룬 가장 유명한 소설은 레이 브래드버리의 <천둥소리>(1952)일 것이다. 선사시대의 나비를 밟은 일이 현대 미국을 무지한 군사 독재 디스토피아로 바꿔버린다는 내용이다.

이 시기의 작가들은 인간이 역사에 개입해서 생길 수 있는 시간 역설을 논리적으로 해결하는 과제를 즐겼는데 일반적으로 '할아버지 역설'로 잘 알려져 있다. 이야기는 이런 질문을 던진다. 만약 내가 과거로 가서 우리 할아버지를 죽이는 일이 생긴다면 어떻게 될까? 이 질문에 대한 답은 다양하다. 프리츠 라이버의 <과거를 바꿔 봅시다>(1958)에서는 '현실 보존 원칙'을 상

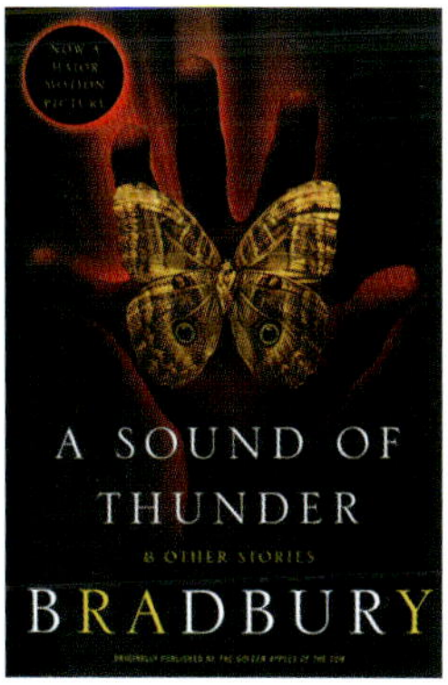

정하여 역사를 바꿀 수 없게 하였다. 알프레드 베스터의 <모하메드를 죽인 사람들>(1958)은 개개인마다 각자의 시간 연속체가 있다고 상상함으로써 이 문제를 해결했다. 그리고 작가 조너선 레덤은 '할아버지 역설'에 도전한 "가장 만족스럽고 성과가 뛰어난 초창기의 훌륭한 SF 작가"로 로버트 A. 하인라인을 지목한다. <너희 좀비들>(1959)에서 하인라인은 현기증을 일으키는 '시간 경찰'이야기로 극단적인 역설을 보여준다. 주인공은 역사의 여러 시기를 돌아다니며 성 정체성까지 바꿔 자신의 부모가 된다. 브래드버리와 하인라인의 작품 모두 널리 영향을 주었고 이를 주제로 한 대형 영화들이 만들어졌다. 이들 작품은 <닥터 후>-갈리프레이의 사람들과 생체 기계 악당 달렉 사이의 시간 전쟁을 다룬 시리즈 전체에 배경을 제공했으며, 그리고 '할아버지 역설'이라는 제대로 어울리는 이름을 가진 최대의 적과 싸운다.-와 같은 다른 유명 SF 작품에도 영향을 끼쳤다.

그 다음 세대의 SF 작가들은 시간 여행 이야기를 사회적, 정치적인 논평에 활용 가능한지를 탐구했다. 조안나 러스의 <알릭스의 모험>(1976)과 매일 다른 시간대로 여행하는 여자들이 미래를 더 나은 곳으로 만들 수 있는 힘이 있음을 깨닫는다는 이야기를 다룬 마지 피어시의 <시간의 경계에 선 여자>(1976)가 좋은 사례이다. 영화에도 비슷한 정서가 흘렀다. 린 허쉬만 리슨의 <에이다 러블레이스>(1997), 어쩌면 가장 유명한 영화라고 할 수 있는 카메론의 <터미네이터>가 해당된다. 무력한 피해자에서 적극적인 영웅으로 바뀌는 주인공 사라 코너의 변화는 식탁에 "운명은 없다"라고 새기는 장면에서 확고해진다. 반면, 이 시기의 인디언 원주민 작가와 아프리카계 미국인 작가들은 시간 여행을 이용해 미국 역사를 새롭게 그렸다. 제랄드 비제노어의 <슬립스트림 위의 커스터> (1978)는 현대의 한 관료가 자신이 커스터 장군의 환생이라 걸 깨닫자 "시간 이동(인스타 인 타임)"이 된다는 내용이다. 한편, 옥타비아 E. 버틀러의 <킨>(1979)에서는 예술가 존 제닝스가 "할아버지 역설의 뒤집기"라고 칭하는 이야기를 펼친다. 현대의 한 아프리카계 미국 여성이 남북전쟁 전의 메릴랜드로 이동하게 되고, 자신이 거기에서 태어날 수 있도록 젊은 백인 노예주가 자유인 신분인 자신의 조상을 강간하도록 도와야 한다는 내용이다. 대미언 더피와 제닝스가 2017년에 밀도있게 각색한 그래픽 노블을 보면, <킨>은 불가능한 관계들과 더 불가능한 선택들이 얽힌 것이 과거, 현재, 미래라고 정의한다. 이 모든 것들이 역설적으로, 현재의 생존과 미래 변화를 가능하게 만드는 것이다.

그러나 시간 여행 이야기가 모두 이렇게 진지한 것은 아니다. 1970,80년대 그리고 90년대 초까지 시간 여행 코미디가 다양한 매체에서 폭발적으로 등장했다. 스파이더 로빈슨의 캘러핸의 <크로스타임 살롱>(1977~2003)시리즈는 시간 여행자를 위한 술집으로

독자를 초대한다. 소설의 배경인 술집은 시간 여행 경험을 가진 고객들이 시간 여행 초보자들이 겪는 특이한 문제를 해결할 수 있도록 그들과 공감하고 다양한 경험을 나누는 곳이다. 이런 여행자와 지적인 대화를 나누고픈 꿈을 품었다면, '댄 스트리트멘셔너 박사의 시간 여행자를 위한 1001가지 시제 형식 핸드북'을 추천해주는 더글러스 애덤스의 <은하수 여행 히치하이커를 위한 안내서>(1978~2009)를 찾아보자. 영화로는 <백 투 더 퓨처>(1985)와 <빌과 테드의 엑설런트 어드벤처>(1989), <사랑의 블랙홀>(1993)이 시간 여행의 코믹한 면을 탐구하면서 보통 사람들도 과거로 가서 수많은 실수를 저지르고 다시 바로잡으면서 더 나은 미래를 만들 수 있다는 가능성을 예찬한다. 영화 평론가 에이미 니콜슨의 말처럼 "SF 영화는 대부분 세상이 끔찍해질 것이라고 상상한다. '에이, 이건 그냥 재미있는 거야'라고 말하는 SF 영화가 있다는 건 놀랍고 이상할 정도로 위안이 된다." 이와 비슷한 낙관주의는 이 시기에 등장한 <광속인간 샘>(1989~1993)이나 <히치하이커를 위한 안내서>(1981)의 패러디를 포함하여 여러 시간 여행 소재 TV 드라마에서 찾을 수 있다. 그리고 이런 경향은 오늘날 온라인 웹 시리즈로 이어지고 있다. 불운한 사무직원이 컴퓨터 키보드로 과거의 사건을 되돌린다는 <Ctrl>(2009~현재)이 있고, 코미디 TV 드라마 <커뮤니티>에 바탕을 둔 닥터 후 패러디 <시간 여행도 할 수 있는 우주인에 관한 제목 없는 웹 드라마>(2012~현재)가 있다.

최근 수십 년 간, 예술가들은 시간 이동의 장래성과 위험 모두를 탐구하여 시간 여행 이야기를 현실적으로 느낄 수 있도록 하였다. 수상 경력이 있는 소설들, 댄 시먼스의 <하이페리온>(1989~1998) 시리즈와 코니 윌리스의 <블랙아웃>, <올 클리어> 2부작(2010)은 알 수

위 라이언 존슨 감독의 시간 여행 스릴러, <루퍼>(2012)에 출연한 조셉 고든 레빗.

오른쪽 영국 작가 더글러스 애덤스의 코믹 SF 고전 <은하수를 여행하는 히치하이커를 위한 안내서>표지 (델레이 출판사).

반대쪽 위 위 난해한 저예산 시간 여행 스릴러 <프라이머> (2004)의 극장용 포스터.

반대쪽 아래 댄 시먼스의 역작 <하이페리온 칸토스> 시리즈 첫 번째 책의 표지 (반탐 북스 출간).

없는 미래에서 온 불가사의한 침입자에 의해 삶이 파괴된 사람들이 어떻게 살아남고 심지어 어떻게 새로운 삶의 의미를 찾아가는지를 다룬다. 비슷한 맥락으로, 독립영화로 성공한 <프라이머>(2004)와 <루퍼>, <인터스텔라> 같은 영화는 시간 여행으로 얻게 될 혜택이 개인과 가족, 친구들이 치러야 할 대가보다 클 것인지를 고찰한다.

한편, 비디오 게임 제작자들은 시간 여행을 서사 구조와 게임 플레이 속에 넣어서 몰입감이 넘치는 경험을 만들어냈다. 달이 게임 세상에 충돌하여 시간을 초기화하기 전에, 게임 플레이어가 순서와 상관없이 정해진 퍼즐을 풀어야 하는 베스트셀러 게임 <젤다의 전설: 무쥬라의 가면>(2000)과 게임 플레이어가 공주를 구하기 위해 시간의 흐름을 조작하고 주인공이 임무를 수행하는 놀라운 동기를 밝혀내는 <브레이드> (2008)와 같은 인디 게임이 좋은 사례이다.

이런 게임 역시, 문학 그리고 영화와 마찬가지로 시간 여행자가 상상할 수조차 없는 시공간의 거리를 오갈 수 있게 하지만, 그들이 진정으로 발견하는 것은 자신이 누구이며, 자신이 가진 능력은 무엇이고, 역시 인에 주어진 자신의 올바른 자리는 어디인가를 강조한다. 이처럼, 모든 SF를 통틀어 가장 인간적인 장르에 끊임없이 영감을 주는 것은 시간 여행이라는 불가능한 시나리오이다.

크리스토퍼 놀란

인터뷰 진행 제임스 카메론

1998년 데뷔작 <미행>으로 비평가들의 호평을 받은 크리스토퍼 놀란 감독은 2년 뒤 현기증 날 정도로 시간을 주무르는 스릴러 <메멘토>로 헐리우드의 A급 감독으로 급부상했다. 이후 현대 최고의 영화 제작자로 흠잡을 데 없는 명성을 쌓았다. 놀란의 지성과 작품에 대한 지칠 줄 모르는 헌신은 역사상 가장 대담하고 강렬한 블록버스터 몇 편을 만들어 결실을 거두었다. 크리스천 베일이 출연한 배트맨 3부작은 -<배트맨 비긴즈>(2005), <다크 나이트>(2008), <다크 나이트 라이즈> (2012)- 슈퍼히어로 영화의 뛰어난 표본으로 남아 있다. 놀란의 가장 확연한 SF 영화 <인셉션>(2010)과 <인터스텔라>(2014)는 화려한 볼거리와 함께 인물과 감정을 깊이 있게 다루는 다른 차원의 세상에 대한 지적 탐구이다. 이제 놀란이 카메론과 마주 앉아 <인터스텔라>(놀란은 동생이자 공동작업자인 조나단 "조나" 놀란과 함께 <인터스텔라>의 각본을 썼다.)를 만들기 위해 해낸 광범위한 조사와 시간 여행의 복잡성, 자유 의지라는 개념, 그리고 무한한 SF의 잠재성에 대하여 흥미로운 대화를 나눈다.

제임스 카메론: SF는 우리의 공통 관심사 중 하나예요. 아마 대부분의 사람들은 당신을 SF 영화 제작자나 SF쪽 사람이라고 생각하지 않을 거예요. 하지만 많은 작품이 SF에 해당되고 아주 독특해요. 어쩌면 <인터스텔라> 이야기부터 하는 게 옳겠군요. 명백한 SF니까요. SF의 정석이죠. 미래, 하드웨어 지향 등등. 그 주제에 끌린 이유가 있나요?

크리스토퍼 놀란: 전 언제나 SF를 좋아했어요. 저에게 큰 영향을 준 두 작품이 있는데 조지 루카스의 77년작 <스타워즈>와 그 성공에 힘입어 재개봉한 <2001 스페이스 오디세이>였어요. 런던의 레스터 스퀘어 극장에서 상영했는데, 아버지가 절 데려가 주셨어요. 그 기억이 아직도 아주 선명해요. 커다란 스크린, 전 아주 어렸어요. 일곱 살이었죠. 그때 경험은 영화와 스크린이 어떻게 우리의 마음을 열게 하여 상상 너머의 세계로 데려갈 수 있는가의 일종의 기준으로 제 머리 속에 박혔어요.

카메론: <2001 스페이스 오디세이>는 제게도 아주 중요한 영화예요. 최초 개봉 당시 봤죠. 열네 살이었으니까 당신보다는 나이가 좀 더 많았어요. 캐나다 토론토에서 봤어요. 기억나요. 극장에 저 혼자 있었어요. 70mm 필름이었고, 혼이 나갔죠. 영화의 웅장함에, 그리고 영화가 근본적으로 모든 면에서 예술 작품이 될 수 있다는 사실에 충격을 받았어요. 사실 그 전에는 한번도 그런 걸 느껴본 적이 없었어요. 영화를 좋아했지만, 영화를 고상한 용어 "필름" 이라고 표현하지 않았죠.

놀란: 하지만 <2001 스페이스 오디세이>는 "필름"이잖아요? 오락거리 같지 않아요. <인터스텔라>를 만들 때 고민했어요. 어떻게 그럴듯하게 우리의 차원을 넘어갈 수 있을까? 사람들이 이해할 수 없는 것을 어떻게 보여줄 수 있을까? 어떻게 블랙홀 안으로 뛰어들어갈 수 있을까?

<2001 스페이스 오디세이>를 돌이켜보면, 지금은 어느 누구도 못하지만 큐브릭은 할 수 있었던 게 바로 생략이었다는 사실을 깨달아요. 큐브릭은 미니어처든 시각 효과든 당시 기술로 만들 수 없었던 건 과감하게 보여주지 않는 쪽을 택했어요.

카메론: 단지 주변 장면을 찍죠.

놀란: 그저 주변 장면을 찍죠. 하지만 그러는 과정에서 대단히 상징적이고 단순한 생략의 언어를 만들어내요. 그러면 건너뛰는 부분이 말이 되는 거예요. 큐브릭은 인류 역사상 가장 위대한 모험에 일상의 현실성을 넣었어요. 우리는 목성으로 간다. 우리는 목성의 위성으로 가면서 포장 식품을 먹을 거야. 생일날,

반대쪽 [제임스 카메론의 SF 이야기] 세트장에서 찍은 크리스토퍼 놀란. 사진 제공: 마이클 모리아티스/AMC

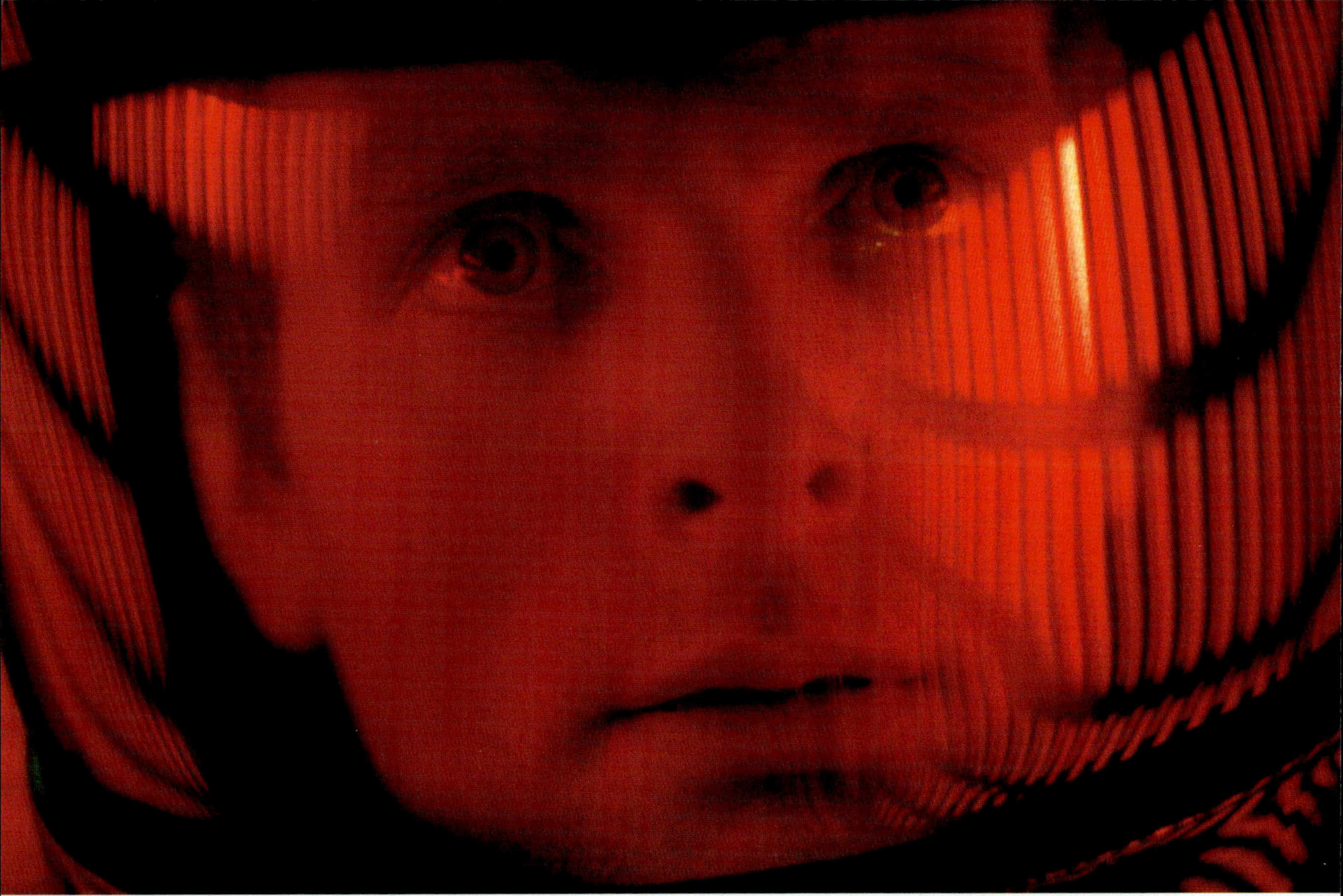

ENDURANCE

부모님이 보낸 메시지가 전송될 텐데 광속 지연 때문에 아마 여덟아홉 시간이 지나 있을 거야. 이건 확실히 걸작이에요. 우리 둘 다 동의하겠죠. 하지만 그 뒤를 따르는 우리 같은 불쌍한 영화 제작자에게는 기준이 너무 높아져 버렸어요. 공손하게 표현하자면, 이런 세상에서 <인터스텔라> 같은 영화를 만드는 사람은 <2001 스페이스 오디세이>와 대화를 하는 거예요. <2001 스페이스 오디세이>가 존재하지 않은 세상에서 영화를 만드는 게 아니니까요.

카메론: 맞아요.

놀란: 그리고 관객은 그걸 아주 잘 알고 있어요. 비평가도 잘 알고 있고요. 제가 <인터스텔라> 계획에 끌렸던 건. . . . 원래 스티븐 스필버그가 감독을 맡을 영화의 각본을 동생이 썼어요. 어쩌다 보니 원래 초고와는 많이 달라졌지만, 서막은 바뀌지 않았어요. 미래의 모습이 어떤 면에서, 음, 엄밀히 디스토피아는 아니에요. 요즘 사람들이 생각하는 이상적인 시골 모습과 비슷해요. 농사를 짓고, 좀 더 단순한 생활로 돌아가는 거죠.

카메론: 하지만 실패하고 있죠. 서서히 무너지고 있어요.

놀란: 거의 그렇죠. 일종의 카운트다운을 하고 있고, 지구를 떠날 필요가 있어요.

홍콩에서 <다크나이트>를 찍고 있을 때였어요. 저와 조나에게 <인터스텔라>의 구상에 중대한 영향을 미치는 일이 생겼죠. 촬영 장소 섭외를 다니다가 항구에 있는 옴니맥스 극장에서 아이맥스 영화 <장엄한 황무지: 달 위를 걷다>를 봤어요. 톰 행크스가 참여했던 것 같아요. 날 착륙 관련 내용이었어요. 잘 만든 영화였는데, 달 착륙이 조작이라는 주장에 맞서 이의를 제기해야 한다고 느낀 것 같은 장면이 있어요. 그 문제를 영화에서 꼭 다루어야 한다고 느꼈다는 것에 왠지 가슴 아팠어요.

카메론: 그래서 <인터스텔라>에 그 이야기를 넣었군요.

놀란: 아주 의도적으로요. 우리 사회가 매우 내부지향적 문화를 만들었다는 점을 조나가 아주 강하게 느꼈거든요. 저 역시 그 점을 기반으로 삼아 초안을 구축했어요. 그러니까 제 영화 중 하나요, 나중에 분명히 얘기를 나눌 텐데, <인셉션>이 될 거예요. <인셉션>은 내부지향적 문화를 가진 사람들에게 맞춰진 영화예요. 그 영화의 구조는 당시 첫 출시된 아이팟 인터페이스의 갈라진 연결망에 기반을 두고 있어요. <인셉션>은 세상 안의 세상과 내향성에 관한 이야기예요.

카메론: 비디오 게임에서 레벨이 바뀌면 갈라지죠. 그래요.

놀란: 맞아요. 모든 게 아주 내부지향적이에요. 그래서 <인터스텔라>에서는 이제 다른 방향을 봐야 하고, 다시 바깥세상으로 가야하며, 모험 정신을 되찾을 때가 됐다고 느꼈어요.

카메론: 혹은 탐험 정신이요. 전 내셔널 지오그래픽의 객원 탐험가예요. 직접 탐험을 좀 했죠. 대부분 바다에서요. 가능하다면 우주에서도 할 거예요. 갈 수 있다면 화성에 갈 거예요. 아내한테 이 이야기를 한 적이 있는데 "당신 아이가 다섯이야" 라고 하더군요. 제가 그랬죠. "알아. 화성에서 애들하고 통화할 수 있어. 30분 정도 시간 지연이 있을 거야."

놀란: 일론 머스크를 만난 적이 있나요?

카메론: 아뇨. 일론은 영감을 주는 사람이에요. 당신처럼 생각하죠. 외부로 향하죠. 우린 사람들에게 탐험에 대해 다시 영감을 줘야 해요. 이건 SF가 항상 해온 일이라 생각해요. 디스토피아나 가상의 토끼 굴로 빠지는 이야기를 제외하고요.

놀란: 맞아요.

카메론: 초창기의 영웅적이고 외부 세상을 지향했던 작품들은 그랬어요. 자, 다른 행성을 탐험하러 가자. 그래서 스쿠버다이빙에 끌렸던 것 같아요. 이렇게 생

반대쪽 위 <2001 스페이스 오디세이>에서 데이비드 보먼을 연기한 게이 둘리아.

반대쪽 아래 놀란의 <인터스텔라>에서 쿠퍼를 연기한 매튜 매커너히.

위 리들리 스콧의 <에이리언>에서 침 흘리는 제노모프.

반대쪽 위 <인터스텔라>에 출연한 매튜 매커너히와 앤 해서웨이.

각했어요. 흠, 아마 난 우주에는 갈 수 없을 거야. 하지만 바다 밑에는 확실히 갈 수 있잖아. 등에 산소통을 짊어지고 지금까지 보지 못한 것을 보러 가는 거야. 그건 탐험하고자 하는 것과 똑같은 충동에서 기인했어요.

놀란: 음, 저에게 영화는… 무슨 말이냐면, 제 해결책은 스쿠버다이빙이 아니었어요. 하지만 언젠가 영화를 만들고 싶다는 생각이 머리 한 구석에 늘 있었어요. 제게는 아이맥스 카메라가 해결책이었어요. 왜냐하면, 거대한 이미지를 만들어서 아이맥스 극장의 커다란 스크린에서 보면, 우주에 가면 어떤 기분일지 가장 근접하게 느낄 수 있는 것 같거든요. 그러나 <인터스텔라>를 만들 때는 과거의 훌륭한 SF 영화를 모두 살펴봤어요. <2001 스페이스 오디세이>는 물론이고, 리들리 스콧의 <에이리언>도요.

카메론: 또 하나의 훌륭한 척도죠.

놀란: 프로덕션 디자인 면에서는 특히 그래요. 전 항상 그 영화를 켄 로치의 우주 영화라고 생각했어요. 지저분하다고 할까, 우울하다고까지 할 수 있어요. 황폐하죠.

카메론: 녹슬고 기름이 뚝뚝, 물이 뚝뚝 떨어지죠. 질감이 대단해요.

놀란: 대단한 질감이죠. 그래요.

카메론: 제가 항상 기억하는 장면이 있어요. 해리 딘 스탠튼이 사슬이 있는 방에 서 있어요, 응축실 같은 곳인데 모자를 쓰고요. 물이 뚝뚝 떨어지는 소리가 나요. 그 장면을 보면 그 사람 몸에 내가 들어가서 느끼는 것 같은 기분이 들어요. 다른 영화에서 느끼기 힘든 일이에요. 공포 영화든 SF든, 장르를 차치하고요. 바로 그 순간 등장인물이 된 기분을 느끼게 하는 영화는 거의 없죠.

놀란: 사소한 요소가 그렇게 만들 수 있어요. 기억하고 계신 작은 소리처럼요. 어쨌든 그 두 영화는 우리에게 중요한 척도였어요. 그리고 <인터스텔라>에서 결정한 게 하나 더 있어요. 재밌는 건 아무도 영화를 볼 때 눈치채지 못했는데 저는 그게 좋았어요. 아무것도 미래적으로 만들지 말자는 결정이었어요. 억지로 미래로 밀어 넣는, 제가 부르길, 퀴즈 게임 같은 거 하지 않기로 했던 거죠. “음, 40년 뒤에는 바지가 어떻게 생겼을까?” 뭐 이런 거요. 어떻게 해도 지는 게임이에요.

카메론: 이길 수 없죠. 바보 같아 보이고요.

놀란: 정말 근거를 확실히 하고 싶으면, 그냥 현재처럼 하자는 생각이 떠올랐어요. NASA의 기술을 들여다봤어요. 각종 기계의 형태, 소리, 심지어 스위치 같은 것도 모조리 살폈어요. 영화를 만드는 데는 그걸로도 충분했어요.

카메론: 우주복의 질감이나 배우들이 만졌던 모든 게 제게는 진짜처럼 보였어요. 물론, 그 임무 전체를 구성하는 데 있어 반드시 필요한 건 성간 우주선이었죠. 그런데 근거가 아주 탄탄해 보였어요. 회전하는 도킹 장면은 제가 본 SF 영화 중에서 가장 손에 땀을 쥐게 하는 장면이었다고 이야기하지 않을 수가 없군요. 제가 항상 상상하던 장면이었어요. 물론, <2001 스페이스 오디세이>에서 영감을 받은 도킹 장면이죠. 특히 우주에 나름대로 하드 테크로 접근하는 50, 40년대 SF 소설에 항상 회전하는 도킹이 나와요. 난파된 우주선이든 뭐든 간에요. 그리고 그건 항상 소설에서 가장 긴장되는 부분이죠. 당신은 완벽하게 해냈어요. 아름답다고 생각했어요.

놀란: 아, 감사합니다. 아마도 <2010 우주 여행>에서 영감을 받은 것 같아요. 전 그 영화가 과소평가됐다고 생각해요. <2001 스페이스 오디세이>는 걸작이에요. 따라잡기 힘든, 자살 임무나 다름없죠. 당신도 <에이리언2>를 만드셨잖아요. 무슨 기분인지 아실 텐데요.

카메론: 그것도 자살 임무였어요.

놀란: 그래도 엄청난 성과를 거두셨어요.

카메론: 최악은 피한 거죠. 자초한 위험을 피했어요. 힘들었어요.

놀란: 힘들죠. 하지만 전 당신이 대단히 잘 해냈다고 생각해요. 피터 하이엄스가 만든 <2010 우주 여행>은 과소평가됐어요. 어렸을 때 읽은 아서 C. 클라크가 쓴 소설은 훨씬 더 기계공학적이에요. 당신이 묘사하는 기계들에 관한 이야기죠. 디스커버리호가 회전하고 있을 때 가운데로 들어가는 장면이 있잖아요. 그 장면을 실제 물리적인 방법으로 만들어 보고 싶어 신이 났었죠. 뉴턴 물리학도 살펴봤어요. <인터스텔라>의 대부분은 양자 역학, 아인슈타인, 이후 과학자에 관한 것이지만 뉴턴으로 돌아가는 것, 영화 팬으로서 제대로 이해하고 느낄 수 있는 것들이 중요했어요.

카메론: 그리고 진반내도, 블랙홀 주변의 중력 렌즈 효과와 강력한 왜곡 현상을 보여줄 때는 최고의 전문가를 찾아가 아주 엄밀하게 접근하셨죠.

놀란: 그건 아주 매력적인 부분이었어요. 이 영화를 만들자는 생각은 원래 킵과 제작자 린다 옵스트에게서 나왔어요. 킵 손은 최고의 물리학자 중 한 사람이에요. 그들이 제 동생과 영화를 만들고자 했어요. 과학 다큐멘터리나 교과서 같은 게 아니었어요. 하지만 바탕은 과학이었죠. 킵과 처음 만나 이야기를 나눴을 때, 킵이 제게 가르쳐준 건 일단 물리학 개념, 천체 물리학 개념을 완벽하게 이해하면 상대성 원리와 이와 관련된 여러 현상을 가능성 있는 이야기로 펼칠 수 있는 훌륭한 출발점에 선다는 것이었어요.

카메론: 맞아요. 시간 지연 같은 것이죠.

놀란: 그렇죠. 그리고 블랙홀은 흥미로운 소재였어요. 킵은 처음부터 제게 말했어요. "일 시작하면, 시각 효과 담당자와 먼저 이야기하고 싶소." 저는 영화 제작자로서 이렇게 말하고 싶었어요. "글쎄요, 우리는 우리가 원하는 모습의 블랙홀을 만들 겁니다."

카메론: 그건 좀 결례인데요.

놀란: 좀 무례한 거죠. 킵도 그렇게 생각할 수 있어요. 하지만 전 킵이 진짜 열정을 갖고 있고, 그런 요구를 한 이유가 있을 거라 생각했어요. 물론, 그때 제가 깨달은 건 킵이 온갖 정보를, 온갖 방정식을 갖고 있으니 제대로 된 컴퓨터에 넣기만 하면 블랙홀의 형상을 과학적으로 도출해낼 수 있으리라는 것이었어요.

카메론: 킵도 아마 항상 그 형상을 보고 싶어 했을 거예요.

놀란: 늘 보고 싶어 했죠. 물론 우리에게 컴퓨터가 있었고 그들 역시 온갖 종류의 컴퓨터가 있었어요. 그들은 온갖 방정식, 수학, 다 가지고 있었어요. 하지만 우리처럼 몇 개월간 여유 있게 디지털 효과를 만들고 있을 시간이 없었죠. 우리 시각 효과 담당인 폴 프랭클린이 킵과 함께 했어요. 폴은 과학을 아주 좋아하는 사람이에요. 둘이서 진짜 방정식을 가져다 렌더링을 했어요. 그리고 이미지들이 나오기 시작했는데, 압도적인 모습이었어요. 블랙홀 주위의 강착 원반이 들려 있고. . .

카메론: 중력 때문에 휘어 있죠. 거대한 렌즈로 보듯이.

놀란: 그런 건 디자인을 할 수가 없어요.

카메론: 못하죠. 그런 건 예술가가 못 떠올려요. 그게 문제예요. 헐리우드에서 수십 년 동안 우주선을 디자인했잖아요. <플래시 고든>부터 전부 한쪽 끝은 뾰족하고 반대쪽에는 꼬리날개가 있어요. 행성에 착륙할 때는 내려앉고요. 그런데 달착륙선 아폴로를 보니 그때까지 디자인했던 것과 전혀 다르게 생긴 거예요. 그렇지만 분해해서 분석해 보면, 그렇게 생긴 데는 다 이유가 있어요.

놀란: 맞아요. 기능보다 형태였죠. 저는 항상 절차에 기반한 알고리즘 시각 효과의 열렬한 팬이었어요. 특히 완벽하게 CG로 만들어졌을 때요. 그러니까 반드시 예술가의 눈으로 만드는 게 아니에요. 이렇게 하는 거예요. "좋아. 이 수학 공식을 넣으면 어떻게 될까? 우리가 렌더링하는 방식에 이 절차를 넣으면 어떻게 될까?" 그런 다음 마음에 드는 걸 선택해요. 최종적으로는 예술가의 눈으로 고르는 거죠. 하지만 렌즈가 번쩍이는 방식, 이렇게 되는 방식, 저렇게 되는 방식에서 뜻밖의 결과, 우연히 생긴 기묘함을 만들어 내려고 노력해요.

그 결과, 만들어낸 블랙홀의 모습은 아주 성공적이어서 킵은 실제로 그 내용으로 논문을 썼어요. 말 그대로 과학에 다시 제공됐어요. 킵은 우리에게 방정식을 줬고, 우리는 블랙홀을 만들었어요. 그리고 킵은 그걸 동료들에게 다시 보여주면서 말할 수 있었어요. "좋아. 여기 시각적인 정보가 있어."

카메론: 그게 바로 SF의 위대한 선순환 아닐까요? 우리가 이런 걸 상상하고, 명석한 사람들이 SF를 쓰고 아이디어를 제안하면 과학자는 거기에서 영감을 얻고 실제로는 어떤지 알아내는 거죠. 종종 SF로부터 영감을 얻어요.

반대쪽 <인터스텔라>의 극장용 포스터.

MATTHEW McCONAUGHEY
ANNE HATHAWAY
JESSICA CHASTAIN
MICHAEL AND CAINE
GO FURTHER.
FROM THE DIRECTOR OF THE DARK KNIGHT TRILOGY AND INCEPTION
INTERSTELLAR
IN THEATRES AND IMAX
EVERYWHERE
NOVEMBER 7
WARNER BROS. PICTURES
LEGENDARY
SYNCOPY
interstellarmovie.com
#interstellar
IMAX® is a registered trademark of IMAX Corporation.

WESTWORLD
...where robot men and
women are programmed
to serve you for
...ROMANCE
...VIOLENCE
...ANYTHING
MGM Presents "WESTWORLD" Starring YUL BRYNNER RICHARD BENJAMIN
JAMES BROLIN · Music FRED KARLIN · Written and Directed by MICHAEL CRICHTON · Produced by PAUL N. LAZARUS III
PG PARENTAL GUIDANCE SUGGESTED
PANAVISION® METROCOLOR

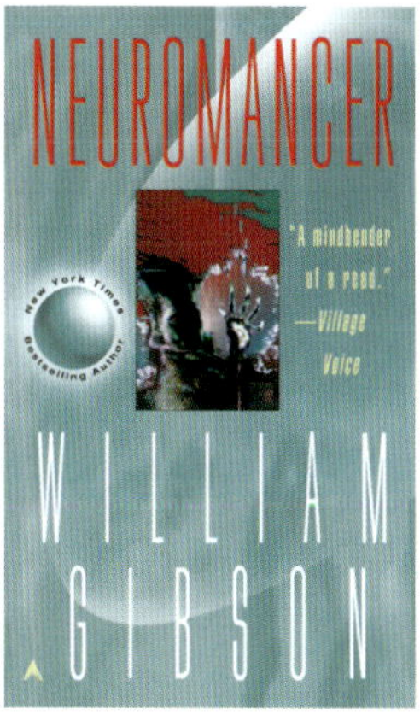

놀란: <2001 스페이스 오디세이>에 아이패드가 나와요. 말 그대로 아이패드예요. 영화 제작자들이 헛고생하려고 이런 걸 만드는 게 아니에요. 스필버그가 <마이너리티 리포트>에 넣은 인터페이스를 보세요.

카메론: 물론, 그 동작 기반 인터페이스는 이제 실현됐어요.

놀란: 영향력이 엄청나죠. 다행히 아직은 누구도 어떻게 살인 로봇을 만드는지 모르지만. 사실, 이렇게 말씀드리는 동안에도...

카메론: 프레데터 드론이 있죠? 역사적으로 볼 때 SF가 미래를 예측하는 건 별로지만 뒤틀린 거울로서 현재를 비추고 앞으로 어디로 갈지 안 갈지 그 동향을 비춰주는 역할은 잘 하는 것 같지 않나요?

놀란: 전 사색적인 공상 과학 이야기를 좋아해요. 그게 <인터스텔라>에서 미래에 관한 예측을 뺀 이유 중 하나예요. SF를 전제로 한 <인셉션>도 마찬가지예요. 전 모든 부서에 이렇게 말했어요. "아니야. 딱 현재야. 그냥 오늘날의 세상이야." 사색적 공상 과학 유형의 이야기는 현재의 동향을 분석하여 그것이 무엇을 말하는지는 잘 설명하지만 그로 인해 우리가 어떤 미래를 맞게 될지 예측하는 것마저 잘한다고 할 수 없기 때문이에요.

카메론: 백년의 역사를 지닌 SF 소설이 인터넷과 개인용 컴퓨터의 힘, 그리고 사회와 기술을 어떻게 바꿔놓았는지를 예측하지 못했어요.

놀란: 약간 반론을 제기할 수 있는데요... 인터넷을 시각화한 윌리엄 깁슨의 소설 <뉴로맨서>를 보세요. 바로 거기에 나와요. 인터넷의 아주 초기 단계죠. 어린 시절 <블레이드 러너>를 광적으로 좋아해서 <안드로이드는 전기양을 꿈꾸는가?>를 읽었어요. 그 책은 정말 달랐어요. 아주 새로웠죠. 기억하시는지 모르겠네요. 머서주의라는 개념이 있어요. 기계가 있는데, 거기에 손을 올려놓는 거예요. 공감 장치예요. 그러면 나머지 세상과 연결돼요. <웨스트월드>만 봐도 그래요. 제 동생이 작업 중인 TV 드라마 말고 원래 영화요. 로봇 기반이지만, 가상 현실에 가까워 보여요. 세부적인 요소지만, <로건의 탈출>을 보면 주인공이 거실에서 팝업창을 띄우고 날짜를 고르는 장면이 있어요. 주인공이 '아니'라고 하면서 팝업창을 왼쪽으로 밀었다, 오른쪽으로 밀었다 해요. 멀지 않았어요. 아서 C. 클라크가 작품에서 언급한 정지 궤도 위성처럼 SF가 뭔가를 정확하게 예측하는 일은 드물어요.

카메론: 맞아요. 그게 40년대였죠. 클라크가 30년 정도 앞서 예측했던 거예요.

놀란: 하지만 SF의 예측 정확성에 대한 당신의 평가도 시간과 함께 달라질 거예요. 어린 시절, 처음 에프콧센터에 갔을 때였어요. 화상 채팅 비슷한 부스가 있었는데 그땐 그게 미래였죠. 좀 우스꽝스러워 보이긴 했어요. 그리고 실제로 페이스타임이나 화상 채팅이라는 아이디어는 수십 년 동안 잠들어 있었어요. 하지만 <블레이드 러너>나 <2001 스페이스 오디세이>를 보면 이런 화상 채팅 장면 같은 게 나와요. 이제 그

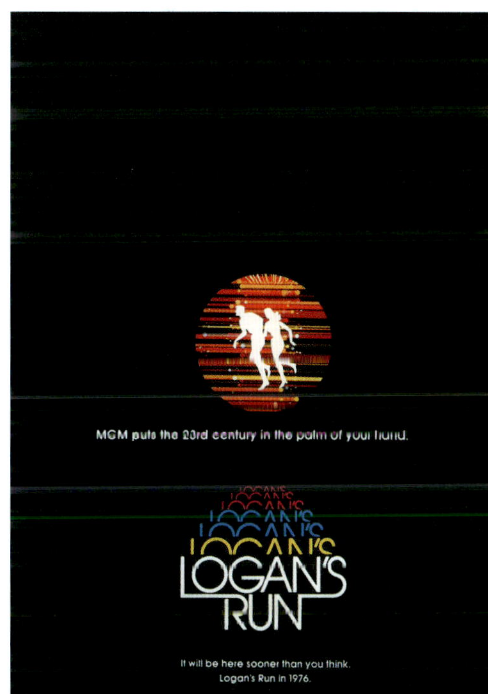

반대쪽 1973년 영화 <웨스트월드>의 극장용 포스터. 마이클 크라이튼이 각본과 감독을 맡았다.

위 에이스북스에서 나온 사이버펑크 고전 <뉴로맨서>의 표지. 윌리엄 깁슨이 썼다.

오른쪽 아래 1976년 디스토피아 영화 <로건의 탈출>의 극장용 포스터. 누구라도 서른이 되면 죽게 되는 미래 사회를 그렸다.

건 눈에 띄는 현실화된 기술이죠. 그와 비슷하게, 전 <2001 스페이스 오디세이>에서 보여준 인공 지능 개념으로 바뀌고 있다고 생각해요.

카메론: 다시 돌아오고 있어요.

놀란: 천천히 돌아오고 있죠. 사람들 생각보다 더 천천히요. 그 영화를 처음 본 제 아이들 중 하나가 이렇게 묻더군요. "로봇이 왜 말을 해요? 컴퓨터가 왜 말을 해요?" 말하는 컴퓨터라는 것 자체가 아이들이 보기엔 말이 안 되는 거였어요. 시리가 나오기 전이었죠. 전 생각했어요. "아, 그래. 애들이 보기에 컴퓨터는 능동적인 존재가 아니구나. 그냥 도구일 뿐이구나." 타자기 같은 거예요. 도구 같은 거죠. 온라인에 접속해서 이런저런 일을 할 수 있게 해주는 물건일 뿐이에요. 중앙집중화된 지성이 아니에요. 능동적인 인격이 아니에요. 그리고 다시 시리가 나왔어요. 인공 지능 분야에서 연구도 많이 되고요. 그러자 다시 바뀌기 시작했어요.

카메론: 현재 대부분의 인공 지능, 로봇 연구의 방향은 우리 자신을 비춰볼 수 있고 상호 교감할 수 있는 인간 정서를 만들어 내는 것이에요. 장모님이 87세이신데, 오클라호마에 사세요. 장모님은 시리와 이렇게 이야기하세요. "그래. 고맙다, 아가야. 좋은 하루 보내렴." 남부 특유의 공손함이 있어요. 장모님은 시리에 모종의 개성, 인격을 부여하셨죠.

놀란: 그게 앞으로도 계속될지 궁금하네요. 아니면, 로봇이 발전하면서 사람들이 이렇게 말할 때가 올지도 모르죠. "사실 로봇이 사람처럼 생길 필요는 없어." 공장에 가면 로봇이 있지만, 전혀 사람처럼 생기지 않았거든요. 기능적인 기계인 거죠.

카메론: <인터스텔라>에 등장하는 로봇은 형태나 이동 방법이 아주 참신했어요.

놀란: 디자이너인 네이선 크로울리에게 "이건 건축가 미스 반 데 로에가 디자인했을 법한 로봇이야."라며 디자인을 지시했어요. 아주 단순한 형태, 기품있는 재료로 만든, 인간의 움직임을 전혀 흉내내지 않는 로봇이죠.

카메론: 얼마 전에 보스턴 다이나믹스에서 만든 새 로봇의 모습을 봤어요. 다리와 바퀴가 있었는데, 파쿠르까지 할 수 있었죠. 조그만 팔이 두 개 있었는데, 팔은 아니었어요. 뭔가 조작하는 장치가 아니라, 균형을 잡기 위해 조금 튀어나온 돌출부였어요. 이 로봇은 놀라울 정도로 민첩하고 빨라요. 달려 나가다가 몸을 뒤로 구부리면서 멈추고, 그 작은 돌출부가 튀어나와요. 인간과 완전히 달랐어요. 동물처럼 보이지도, 인간처럼 보이지도 않았어요. 그리고 완벽하게 작동했어요. 그런데 저는 그 로봇을 보고 모종의 아름다움을 느꼈어요. 기능성 때문에요. 그 로봇은 다리에 힘을 줘서 탁자 위에 뛰어오를 수 있고, 탁자 위를 뛰어갈 수 있고, 뛰어내릴 수도 있었어요. 몸을 구부리면서 착지할 수 있고, 앞으로 기울일 수도 있고, 뒤로 기울일 수도 있었어요. 스케이트보더나 스노보더처럼 멈출 수도 있고요. 로봇의 생김새가 다양할 수 있구나하는 생각이 들었어요. 로봇은 기능과 작업 능력으로 평가받을 테니까요.

놀란: 궁극적으로는 그게 인공 지능이 가는 방향이라고 생각해요. 전 튜링 테스트의 개념, 인간의 지능을 흉내낸다는 개념의 피상성이 증명될 거라 생각해요. 인간보다 더 많은 일을 하는, 특정 작업에서는 인간보다 나은 것이 되지 않을까 생각해요. . . . 자의식을 갖게 되는 인공 지능이라는 측면에서 <터미네이터>의 스카이넷에 영감을 준 건 무엇이었나요? 그건 아주 기념비적인 아이디어였어요.

카메론: HAL이 선수를 쳤죠. <2001 스페이스 오디세이>가 나오고 몇 년 지나지 않아 영화 <콜로서스>가 나왔어요. 인간 규모의 지성을 만들려는 엄청난 계획을 다룬 영화였죠. 일이 잘못 돼서 컴퓨터가 전력망을 장악하고 세상을 지배하기 시작해요. 아주 똑똑한 컴퓨터가 세상을 지배한다는 아이디어는 한동안 인기가 있었어요. 스탠리 큐브릭이 가장 먼저였고, 어떤 이들은 큐브릭이 최고라고도 해요. <2010 우주여행>에서는 우리가 입력한 제약으로 HAL이 어떻게

위 제임스 카메론이 그린 <터미네이터>의 헌터킬러 탱크 구상 스케치.

통제됐는지가 나왔어요. 입력한 내용이 HAL을 미치게 만든 거였어요. 그게 더 일어날 가능성이 큰 시나리오예요. 컴퓨터를 통제하려다가 실은 우리 본성에 내재한 취약이 악마를 만들어버린 거라고 생각해요.

놀란: SF는 그런 문제에 대해 경고할 수밖에 없어요. 저에겐 위안이 되는 부분인데. . . . SF에 영감을 받은 사람들은 그러한 위험을 매우 잘 알고 있기 때문이에요. 그리고 SF는 우리에게 닥칠지도 모를 위험을 탐구하는 데 유용하다고 생각해요. 위험을 초래할 상황들을 예측하기란 쉽지 않거든요. . . . 영화 <매트릭스>는 분명히 <인셉션>에 영감을 준 작품 중 하나예요. 정말로 말하고자 하는 건 이거예요. 맞아. 우리가 사는 세상은 진짜가 아니야. 플라톤의 동굴이지. 가장 오래된 질문을 하는 거죠. 나를 둘러싼 세상이 진짜인지 아닌지 어떻게 알지?

카메론: <인셉션>에서, 자신의 선택으로 토끼굴로 들어가지만 결국 빠져나오지 못하게 되죠. 그건 어느 지점에 도달하면 더이상 선택의 여지조차 없다는 걸 경고하는 거라 생각해요. 시작할 땐 그들 모두에게 선택지가 있었지만 일이 진행되는 과정에서 그들은 선택지가 없는 상황에 처하고 말죠.

놀란: 그렇죠. 몇 가지 영감을 받아서 그렇게 한 거예요. 전 항상 꿈에 매력을 느꼈어요. 꿈에 담긴 우리의

세계관은 무엇이며, 어떻게 우리의 생각을 꿈이란 형식으로 담아내는지. 구체적인 참고 자료를 들자면, 윌리엄 깁슨의 소설 <뉴로맨서>에 확실히 나와요. 소설 속 인물들은 자신들이 원하는 세상을 컴퓨터에 구현해 놓고 그 안에서 영원히 살아요. <스타트렉>에 등장하는 낙원 행성 에피소드도 있어요. 어떤 면에서는 자유 의지를 잃고, 의식이라는 감각을 잃고, 자신 자신을 잃을 수 있는 대체 현실에 관한 이야기니까요.

카메론: 혹은 더 세속적인 현실, 즉 대다수가 생각하는 현실에 속하고픈 욕구일 수도 있고요.

놀란: 우리와 같은 일을 하는 사람에게는 자신만의 대체 현실이 있다고 생각해요. . . . 리들리 스콧과도 이런 대화를 나눴어요. 영화 제작자로서 영화 속 세상에 빠질 수 있는 건 즐거운 일이에요. 몇 년이든 영화를 만드는 동안 우리는 대체 세상에서 사는 거예요. 물론 위험하기도 하죠. 방종해질 수 있는 면이 분명히 있어요.

아래 크리스토퍼 놀란의 <인셉션> (2010)에서 현실이 뒤집히는 장면

반대쪽 <매트릭스>(1999)의 극장용 포스터.

카메론: 전 앞으로의 8년은 판도라에서 보내기로 결정했어요. 8년 단위로 뭔가를 할 수 있을 시간이 제게 별로 남지 않았어요. 하나의 세상에서 한 무리의 캐릭터들과만요. 어떤 이들은 이러는 걸 일종의 정신병으로 취급할 거예요. 하지만 전 사실 상당히 즐기고 있어요. 그리고 예술가로서, 그 틀 안에서 필요한 말은 모두 할 수 있다고 생각해요. 그걸로 충분해요. 4년쯤 지나서는 틀림없이 이렇게 말하고 있을 거예요. "난 왜 뭔가 좀 사실적인 70mm 전쟁 드라마 같은 걸 안 만드는 걸까?" . . . 자, 꿈에서 시각적인 영감을 얻어서 영화에 적용하나요?

놀란: 음, 보통 시각적 이미지는 아니지만, 확실히 아이디어는 얻는 것 같아요. 깨어 있는 삶이 산문이라면, 꿈은 시예요. 저는 종종 비몽사몽간에 플롯 포인트를 떠올려요.

사실 <인셉션>은 돈이 별로 없던 대학 시절에서 많은 영감을 얻었어요. 아침이 공짜였는데, 오전 8시인가 9시면 끝났어요. 친구들과 떠드느라 밤을 새웠고 그래서 새벽 4시에 잠자리에 들면서 알람을 맞췄죠. 식사 시간이 끝나기 전 아침을 먹고 다시 자려고요. 그렇게 잠을 자는데, 제가 꿈을 꾸고 있다는 걸 선명하게 의식할 수 있었어요. 그래서 꿈을 통제할 수 있는지, 꿈에 어떤 일이 일어나게 할 수 있는지 실험을 해봤어요.

카메론: 자각몽이군요.

놀란: 자각몽이죠. 애가 타지만, 매혹적이에요. 가끔 원하는 대로 되게 해서 꿈과 실제로 이어지는 경우에는 정말 매혹적이죠. 초능력이에요. 그게 사실상 <인셉션>의 기원이었어요. 오랫동안 그 영화를 다른 여러 장르로 만들어보려고 했어요. 어떻게 꿈과 소통해야 할지 모르겠더군요. 그런데 <매트릭스>를 통해 관객들에게 어떻게 접근해야 하는지 알게 된 것 같아요.

카메론: <매트릭스>에서 영감을 얻었다니 흥미롭군요. 하지만 당신은 영화 역사상 완전하게 독특한 영화를 만들었어요. 이런 마트료시카(Matryoshka) 인형 같은 현실은 이해하기란 쉽지 않지만, 스릴 있어

요. 저는 극장에서 한번 보고, 열한 살 된 딸과 블루레이로 다시 봤어요. 딸은 비디오 게임과 가상 현실, 애니메이션을 아주 좋아하는데, 아무 문제 없이 내용을 따라가더라고요. 열한 살 아이가 골머리 앓지 않고 이해할 수 있을 정도로 잘 만들었어요. 지적인 퍼즐을 만들어 놓고 관객들을 초대해서 당신과 등장인물과 함께 퍼즐을 풀고 놀게 했다는 사실에 매료되었어요. 끝 장면에 나오는 그 작은 팽이는. . . . 누구나 영화의 마지막 4프레임의 의미를 이해할 수 있죠. 그 정도로도 충분했어요.

놀란: 극장 뒤쪽에 앉아있으면 재미있어요. . . .

카메론: 헉하는 소리가 들리죠.

놀란: 헉하거나 끙하는 소리를 듣고 사람들이 알아보기 전에 나와 버려요.

카메론: 음, 속았다고 느끼는 사람도 있지만, 대부분은 아주 만족스러워하죠.

놀란: 만약, 사람들이 그런 모호함을 이해하고 그렇게 한 데는 목적이 있었고 마지막에는 다소 뻔뻔했다는 걸 알아챈다면 그 끙하는 소리는 좋은 소리죠.

카메론: 짜증내는 소리 같지는 않았어요. 놀라움이나 전율 같은 거라고 저는 생각했어요.

놀란: 의도는 분명히 그랬어요. 관객들이 이해하는 것 같았고요. 그 영화는 제가 탐구하고자 했던 영화 속 세상의 법칙이 실제 세상과 잘 부합했어요. SF는 특히 그런 게 필요해요. 어느 층위에서는 사람들이 자기 주변 세상에서 느끼는 것들에 대해 이야기하는 순간이 있어야 해요. 이건 아주 내향적인 영화였어요. 모든 게 안쪽에, 또 안쪽에, 또 안쪽에 겹겹이 쌓여 있는 마트료시카 인형인 거예요. 꿈속의 꿈이라는 아이디어는 사람들이 시도했던 것이고, 어려워요. 우리는 사람들을 이해시킬 방법을 장르적으로 찾았던 것 같고요. . . . 그 방법이란 형이상학적이 되지 않고 실질적이면서 가상 현실에 좀 더 가깝게 하는 것이었어요. 그걸 이해한 관객은 세상 속의 세상에 아주 흥분했죠. 관객은 세상 속 세상에 공명하고 있었어요.

카메론: 그런데 당신은 기이한 디자인을 향한 충동을 거부하고 있어요. 당신의 모든 영화에서요. 제가 가장 경의를 표하는 부분이 바로 그 엄격함, 현실성을 고수하는 규율이에요. <다크 나이트> 삼부작에서 배트모빌 텀블러를 만들었잖아요. CG로 하지 않고요. . . 음, 단도직입적으로 물어볼게요. 시간 여행이 가능하다고 생각하나요?

놀란: 시간 여행을 바라보는 방식은 다양하다고 생각해요. <인터스텔라>를 만들 때, 시간 여행 영화는 아니지만, 비슷한 요소가 있긴 하죠. . .

카메론: 마지막에 가면 시간을 접죠.

놀란: 그렇죠. 그런데 그건 아까 언급했던 킵 손과 제가 오랫동안 논쟁한 주제였어요. 킵은 과학에 대한 책을 쓰고 있었어요. <인터스텔라>에 나오는 관련 과학

을 하나씩 짚어가면서 설명해주는 아주 좋은 책을 냈어요. 우리가 편집을 하고 있을 때 킵이 원고를 보내줬어요. 영화 작업은 끝나가고 있었어요. 킵은 이미 영화를 몇 번 봤죠. 전 우리가 테서랙트(tesseract)라고 부른 것에 관한 챕터를 읽었어요. 매튜 매커너히가 연기한 인물이 블랙홀 안으로 들어가 구를 만나는 부분이에요. 이 독특한 물체 안으로 들어가는데, 우리는 이 4차원 입방체인 하이퍼큐브를 테서랙트라고 불렀어요. 킵은 그걸 억측이라고 했나 그런 말로 불렀던 것 같아요. 킵이 이렇게 말해요. "놀란은 자신의 규칙을 깨뜨렸다. 그리고 이 지점에서 이건 시간 여행이다." 저는 매우 방어적이었어요. 킵에게 영화를 몇 번 더 보여주고, 이 테서랙트에 대해 전부 설명했어요. 왜냐하면, 저는 그걸 킵이 알려준 과학에서 대부분 끌어냈거든요. 제가 말했죠. "좋아요. 차원으로서 시간을 보는 방법은 다양해요. 그리고 양자이론은 그 중 한 가지고요. 저는 우리가 세 가지 공간 차원을 인식한다는 관점을 취했어요. 그 다음 네 번째 차원은 우리가 시간이라고 부르는 것이고요. 그리고 5차원 세상에 사는 생명체는 시간이라는 차원을 네 번째 공간 차원으로 볼지도 모른다고 가정한 거예요." 저는 그걸 계속 물리적인 차원이라고 불렀어요. 킵이 그러더군요. "모든 게 물리적인 차원이에요. 당신은 용어를 잘못 사용하고 있어요. 공간 차원이라고요." 전 영화에는 물리적 차원이라고 그대로 썼어요. 그게 더 이해하기 쉬울 것 같았거든요.

만약 우리가 2차원 생명체라면, 2차원 생명체라야 1차원을 관찰할 수 있어요. 3차원 생명체라야 2차원을 관찰하고요. 따라서 5차원 생명체라야 4차원을 관찰할 수 있어요.

위 제임스 카메론이 [제임스 카메론의 SF 이야기]를 위해 크리스토퍼 놀란과 인터뷰하고 있다. 사진 제공: 마이클 모리아티스/AMC

제가 영화에서 설정한 네 번째 공간 차원은 우리가 생각하는 시간이에요. 킵은 우리가 가능한 한 이해하기 쉽게 진짜 물리학을 가르쳐줬어요, 맨처음에 가르쳐준 게, 차원을 넘나들 수 있는 유일한 힘이 중력이라는 사실이었어요. 그래서 매커너히가 연기한 인물이 테서랙트 안으로 들어갈 때, 우리가 보는 건 3차원으로 표현한 4차원 세상이에요. 시간 여행을 한 게 아니에요. 매커너히는 벌크를 통과하고 막을 빠져나와 과거를 관찰할 수 있게 돼요. 물리적 차원으로서의 시간 속에서 움직이고 있기 때문이에요. 벌크와 막은 그 이론에서 쓰는 용어예요. 앤 해서웨이가 영화 초반부에서 고차원의 존재에 관해 이렇게 이야기해요. "어쩌면 그들이 보기에 미래는 우리가 오를 수 있는 산일지도 몰라요. 그리고 과거는 뛰어내릴 수 있는 협곡이고요." 그 아이디어를 바탕으로 했어요.

카메론: 그런데 정보는 보낼 수 있잖아요.

놀란: 중력을 이용해서요.

카메론: 그렇다면 제 생각에는, 시간을 거슬러 물질을 내보내든, 데이터를 내보내든 여전히 뭔가는 움직이고 있네요.

놀란: 물론이죠.

카메론: 데이터를 제시카 차스테인이 연기한 인물에게 보내죠?

놀란: 맞아요. 그 장면이에요. 킵이 영화를 몇 번 보고 난 후 제 생각을 이해했어요. "당신은 우리가 세운 법칙을 위반한 게 아니군요. 물리학적 근거는 사실 상당히 단단해요. 아주 단단해요."라고 말하더군요. . . . 제가 사람들에게 설명한 방식은 근본적으로, 테서랙트는 그런 일이 가능할 수 있도록 고차원의 존재가 만든 기계라는 것이었어요.

카메론: <2001 스페이스 오디세이>와 <어비스>처럼 고차원의 존재가 있다는 거로군요. 그리고 그 존재는 애초에 블랙홀이 나타나게 된 이유일 수도 있고요.

놀란: 네. 웜홀이었죠.

카메론: 맞아요. 웜홀이었어요.

놀란: 제가 가장 재미있었던 건, 이건 영화를 안 봤으면 스포일러인데. . . 어쨌든 가장 재미있었던 건 그 존재, 수많은 SF 영화에 나왔던 고도로 발달한 지성체가 바로 미래의 우리 자신이라는 아이디어였어요.

카메론: 미래의 우리요. 맞아요.

놀란: 그리고 미래에, 우리는 어떻게든 5차원에서 살 수 있도록 진화했기 때문에 원인과 결과, 과거와 미래가 공간 차원으로만 존재해요. 그래서 시간 여행을 할 수 있는 거죠. 아주 멀리 돌아왔네요. 그런데 다시 <터미네이터>가 떠오르네요. 운명에 따르기 위해 시간 여행을 하는 아이디어죠. 만약 우리가 5차원에서 왔고 시간을 네 번째 공간 차원으로 본다면, 원인과 결과는 일어나지 않아요. 원인과 결과는 더이상 존재하지 않아요. 따라서 전혀 다른 방식으로 자유 의지를 정의해야 해요. 그래서 매커너히가 연기한 쿠퍼가 테서랙트를 통해 과거와 상호작용할 때 쿠퍼는 어쩔 수 없이 운명을 따르고 있었어요. 하지만 자발적으로 선택한 것이기도 해요. 전 <터미네이터>도 마찬가지라고 생각해요.

카메론: 애초에 임무에 나선 건 자유 의지예요. 임무를 선택했고, 떠났죠. 그러지 않았다면, 미래에 그들과 연관된 건 단 하나도 없었을 거예요. 저는 제가 만든 <터미네이터> 두 편에서 이 문제를 다뤘어요. 지금은 좀 다른 걸 만드는 중이에요. 스카이넷 개발의 기초가 된 칩을 찾기 위해 시간을 거슬러 터미네이터를 보내지 않았어도 스카이넷이 존재했을까?하는 질문을 던져 봤어요. 사실 스카이넷은 스스로 만든 거예요. 마치 양자가 자발적으로 존재했다가 존재하지 않게 되는 것과 같지만, 규모가 훨씬 더 클 뿐이죠.

놀란: <인터스텔라>에 나온 시간 이론은 제가 그런 개념을 역설이 아닌 다른 것으로 이해할 수 있게 해줬어요. 만약 제가 보는 방식을, 미친 사람이 하는 말

처럼 들리겠지만, 만약 제가 보는 방식을 이해할 수 있다면. . .

카메론: 물리학자 대부분은 이해하겠죠.

놀란: 매우 잘 이해하죠. 하지만 물리학자는 직관을 많이 사용해요. 킵이 이야기해 줬어요. 직관이 아주 많다고요. 킵은 제가 창조적인 과정을 통해 직관적으로 떠올린 몇몇 내용에 감탄했어요. 킵의 이야기는, 물리학자로서 어떤 것을 진정으로 이해하려면 느껴야 한다는 것이었어요. 우리 영화 제작자가 하는 일과 아주 비슷해서 매우 흥미로웠어요. 시간은 그렇게 이해해야 되는 큰 부분이에요. 시간 이론은 원인과 결과가 더 이상 의미가 없는 세상을 보는 방식을 이해할 수 있게 해줬어요. 저는 진심으로 그럴 가능성이 아주 크다고 생각해요. 진심으로.

카메론: 우리에게 자유 의지가 있다고 생각하나요?

놀란: 우리가 자유 의지라는 개념을 오해하고 있다고 생각해요. 우리는 자유 의지를 원인과 결과에 결부시켜요. 만약 우리의 인생이라는 영화를 거꾸로 돌린다고 해보세요. 아까 <메멘토> 이야기를 했는데 그건 시간 여행이 아니에요. 하지만 똑같은 아이디어예요. 복수라는 개념을 갖고 타임라인을 거꾸로 뒤집는다고 생각해 보세요. 뭘 얻게 되나요? 그런 면에서, <메멘토>는 사실 다른 많은 영화와 마찬가지로 SF 영화라고 할 수 있어요.

카메론: 당신의 모든 영화엔 SF적 요소가 있어요. 저는 <다크 나이트>와 <다크 나이트 라이즈>도 사실은 디스토피아 SF라고 생각해요. 뛰어난 기술로 온갖 최첨단 장치를 만드는 배트맨 같은 등장인물이 있어서가 아니라 자경단만이 해답이자 구원일 정도로 비대해진 국가가 나오기 때문이에요.

놀란: 저도 동의해요.

카메론: 아까 이야기하던 극단으로 가는 거예요.

놀란: 맞아요. 또, 아이디어가 전복적일 수 있게 해줘요. 정말 그래요. 예를 들어, 슈퍼히어로 영화나 가벼운 영화-그런 영화를 무시하려는 용어는 절대 아니에요.-를 볼 때, 사람들은 이 세상이 우리가 일하고 사랑하며 살아가는 곳이라는 점을 받아들이기 때문이에요. 저도 그런 영화 만드는 걸 좋아해요. 그리고 그런 영화는 정말로 우리가 극단적인 방식으로 대상에 다가갈 수 있게 해줘요. 사람들이 안전하게 느끼면서도 아주 흥미로우면서 극단적인 아이디어에 다가갈 수 있게 해주죠. 그래서 사람들은 기꺼이 함께 하는 거예요. 우리는 디스토피아적인 미래의 경험 같은 것을 만들고요. 저는 악선전이나 일어날 수 있는 일들을 보여주지만 사람들을 우울하게 만들진 않아요.

카메론: 안타깝게도 그 정도의 악선전은 이제 SF가 아니에요.

놀란: 네, 현실이 영화를 쉽게 따라잡죠. 하지만 그래서 우리가 하는 일이 재미있어요. <다크 나이트 라이즈>에서 고찰하는 건 이 나라에 있는 계급과 계급 간의 분리, 그리고 그로 인해 생기는 긴장감과 관련이 있어요. 우리는, 그걸 SF 장르로 만들면서, 꽤 깊게 파고 들어갈 수 있게 됐어요. 그런 면에서 그 영화는 세상의 현재 경향으로부터 추론해 앞으로 어떻게 될지는 알 수 있는 사색 영화나 SF라고 생각해요. <인터스텔라>만큼 과학이 많지는 않지만요.

카메론: 그리고 관객의 정치적, 사회적, 논리적 상황을 직접적으로 자극하지 않고 다른 렌즈를 통해서 바라볼 수 있게 해주죠. 그게 SF의 또 다른 역할이라고 생각해요. 특히 사회적인 SF는요. 음, 이건 파란 사람이고, 이건 귀가 뾰족한 사람이고, 이건 녹색 사람이야. 우리는 무슬림이나 멕시코인 등 멸시의 대상으로 여기는 사람들에게 취하는 인종적, 사회경제적 관점으로 이런 등장인물들을 바라보지 않아요.

놀란: 그 말씀이 맞는 것 같군요. 전 SF가 선입견 없이 어떤 생각에 다가갈 수 있게 해준다고 생각해요.

카메론: 고전적인 사례가 <스타워즈>죠. 자유를 위

위 놀란의 <다크 나이트 라이즈> (2012)의 한 장면. 크리스천 베일이 배트맨을 연기했다.

해 싸우는 전사들을, 제국의 어느 누구나 그들을 테러리스트라고 불렀을 거예요. 결국 우리에게 편안한 영역을 벗어나 생각하게 만들죠. 물론 제가 테러리즘을 옹호하는 건 아니에요.

놀란: 저는 그 같은 과정이 흥미로워요. 조지 루카스가 <지옥의 묵시록>을 만들려다가 그 대신 <스타워즈>를 만들게 된 것으로 아는데요.

카메론: 루카스와 같은 그룹에 속해 있던, <지옥의 묵시록>의 작가 존 밀리우스 같은 사람들은 아주 반체제적이었어요.

놀란: 아주 반체제적이었고 대상을 아주 다르고 흥미로운 방식으로 바라보기를 주저하지 않았어요. <스타워즈>를 보면, 첫 장면에서 아주 먼 옛날 은하계 먼 곳이라고 나오잖아요. 그 즉시, 미래라고 생각하던 것을 다르게 바라보는 방식에 빠져들게 돼요. 하지만 그건 과거죠. 다른 시각으로 대상을 바라보게 만드는 아주 영리한 방법이에요.

카메론: 천재적이었죠. 이건 옛날이야기야 라고 하는 것과 마찬가진데. . . . 잠깐, 오래 전이라고? 로봇과, 우주선과, 광속보다 빠른 성간 여행이 나오는데? 지금은 없지만 옛날에 은하계의 아틀란티스 같은 아주 뛰어난 나라가 있었나? 그렇다면 그때 이런 일이 있었던 걸까?

놀란: 통계적으로 본다면, 그리고 칼 세이건에 따르면, 다른 행성에 생명체가 있냐는 질문에 답하는 수학적 근거가 있어요. 그리고 동일한 수학적 통계가, 과거에 다른 문명이 있었다고 말해줘요. 만약 지구 밖에 지성체가 있다면, 그들에게는 무한한 역사가 있을 거예요. 그걸 문명의 역사에 적용해 보세요. 어떤 사

람들이었을까요? <스타워즈>가 꽤 그럴듯해 보이죠.

카메론: 우리가 아직 외계인의 신호를 수신하지 못했다는 사실에 대해서는 어떻게 생각하나요?

놀란: <인터스텔라>에서 그 문제를 많이 다뤘어요. 그 엄청난 거리는 상상하기 어렵죠. 우주에서 지구의 위치를 생각할 때 가장 헤아리기 어려운 것 중 하나예요. 우리가 다른 행성이나 다른 문명과 접촉하고 싶다고 해도 너무 멀리 떨어져 있어요. 시공간에서 빛의 속도에는 한계가 있고요. 며칠 전 아이들에게 이걸 설명했어요. 킵과도 더 많은 이야기를 했고요. 천체 망원경이라는 게. . . 천체 망원경은 단지 공간만이 아니라 시간을 거슬러 올라가 보는 방법이기도 해요.

카메론: 타임머신이죠.

놀란: 타임머신이에요. 더 멀리 떨어져 있는 작은 별을 볼수록 더 먼 과거를 보는 거예요. 이론적으로는 더욱더 강력한 천체 망원경을 만들어서 더 멀리 있는 과거를 들여다볼 수 있어요. 믿기 어려운 개념이에요.

카메론: 우리는 왜 시간 여행을 좋아할까요? 제 생각엔 잘못된 걸 바로잡을 수 있기 때문인 것 같아요. 혹은, 뒤늦게라도 정의를 찾을 수 있을지도 몰라서?

놀란: 사람들은 종종 제게 왜 시간에 관심이 있냐고 물어요. 저는 우리가 시간 속에서 살기 때문이라고 대답하죠. 전 우리가 시간 속에 갇혀 있다고 느껴요. 정말로 그래요. 철학적이고 추상적인 생각이 아니에요. 우리는 이 순간을 붙잡으려고 해요. 그래서 온갖 걸 사진으로 찍죠. 우리는 필사적으로 이 현실을 붙잡고 싶어 하지만 현실은 멀어지죠. 그건 모든 문학의 특징이에요. 그건 인간이 처한 상황에서 아주 커다란 비중을 차지하고요. SF를 가능하게 하는 것, 시간 여행을 가능하게 하는 것은 말하자면, 이런 것 같아요. 만

위 로버트 저메키스 감독의 <백 투 더 퓨처>(1985)에 등장한 브라운 박사(크리스토퍼 로이드)와 마티 맥플라이(마이클 J. 폭스).

약 우리가 그럴 수 있다면? 만약 우리가 순간을 보존할 수 있다면? 만약 우리가 정말로 그 순간을 다시 찾아갈 수 있다면?

카메론: SF란 그런 거죠. 만약 그렇다면? 만약에 우리가 우주를 여행할 수 있다면? 만약 시간 여행을 할 수 있다면? 만약 우리가 외계 문명을 만난다면?

놀란: 몇몇 뛰어난 SF는 그게 가능하다 해도 반드시 좋은 일만은 아니라고 말해요. 아니면 별 차이가 없을 거라고 해요. 전 운명론적인 시간 여행에는 우리 영혼에 호소하는 뭔가가 있다고 생각해요. 왠지 안심되죠. 왜냐하면, 실수는 언제든 일어날 거라고 말해주거든요.

카메론: 언제든 일어날 수 있다거나 잘못을 되감을 수 있고 지울 수 있다. 이건 <터미네이터>에서 가장 큰 미스터리에요. 2편에서 사라 코너는 탁자에 "운명은 없다"라고 새겨요. 운명이 없다는 생각을 꽤 명확하게 보여주죠. 정해진 운명이란 없어요.

놀란: "운명은 없고, 우리가 만드는 것이다."였죠. 하지만 이야기의 주제를 보면, 그건 아닌 듯. . .

카메론: 그렇게 단순하지 않아요. 하지만 우리가 계속 살아가기 위해선 그걸 믿어야 해요.

놀란: 사람들이 다 믿는 건 아니죠. 우리가 아까 이야기했던 원인과 결과에 대한 믿음이죠.

두 편의 <터미네이터>에서 당신의 시간 여행 접근 방식이 흥미로운 건 운명을 스스로 통제할 수 있다고 강력하게 이야기하고 있다는 점이에요. 그러나 벌어지는 사건을 보면, 그리고 마지막에 사라가 지프차를 타고 갈 때, 정반대의 이야기를 하고 있거든요. 가슴 아픈 느낌을 받게 되죠. 저들은 알까? 모를까? 훌륭하고 극적인 화두예요.

다른 성격의 영화로 저한테 중요한 예로 <백 투 더 퓨처>가 있어요. 로버트 저메키스가 만든 이 영화는 SF로서 과소평가를 받는다고 생각해요. 굉장히 재미있어요. 결말도 뛰어나요. 만약 과거를 바꿀 수 있다면, 그리고 그게 현재에 영향을 미친다면, 현재는 어떻게 될까? 이 영화는 그걸 있는 그대로 보여줘요. 과거를 바꿀 수 있으니 정해진 운명이라는 개념을 따르지 않아요. 그로 인해 생길 결과의 다양성 때문에 영화 제작자로서는 까다로운 상황에 처하죠.

카메론: 실제 상황이 과거로 가서 뒤바뀌는 걸 보는 건 힘들어요. 왜냐면, 언제를 시점의 기준으로 둘 것인지? 등장인물의 성격은 어느 시점에 맞춰 부여해야 할지? 이런 게 어렵죠.

놀란: 음, <백 투 더 퓨처> 다음 제가 본 것 중에 가장 극단적인 버전은 라이언 존슨의 <루퍼>였어요. 과거를 통해 현재를 조작하는 과정을 시각화하려고 정말 노력했어요. 아주 매력적이었다고 생각해요.

<인터스텔라>에서 저는 <터미네이터>와 아주 비슷한 결론에 이르렀어요. 인간은 시간에서 벗어날 수 없기에 원인과 결과에 대한 이해, 자연 섭리에 대한 이해, 예정된 운명에 대한 이해가 불완전하다는 걸 말하고 있거든요.

카메론: 같은 아이디어가 담긴 <컨택트>(2016)를 좋아했겠군요. 우리는 시간이라는 화살의 방향조차 정확하게 인지하지 못하고 있어요. 반대 방향으로 흘러가고 있을지도 몰라요. 아니면, 동시에 양쪽 방향으로 움직이고 있을지도 모르죠.

놀란: 스티븐 호킹이 책에 쓴 내용이군요.

카메론: 그렇죠. <시간의 역사>에서요. 시간이 이쪽으로 가는지 저쪽으로 가는지 알아내려고 수십 년을 노력했어요.

놀란: 물리학은 시간에 대한 우리의 관점이 아주 불완전하고 어쩌면 오해를 불러일으킬 수 있다고 강력하게 말하지만, 또한 우리가 삶에 대처하는 방식이라고도 말하고 있어요. SF는 그걸 탐구하는 방법이죠. 시간 여행, 글자 그대로 타임머신을 만들고 시간을 여행해서, H. G. 웰스한테 가는 거예요. 시간 여행은 시간에 대한 우리 관점을 볼 수 있는 정말 매력적인 방

법이에요.

카메론: 웰스가 처음 시작했어요. 그렇죠? 마법이나 요술 같은 건 있었을지 몰라도 타임머신의 사례는 이전에 없었던 것 같아요, 충실한 SF로서는 첫 번째 사례일 거예요. 웰스는 1895년 한 작품으로 하나의 전체 하위 장르를 만들어낸 거예요.

놀란: 시간 여행 이야기의 잠재력은 무한해요. 누구보다 잘 아시잖아요. 당신은 우리가 놓인 현재 이전에 일어난 일들을 가지고 이런저런 시간 여행의 유형을 적용해 만드시잖아요. 그렇게 하면 역설적 상황들에 놓일 수 있어요.

카메론: 그럴 수 있죠. 규칙이 없는 것처럼 느끼게 해서 관객을 속일 수도 있어요. 당신은 영화에서 규칙을 아주 잘 만들었어요. 규칙을 만드는 일은 때로 아주 힘들 수 있어요. <덩케르크>에서조차 서로 다른 속도로 펼쳐지는 세 가지 별개의 이야기가 얽혀 있다는 사실을 이해하기는 쉽지 않아요. 하지만 당신은 타이틀 카드 세 개로 설정을 잡아놓고 이야기를 만들었어요. <인셉션>과 <메멘토>에서도 마찬가지였어요.

놀란: 규칙이 무엇인지 관객이 모른다 하더라도 느낄 수 있을 거예요. 앞에서 테서랙트의 구조에 관해 이야기할 때, 저는 그걸 설명하려고 했어요. 그걸 설명하려고 하면 굉장히 복잡해져요. 하지만 저는 영화를 만드는 우리가 규칙을 이해하고, 규칙을 충실히 지켜내면 관객에게도 제대로 전달될 거라고 굳게 믿었어요. 지금도 그렇고요.

카메론: 최종적 결과물로 영화에 들어가는 건 생각한 것의 10분의 1 정도인 것 같아요. 훨씬 더 많은 사고와 디자인을 한다는 걸 고려하면 빙산의 일각이죠.

놀란: <터미네이터> 후속편에서 나중에 뭔가 덧붙인 것 같은 느낌이 없었던 게 그 때문인가 보군요. <터미네이터2>는 마치 첫 번째 영화가 나왔을 때 이미 존재한 것 같은 느낌이었어요. 그 영화에는 규칙의 엄격함이 있었거든요. . . 시간을 가지고 속임수를 쓴다고 느껴지지 않았어요.

카메론: 위태로운 상황이 많았지만, 절대 속임수는 쓰지 않아요.

놀란: 위태로운 건 괜찮아요. 하지만 대놓고 속임수를 써서는 절대 안 돼요. 그 영화는 멋지고 이해하기 쉬워서 재미있어요. 특히 두 편을 합치면 더 그렇죠.

카메론: 다시 돌아와서 SF를 만들어주면 좋겠는데요. <덩케르크>를 만들었으니 전쟁의 가혹한 참상은 다뤘잖아요.

놀란: SF는 제게 있어서 장르가 아니에요. 정신 상태죠. 사물에 접근하는 방식이요.

카메론: '이 영화는 SF가 아니다.'라고 말하는 건 쉬워요. 검과 마법. <반지의 제왕> 같은 건 판타지죠. 하지만 '이건 SF이다.'라고 말하는 건 가끔 어려울 때

아래 <루퍼>의 극장용 포스터.

반대쪽 위 크리스토퍼 놀란의 <인셉션> 극장용 포스터.

가 있어요. 저라면 <다크 나이트>는 사회학적 관점에서 SF라고 하겠어요. <인터스텔라>는 당연히 SF고요. <인셉션>도 물론 SF죠. 꿈속으로 들어가기 위해 기계를 이용하잖아요. 기계가 없었다면, 논쟁의 여지가 있겠죠.

놀란: 형이상학적이라고 했겠죠.

카메론: 맞아요. 형이상학적인 이야기가 됐을 거예요.

놀란: 그리고 돈을 훨씬 덜 벌었겠죠. 이건 그냥 하는 말이에요.

사실 SF는 우리 모두가 이해할 수 있는 방법을 제공해줘요. 마침 아바타의 세계로 다시 돌아가고 계시잖아요. <아바타> 첫 편의 핵심에는 매우 공감할 만한 단순한 감성적 이야기가 있어요. 그 위에 모든 것을 쌓아올린 덕분에 관객에게 여러 가지를 생각을 하게 만들어요.

카메론: 그건 의도적으로 단순하게 만든 거예요. 하지만 SF처럼 꾸몄죠. 기본적으로 그냥 다른 몸에 들어가는 거예요. 싸이오닉 연결 기술이라는 아이디어는 그냥 꾸며낸 헛소리예요. 킵 손도 그 기술에 대해서는 책을 못 쓸 걸요. 다만 우리는 그런 일이 가능해지기를 바라죠. 뭔가를 갈망하면, 예술가나 영화 제작자 같은 사람은 관객을 위해 뭔가 해야 한다는 부담이 생겨요.

놀란: 마치 시간 여행 같아요. 다른 사람의 의식 속에 들어가고 싶다는 생각처럼 우리를 강하게 끌어당기는 면이 있어요. 우리는 인터넷이나 소셜 미디어 같은 대체 방법으로 그런 가상 현실을 흉내 내고 있죠.

카메론: 이야기를 좀 돌릴게요. 외계 문명이나 외계 생명체에 대해서는 어떻게 생각하나요? 외계인의 존재를 받아들이나요? 아니면 기다려보자 쪽인가요?

놀란: 저는 기다려 보자는 쪽인 것 같군요. 하지만 제가 그렇게 오랫동안 살 수 있을 것 같진 않군요. <미지와의 조우> DVD에 실린 부가 영상을 본 적이 있어

요. 대단히 멋진 영화죠. 심오하고요. 외계인을 만나는 순간을 이렇게까지 진중하고 진지하게 그려낸 영화는 이전에 없었어요. 부가 영상에서 인터뷰하는 스티븐 스필버그를 보면 외계인의 존재를 진심으로 믿는다는 게 보여요.

카메론: 오, 그때는 믿었죠.

놀란: 틀림없어요. 시간이 지나, 그가 세상에 카메라가 얼마나 많은데 아무도 사진 같은 증거를 못 내미느냐는 얘길 해요. 지금 이 순간 외계인이 지구에 왔느냐란 즉각성의 면에서는 그분의 관점이 변한 것 같아요. 하지만 그 영화를 만들었을 땐, 외계인의 존재를 완전히 믿는 게 보여요.

카메론: 네. 열정으로 그 영화를 만드셨어요.

놀란: 그럼요. 그리고 그 열정이 그가 살아 있는 동안 꼭 보고 싶은 것을 만들었다고 생각해요. 저는 외계 문명에 관한 확률이 꽤 설득력이 있는 것 같아요. 하지만 한편으로, <인터스텔라>를 만들 때 킵 손과 오

랫동안 일을 해서 그렇긴 한데, 우리가 우주를 관찰하거나 갈 수 있는 범위에 한계가 있다는 인식이 있어요. . . 가장 가까운 별까지의 엄청난 거리만 생각해도 이미 주눅이 들거든요.

카메론: SF에는 인간의 잠재력을 칭송하는 면이 있어요. 그리고 이런 면도 있죠. 우리에게 악마성이 있고 우리는 온갖 실패를 겪을 것이고, 우리의 잠재력은 결코 꽃을 피우지 못할 것이며, 우리가 가진 기술이 온갖 부정적인 특성을 증폭시킬 것이다. 전 아주 낙관적이면서 동시에 아주 염세적인 SF의 음과 양을 아주 좋아해요.

놀란: <인터스텔라>를 만들 때, 그 세계는 디스토피아가 아니라는 점에 대해 동생과 많은 얘길 나눴어요. 죽어가는 세상이지만, 디스토피아는 아니에요. 이론적으로는 인간으로서 할 수 있는 최선을 보여요. 사람들은 계속 살아가요. 그런 면에서 그 영화는 아주 낙관적이에요. 확실히 낙관적인 쪽에 있어요. 하지만 비관, 낙관 두 경향 모두 매력적이라고 생각해요.

카메론: 실제로 기후 변화의 후유증, 진행중인 영향으로 인한 미래의 미국의 모습을 심각하게 다루는 최초의 영화 중 하나죠.

놀란: 어떻게 된 거냐면, 더스트 보울(dust bowl)에 대한 켄 번의 다큐멘터리를 봤는데, 다큐멘터리에 담긴 이야기나 영상이 SF보다 더 황당해 보이더라고요. 진심으로요. 그건 실제로 일어난 일이었어요. 그래서 켄에게 전화해서 "당시에 실제로 경험한 사람들과 인터뷰한 장면을 SF 영화에 사용하고 싶어요. 미래에 일어날 끔찍한 사건에 관해 이야기하는 사람들로 나오게 할 생각입니다."라고 했죠. 그렇게 우리는 등장인물 사이에 실제 생존자들을 끼워 넣었어요. 더스트 보울 당시에 어린이였던 생존자들이 그때를 회상해요. 대부분의 SF가 묘사했던 것보다 훨씬 더 심각했어요. 먼지 구름 등등. 우리는 켄의 다큐멘터리에 나오는 것보다 규모를 줄였어요.

카메론: 또 그런 일이 생길 거예요. 피할 수 없어요.

놀란: 켄의 말도 그거예요. 정말 무서운 일이에요.

카메론: SF를 통해서 '지구를 망쳐도 괜찮다. 다른 행성을 찾을 수 있다.'는 생각을 보여주는 게 윤리적으로 어떻다고 생각하나요?

놀란: 다시 우리는 SF의 전복적인 특성으로 돌아왔군요. 전 '이 세상이 멸망하고 있다.'로 이야기가 시작되는 영화를 만들 수 있어요. 그렇게 할 수 있다는 건 매력적이에요. 그래서 조나의 최초 발상에 완전히 꽂혔어요. 이런 아이디어였어요. 지구는 달걀이다. 우리는 달걀에서 태어난다. 달걀 밖 세상이 우리 운명이란 건 불가피한 일이다. 사실인지 아닌지 전 모르지만, 사실처럼 느껴졌어요.

카메론: 우리는 외계가 존재하기를 바라죠. 우리가 간절히 원하는 건 외계인이 존재하는 거예요.

놀란: 우리는 우리 세상을 확장시키고 우주 탐험을 계속하길 원해요. 바로 저기 우주가 있으니까요. 그건 사실이지 허구가 아니죠. 하나의 종으로서의 인간이 저 바깥세상에 무엇이 있는지 모른다거나 결코 가 보지 못할 거란 생각은 틀린 것 같아요. 인간 본성에 어긋나는 느낌이에요. 그게 바로 영화의 출발점이었고, 지구를 버리고 떠나는 일의 윤리성까지 건드려 보고 싶었어요. 하지만 사람들이 영화를, SF를 그런 식으로 본다고 생각하지 않아요.

SF는 탐험을 위한 도구예요. 교훈적인 이야기일 필요는 없어요. <인터스텔라> 초반에는 교훈적인 이야기인 것 같지만 그렇지는 않아요. 어쩌면 그게 자연스러운 과정일지도 모른다는 이야기를 하고 있으니까요. 어쩌면 지구가 더 이상 우리를 원치 않는 시기가 올지도 몰라요.

카메론: 그건 인간 능력, 인간의 잠재력에 관한 찬양이군요. 사실상 오래전 SF와 같아요. 어떻게 보면 30, 40년대 SF의 초심으로 회귀하는 거죠. 우리는 우주로 나갈 거야. 우리는 나가고 말거야. 이건 우리의 운명이야. 이건 의식의 진화에 있어 자연스러운 다음 단계야. 큐브릭이라면 그렇게 말했을 거예요.

놀란: 맞아요.

카메론: 전 그게 아주 좋아요. 전 정말 영화의 그런 점을 존중해요. SF는 이런 물결을 타고 왔다갔다해 왔으니까요. 60, 70년대에는 <스타워즈>가 나오기 전까지 희망적이거나 활기차거나 모험심 넘치는 SF가 거의 없었어요. 염세적이었죠. 바로 그 이유 때문에 상업성도 떨어졌고요. 자초한 일이었어요. 그렇게 변함없이 약 20년 동안 SF에서 인간의 본성은 참패하고 있었어요. 그러다 <스타워즈>가 나오면서 조지가 말했죠. "다 꺼져. 이제 즐겨보자." 그렇다고 <스타워즈>가 가볍다는 건 아니에요. 그렇지 않아요.

놀란: 전혀요. 하지만 새로웠어요. 그리고 조지는 <스타워즈>로 다르게 만들었어요. 인간 역사의 비유로서 SF를 이용했고, 서부극이나 사무라이 영화를 만드는데 SF를 이용했어요.

가메론: 그렇죠. 전설, 신화, 켐벨의 원형이요.

놀란: SF에서 대재앙 관련 아이디어는 파도처럼 밀려오는 경향이 있어요. 70년대에 대재앙 관련된 생각이 아주 강하게 밀려왔죠. <스타워즈>는 정반대로 타격을 날렸어요.

카메론: 그랬어요. 상상력의 해방이라는 면에서 기울어진 배를 바로잡았죠. 하지만 인권 운동, 폭동, 전쟁이 있던 60년대를 빠져나오면서, 반체제적인 인간 의식이 어느 정도 촉발되었고요. 따라서 대재앙 같은 걸로 드러났던 거였죠.

놀란: 그 뒤로 일어난 일을 보면 SF에서 대재앙을 강조하는 경향은 90년대 들어서 아주 많이 줄어들었다가 슬프게도 9/11 이후에 곧바로 활발하게 살아났어요. <나는 전설이다>처럼 70년대의 대재앙 관련 아이디어 그리고 아시다시피, 우리가 전부 망쳐버릴지도 모른다는 생각과 밀접하게 관련 있는 영화가 쏟아졌어요. 우리가 스스로 세상을 파괴하거나 외부의 힘이 세상을 파괴할지도 모른다는 심각한 위협을 느낀 거예요. 그런 대재앙적 생각이 다시 SF에 단단히 박혔어요.

카메론: 그렇게 순환하는 게 보이죠. 50년대에서 60년대 초까지는 핵전쟁으로 인한 멸망에 대한 두려움을 B급 괴물 영화에서, 공산주의의 위협을 <신체강탈자의 침입>같은 몸을 빼앗는 내용이 나오는 영화에서 볼 수 있었어요. 저는 항상 SF가 우리의 불안과 꿈과 악몽을 나타내는 방식에 매력을 느꼈어요.

놀란: 일본 애니메이션을 봐도 대재앙의 규모가 보통이 아니죠. 더 옛날로 가면 <고질라>같은 게 있고요. 당시 사람들은 영화의 상징적 중요성은 인식하지 못했어요. 지금 우리도 역시. . .

카메론: 우리가 하는 일이 어떤 상징적 중요성을 가질지 모르죠.

놀란: 바로 그거예요.

카메론: 하지만 언젠가는 알게 될 거예요.

놀란: 그럴 거예요. 아마 꽤 명백해질 거예요.

카메론: 나중이라는 게 있다면, 알게 되겠죠.

놀란: 우리가 무엇에 영향을 받았는지, 무엇을 걱정했는지 상당히 투명해질 거라고 생각해요. 하지만 SF가 그 점에 관해서 너무 의식할 필요는 없다고 봐요. 너무 의식하다보면 설교하게 돼요.

SF는 재미있어야 하고, 자기만의 엔터테인먼트 세상에 있어야 하며, 그러면서 관객이 다가갈 수 있게 해야 하죠. 그게 바로 SF가 관객으로 하여금 평소와 다른 방식으로 세상을 볼 수 있게 해주는 거예요.

괴물 (MONSTERS)

맷 싱어

독수리자리에서 가장 밝은 별의 이름은 알타이르다. 지구에서 16.7광년 떨어져 있으며, 태양보다 8만 배 더 밝게 빛난다. 알타이르는 "여름철 삼각형"의 한 꼭짓점을 이루며, GPS가 등장하기 전 공군이 야간 항법 도구로 활용했던 별자리이다. 그리고 알타이르의 작고 평범한 행성 어느 곳에, 보이지 않는 괴물이 먹잇감을 기다리며 도사리고 있다.

이 행성과 괴물은 물론 허구다. 하지만 알타이르별은 실제 존재한다. 이 설명은 주요 헐리우드 스튜디오가 만든 첫 번째 우주 서사 중에 하나인 1956년 SF 영화 <금지된 행성>에 개연성을 더해 주는 세부 내용이다. 알타이르 4행성에 먼저 갔던 탐사대가 갑자기 사라지면서 이를 파악하기 위해 온 우주선 C57D가 괴물을 발견하게 된다. 이 행성의 유일한 거주자인 에드워드 모비우스(월터 피전) 박사와 그의 딸, 알타이라(앤 프랜시스)는 정중하게 손님들을 맞이한다. 그런데 우주선의 선장 존 애덤스(레슬리 닐슨)와 승무원들은 보이지 않는 적대 세력의 공격을 계속해서 받는다. 그러다 마침내, 수수께끼가 풀린다. 과거 문명이 알타이르 4행성에 남겼던 강력한 기계에 모비우스 박사가 뇌를 접속하면서 우연히 '이드에서 나온 괴물'을 풀어 놓았던 것이다. 애덤스는 괴물의 비밀을 믿지 않는 모비우스 박사에게 이렇게 설명한다.

> 물론, 잠재의식으로부터 나온 괴물이에요! . . . 커다란 기계, 8천 마일의 클라이스트론 릴레이는 세상에 존재하는 창조적인 천재 모두를 연결할 수 있는 힘을 가졌어요. . . .저 궁극의 기계는 천재들이 상상할 수 있는 어떤 형태, 어떤 색깔의 것이라도 고체 물질로 만들어 행성 어느 지점에나 즉각적으로 투사할 수 있어요. 그리고 어떤 목적의 것이라도 말이에요. 모비우스! 괴물은 오직 생각만으로 만든 창조물이에요.

애덤스의 말에서 사이비 과학 설명을 빼고 듣는 순간, 그가 특정 괴물만을 얘기하고 있는 게 아니라 영화에 나오는 모든 괴물들에 대해 말하고 있다는 걸 깨닫는다. 모비우스의 괴물은 한 세기 이상 영화에 등장하는 괴물이 어떻게 생겨났는가를 보여주는 완벽한 은유다. 영화 속 괴물들은 모비우스의 괴물처럼 창작자의 잠재의식에서 나온다. 괴물들은 상상할 수 있는 어떤 형태나 색깔로도 나온다. 모든 영화의 괴물은 오직 생각만으로 만든 창조물이며, 모든 영화의 괴물은 이드(무의식)로부터 나온 괴물이다.

프랑켄슈타인의 괴물을 예로 들어보자. 메리 셸리가 1818년 발표한 책 <프랑켄슈타인: 혹은 현대의 프로메테우스>에서 탄생한 영화 역사상 가장 유명한 괴물, 프랑켄슈타인은 1910년 처음 스크린에 등장한다. 하지만 가장 널리 알려진 모습은 1931년 유니버설 스튜디오와 제임스 웨일 감독의 영화에서 보리스 칼로프가 연기한 프랑켄슈타인이다. 잭 피어스가 디자인한 칼로프의 분장은 영국 배우의 평범한 모습을 창백한 피부, 거대한 이마, 납작한 두개골, 커다란 금속 볼트가 튀어나온 목을 가진 순수한 공포의 대상으로 바꿔

반대쪽 잊을 수 없는 제임스 웨일 감독의 1931년작 <프랑켄슈타인>의 극장용 포스터. 보리스 칼로프가 괴물을 연기했다.

위 펭귄 클래식에서 나온 메리 셸리의 소설 <프랑켄슈타인>의 표지.

THE ORIGINAL HORROR SHOW!
FRANKENSTEIN
THE MAN WHO MADE A MONSTER
WITH COLIN CLIVE · MAE CLARKE
JOHN BOLES · BORIS KARLOFF
DWIGHT FRYE · EDWARD VAN SLOAN AND FREDERIC KERR
Based upon the Story by MARY WOLLSTONCRAFT SHELLEY
Adapted by JOHN L. BALDERSTON · From the play by PEGGY WEBLING
Directed by JAMES WHALE
A UNIVERSAL RE-RELEASE

위 <심해에서 온 괴물>(1953)의 극장용 포스터. 스톱모션 애니메이션의 전설 레이 해리하우젠이 괴물을 만들었다.

놓았다. 괴물은 미치광이 과학자 헨리 프랑켄슈타인(콜린 클라이브) 박사가 만들었다. 프랑켄슈타인 박사는 신이 되고자 집착했고 그 괴이한 꿈을 이루기 위해 무덤과 의과 대학에서 훔친 시체의 가장 좋은 부위를 꿰맞추어 새로운 몸을 만든다. 불행히도, 프랑켄슈타인의 조수인 프리츠(드와이트 프라이)가 괴물에 집어넣을 건강한 뇌를 망가뜨리게 되고, 어쩔 수 없이 대신 비정상적인 뇌를 훔친다. 프랑켄슈타인 박사는 뜻하지 않게 나쁜 뇌를 자신의 창조물에 집어넣는다. 그리고 그 뒤는 다 아는 이야기이다.

대부분의 훌륭한 괴물 영화처럼, 웨일의 <프랑켄슈타인>은 괴물 영화에 담긴 중요한 아이디어 중 하나에 대해 경고하는 이야기다. 이에 대해, 가장 간단명료하게 묘사한 이가 코미디언 패튼 오스왈트이다. 그는 그의 스탠드업 쇼 앨범에서 "과학. 해야 하는 것에는 관심 없고, 할 수 있는 것에만 관심 있다!" 라고 했다.

제멋대로 날뛰는 과학은 고전적인 괴물 영화의 핵심이다. 유일한 변수는 괴물의 유형과 어떤 특정 과학에 대한 공포를 괴물로 형상화하는가이다. 사실, 하위 장르로서 괴물 영화의 전체 역사를 정리해 보면, 인류가 20세기 내내 가장 우려했던 기술이 무엇이었는지 꽤 잘 알 수 있다. 괴물 영화 중 최고의 작품들을 모아서 전체적으로 보면, 우리 사회가 품은 최악의 두려움이 어떻게 진화하는가를 보여주는 대형 다큐멘터리 같다.

<프랑켄슈타인>에 담긴 의학에 관한 섬뜩한 관점이 나오고 몇 년 후, 제2차 세계 대전이 발발했다. 갈등

은 5년 넘게 세계의 대부분을 집어삼켰고, 히로시마에 원자 폭탄이 투하되고 9일 후 끝이 났다. 핵무기에 대한 불안과 핵무기가 다시 쓰일 경우 야기될 파멸에 대한 불안은 향후 수십 년간 태평양 양쪽에서 괴물 영화를 통해 퍼져나갔다. 판도라의 상자가 열렸고, 상자 안에는 불을 뿜는 괴물이 있었다.

미국 영화계는 원자 폭탄 실험으로 생긴 온갖 종류의 거대 괴물 이야기를 만들어 내기 시작했다. 1953년 작 <심해에서 온 괴물>은 북극에서 행해진 원자 폭탄 실험이 얼음에 갇혀 있던 공룡을 깨운다는 내용이다. 탈출한 공룡은 캐나다와 미국 북부를 관통하며 파괴한다. 다음 해, 고든 더글러스의 <그들!>은 실제 최초의 핵실험장이 있었던 뉴멕시코주 앨라모고도에서 방사선에 노출된 거대 개미 군단을 다뤘다. 한편 일본은 영화사에서 가장 중요하고, 가장 많이 등장하는 괴물 중 하나를 소개했다. 고질라다.

<심해에서 온 괴물>처럼 <고질라>(1954)도 잘못된 핵실험으로 인해 현대에 깨어난 선사시대의 공룡이다. <심해에서 온 괴물>같은 몇몇 영화가 먼저 나왔지만, 고질라는 모든 전작을 능가하는 원자 시대 괴물의 전형이 된다. 앞서 괴물 영화를 만든 미국인과 달리 고질라를 만든 일본인 창작자들은 핵의 공포를 직접 목격한 그들의 경험을 영화에 고스란히 담아내었다.

원인불명의 강풍에 어선이 부서지는 영화 초반 장면을 생각해 보자. 강풍은 물속에서 동면하던 고질라가 모습을 드러내면서 불어온 것이다. 이 장면은 영화 제작 몇 달 전에 발생한 실제 사건에서 영감을 받았다. 예기치 못한 미국의 비키니 수소 폭탄 실험으로 일본 어선 럭키드래곤 5호의 승무원 전체가 방사능 낙진에 노출되는 사고였다. 허구의 어선이 미지의 힘에 의해 파괴될 때, 배우들이 고통스러워하는 표정이 너무나 강렬해서 이 영화를 단지 현실 도피성 재난 영화로 치부하는 것은 불가능하다. 고질라는 고무 옷을 입은 사람이 거대 건물을 부수는 영화가 아니다. 한 국가의 트라우마에 맞서 싸우는 예술가들의 영화다.

이시로 혼다 감독은 주인공들에게 원자 폭탄과 유사한 초강력 무기 -'옥시젠 디스트로이어(산소 제거기)'는 고질라의 맹공격을 막을 수 있는 유일한 무기처럼 보인다.-를 쥐여 줌으로써 핵 공격으로 인해 제기된 도덕적 질문을 탐구했다. 그러나 옥시젠 디스트로이어는 너무나 강력해 만약 악당의 손에 넘어간다면 고질라보다 더 많은 사람과 동물을 죽일 가능성이 있다. <고질라>의 영웅들에게 던져진 어려운 결정-장기간에 걸쳐 더 많은 사람이 죽을 수 있는 상황에서 당장에 사람의 목숨을 구하기 위해 끔찍한 무기를 써야 하는가?-은 히로시마와 나가사키에 핵폭탄을 떨어뜨린 사람들이 직면했던 문제와 똑같은 것이다.

결국 옥시젠 디스트로이어를 발명한 과학자는 고질라를 물리치기 위해 이 무기를 사용한다. 그 과정에서 또 다른 누군가가 그 무기를 쓰는 일이 없게 하려고 과학자는 자살한다. 그의 고결하고 영웅적인 희생은 <고질라>가 계속해서 일본을 공격하는 시리즈로 제작되면서 (나중에는 다른 거대 괴수로부터 일본을 지킨다) 다소 빛을 잃었다. 그러나 무덤에서 계속 돌아오는 고질라의 귀환은 계속되는 핵 공포 시대에 대한 이상적인 우화일 수 있다. 고대 공룡들처럼 이 걱정거리들은 쉽게 사라지지 않을 것이다.

또 다른 전설적인 괴물 영화, 스티븐 스필버그의 <쥬라기 공원>(1993)의 초점은 다른 종류의 공룡들과 새로운 과학적 관심사이다. 마이클 크라이튼의 동명 소설을 원작으로 한 이 영화는 멸종된 공룡을 복원하여 코스타리카 근처의 섬을 관광 명소로 바꾼 세상을 보여준다. 이 독특한 테마파크를 대중에게 선보이기 전, 투자사는 테마파크의 안전성을 확인해 줄 고생물학자와 수학자를 불러온다. 스포일러 주의! 어쨌든 문제는 생긴다. 기술적 오류와 나쁜 날씨, 순수한 다윈 진화론이 복합적으로 작용하여 섬은 혼돈에 빠진다.

<쥬라기 공원>의 티라노사우루스와 벨로시랩터는 원자력이 아닌 유전 공학의 산물이며, 90년대 중반 내내 뉴스와 대중문화의 뜨거운 논쟁이었던 복제에 대한

신세대의 우려를 반영한다. 스필버그는 미치광이 과학자라는 전형을 버리고, 과학자를 영웅으로 만든다. 그리하여 <쥬라기 공원>의 문제는 공룡 테마파크를 만드는 고지식한 사업가 존 해먼드(리처드 아텐보 로)가 대신 일으킨다. 해먼드의 무모한 행동은 사회에 득이 되는 기술의 희망적인 면만 역설하고 그에 상응하는 기술의 파괴적인 면은 외면하는 독단적 기업가를 향한 우리 사회의 깊어가는 불신을 강조한 것이다.

해먼드는 몇 가지 고상한 이상을 견지하지만 그런 동기는 탐욕-이 시기 많은 괴물 영화들의 공통적인 핵심 주제-에 의해 가려진다. 최고의 예가 되는 두 작품이 있다. 리들리 스콧의 <에이리언>(1979)과 제임스 카메론이 감독한 후속편 <에이리언2>(1986)이다. 동일 주인공(시고니 위버가 연기한 기지가 넘치는 엘렌 리플리)과 괴물(H. R. 기거가 디자인한 페이스허거와 가슴을 뚫고 나오는 제노모프)이 등장하지만, 스콧과 카메론은 아주 다른 영화를 만들었다. 스콧은 우주를 배경으로 하는 귀신 들린 집 이야기를, 카메론은 전쟁 영화를 만들었다. 그러나 두 영화 모두에 공통으로 들어 있는 것은 제노모프의 무차별적인 폭력을 가능하게 하는 두 번째 위협, 강력한 웨이랜드-유타니 코퍼레이션의 냉혹한 사업 행태이다.

<에이리언>에서 정신 나간 안드로이드 애쉬(이안 홀름)에게 어떤 대가를 치르더라도, 리플리와 동료들

왼쪽 위 존 해먼드를 연기한 리처드 아텐보로(왼쪽)가 앨런 그랜트 박사(샘 닐)와 엘리 새틀러(로라 던)에게 쥬라기 공원을 안내하고 있다.

오른쪽 위 <에이리언>의 대표 괴물. 스위스의 예술가 H.R.기거가 디자인했다.

이 죽게 되더라도, 제노모프의 표본을 확보하라는 명령을 내린 건 '회사'이다. <에이리언2>에서 리플리를 다시 제노모프가 발견된 행성으로 보낸 것도 1편에서 리플리를 난파선에서 구출해낸 '회사'이다. 추악한 회사의 하수인(폴 라이저가 비열한 연기를 완벽하게 펼쳤다)은 두 번째 탐사는 행성에 갇힌 개척민 구조 작전이라고 주장한다. 거짓말을 한 것이다. 이번에도 회사의 목적은 생물 무기를 만드는 데 필요한 외계 생명체 표본을 입수하는 것이다.

애초에 <에이리언>에는 괴물을 만든 책임이 있는 사람인 프랑켄슈타인이나 해먼드 같은 존재가 없었다. 그러나 거의 40년 뒤, 리들리 스콧은 후속편 <에이리언: 커버넌트>로 다시 돌아와 안드로이드 데이비드(마이클 패스벤더가 연기)가 제노모프를 만든 것이라는 설정을 추가했다. 확인되지 않은 과학의 진보가 일으킬 위험을 알리기 위해 괴물 영화를 우화로 소급 적용하는 일은 언제라도 가능하다.

잔혹한 생의 주기, 여러 겹의 입, 산성 피를 지닌 제노모프에 비견될 만한 괴물은 거의 없다. 이 끔찍한 흉물에 필적할 만한 것은 존 카펜터의 <괴물>(1982)에 나오는 무시무시한 괴물뿐이다. 이 괴물을 제대로 묘사할 방법은 없다. 형태를 바꿀 수 있는 능력 덕분에 어떤 위협적인 상황에도 적응할 수 있다. 들키면 채찍처럼 꿈틀거리는 촉수와 날카로운 발톱이 몸통에서 튀어

THE ULTIMATE IN ALIEN TERROR.
JOHN CARPENTER'S
THE
THING
MAN IS THE WARMEST PLACE TO HIDE.

나오며 사람 크기의 거미로 변신한다. 머리를 자르면, 잘린 머리가 혀를 올가미처럼 사용해 안전한 장소로 도망친 뒤 거미 다리를 뻗어서 기어 도망간다. 이런 일은 순식간에 일어난다! 더 무서운 것은, 살아있는 생명체라면 어떤 것이든 완벽한 형태로 복제할 수 있다는 것이다. 처음에는 썰매 끄는 개로 위장했다가 나중에, 남극 기지의 대원으로 위장한다. 그리고 괴물은 마주치는 모든 사람들을 죽이고 그들로 변신한다.

유명한 특수 효과 전문가 롭 보틴이 디자인한 이 괴물은 영화 역사상 가장 끔찍하고 실용적인 특수 효과 중 하나로 명성을 유지하고 있다. 그러나 괴물이 사람의 모습을 하고 있다는, 심지어 우리가 아는 누군가와 똑같이 생길 수 있다는 사실은 마구 흔들어대는 촉수보다 훨씬 더 공포스럽다. 순식간에 편집증과 폭력으로 물드는 남극 기지도 그렇다. 이런 특징은 괴물뿐 아니라 이 책에서 논의한 모든 영화, 그리고 수백 편에 달하는 다른 괴물 영화에서도 찾을 수 있다. 진짜 괴물은 언제나 인간이다. <프랑켄슈타인>의 괴물이 불안정하고 폭력적이다. 하지만 폭력적인 폭도로 돌변하는 건 프랑켄슈타인이 사는 작은 마을의 시민들이다. 고질라는 걸리적거리는 사람을 짓밟을 수 있다. 그러나 고질라가 1954년에 존재하게 된 건 인간이 터트린 폭탄 때문이다. <쥬라기 공원>의 공룡도 마찬가지다. 공룡이 인간을 잡아먹는다고 해서 비난할 수는 없다. 그건 그들의 본능이다. 탐욕스러운 기업가는 좀 더 현명했어야 한다.

기예르모 델 토로와의 인터뷰에서, 제임스 카메론은 괴물 영화를 일컬어 '안전한 악몽'이라고 했다. 안전하지 않은 악몽의 부분, 우리를 밤에 잠 못 들게 하는 그 부분은 괴물의 배후에 있는 인간이다. 우리는 현대에 뇌실아닌 공룡이나 산성피를 가진 외계인을 판타지로 치부하며 무시할 수 있다. 그러나 우리를 둘러싼 세상을 보면 인간보다 더 극악무도한 괴물은 없다는 확고한 증거가 산재해 있다. 다시 한번 말하자면, <금지된 행성>과 '이드에서 나온 괴물'은 이러한 개념을 완벽하게 은유한 것이다. 괴물 영화는 인간 개개인 안에 도사리고 있는 괴물이 우리의 무의식이 일으킬지도 모를 끔찍한 순간을 기다리고 있다는 개념을 직시하게 한다.

위 <금지된 행성>(1956)의 극장용 포스터.

반대쪽 존 카펜터 감독의 <괴물>(1982) 극장용 포스터.

기예르모 델 토로

인터뷰 진행 제임스 카메론

지난 20여 년간, 통찰력 있는 영화 제작자 기예르모 델 토로는 숨이 멎을 듯이 아름다운 블루와 앰버의 색조를 화면 가득 물들여 외부자, 몬스터, 세상으로부터 인정받지 못하는 자들이 사는 가상 세계를 아름답게 세공해냈다. 그의 데뷔작품인 1993년작 뱀파이어 이야기 <크로노스>부터 가장 최신작, 냉전 시대의 러브 스토리 <셰이프 오브 워터>에 이르기까지, 델 토로의 작품은 모든 장르의 모습을 띠고 있어 쉽게 하나의 장르로 분류하기 어렵다. 그렇지만 언제나 자신만의 특색을 놓치지 않고 있다. 델 토로의 가장 SF다운 작품, 2013년작 로봇 대 카이주 블록버스터 <퍼시픽 림>의 핵심은 애니메이션과 일본 괴수 영화에 대한 델 토로의 애정이다. 자연이 주는 공포에 매혹된 그의 성향은 첫 번째 영어 영화 1997년작 <미믹>에 잘 드러난다. 이제, 26년 동안 델 토로와 우정을 나눈 카메론이 호러, SF, 판타지 간의 상호 작용, 메리 셸리의 소설 <프랑켄슈타인>과 1931년작 영화 <프랑켄슈타인>에 담긴 철학적 영민함 그리고 델 토로의 UFO 목격담에 이르기까지 깊이 있는 대화를 함께 나눈다.

제임스 카메론: 이런 얘기를 할 때마다 나오는 말이지만, 당신은 호러 전문이잖아요. 호러와 SF 사이의 중간 지대, 겹치는 지점은 무엇일까요?

기예르모 델 토로: 초창기 호러 시대의 원동력은 무조건 영적인 것이었어요. 그건 선악에 대한 믿음에서 나오죠. 유대교와 기독교의 우주론, 악마, 천사, 악귀 같은. 일본, 중국의 동양 쪽 서사도 서양과 마찬가지로 영적인 영역과 관련이 있어요. 그러다가 흥미롭게도 이성의 시대가 끝나자마자, 서양 문학에 어떤 시기가 와요. 그때부터 과학이 비정상적인 현상의 원인이 돼요. 프랑켄슈타인이 결정적이었다고 생각해요. 과학이 기괴함의 모델이 되는 순간 바뀐다고 생각해요. 뭔가가 정말 바뀌어요.

카메론: 그래서, 오늘날의 괴물은 방사능, 유전 공학, 로봇 등 아주 다양한 원천에서 만들어지죠. 과거에는 괴물이 민담이나 신화, 악마, 초자연적인 현상에서 등장했지만요. 그렇다면 <프랑켄슈타인>은 어느 영역에 해당되나요?

델 토로: 프랑켄슈타인은 명확하면서도 신비스러운 존재예요. 왜냐하면 <프랑켄슈타인>에서 아주 중요한 질문 몇 개가 영적이면서 실존적이라고 생각하거든요. <프랑켄슈타인>에는 밀턴풍의 요소가 있어요. 괴물이 자기 본질에 대해 의문을 품잖아요. 자신이 왜 존재하는가? 세상은 왜 존재하는가? 선과 악, 가치의 문제에 대해서도 의문을 품고요. 그렇지만 이야기의 원동력은 과학이에요.

카메론: 그렇죠. 과학의 악용이죠.

델 토로: 과학의 악용이며, 파멸을 자초하는 자신감의 과잉이자 인간의 과도한 오만함이죠. 우린 종종 빅터 프랑켄슈타인처럼 자신감이 지나치게 넘쳐 자멸을 초래하는 선장이 자연의 섭리를 거스르는 것으로 이야기를 시작해요. 그리고 이야기가 흘러가면서 선장은 교훈을 얻고 겸손해져요. 제 생각에도 <프랑켄슈타인>은 호러라고 봐요. 본질적으로 동물과 여러 사람들의 시체를 혼합한, 시체의 부활이니까요. 아주 충격적이죠. 그리고 여기서 멋진 질문이 떠오를 수밖에 없어요. 그 여러 부위 중 영혼은 어디에 있을까요?

카메론: 그게 소설과 여러 영화가 던지는 질문 아닌가요?

델 토로: 맞아요. 그리고 이런 장면이 있어요. . . 아마 소설에서 가장 훌륭한 장면일 거예요. 순수한 호러예요. 호러의 본질은, 그래야 하는데 그렇지 않다거나 그렇지 않아야 하는데 그렇다거나 하는 거예요. 그게

반대쪽 [제임스 카메론의 SF 이야기] 세트장에서 찍은 기예르모 델 토로. 사진 제공: 마이클 모리아티스/ AMC

전부예요. 호러 작품 전체를 이 두 가지로 나눌 수 있어요. 빅터가 괴물을 부활시키려 한 뒤 잠을 자러 가는 이 놀라운 장면은 아주 상징적이고, 아주 프로이트적이에요. 빅터는 잠이 들어요. 프란시스코 고야가 "이성이 잠들면 괴물이 나타난다." 고 말한 것처럼요. 빅터는 잠을 자요. 그리고 잠결에 누군가가 쳐다보고 있다는 느낌이 들어 깨어 보니 괴물이 자신을 바라보고 있는 거예요. 그 장면이 굉장한 건 그게 바로 호러라는 거예요. 그래선 안 되는데 그렇게 된 거니까요.

카메론: 우리는 누구인가? 우리는 왜 존재하는가? 의식은 무엇인가? 영혼은 무엇인가? 인간이란 본질적으로 무엇인가? 와 같은 실존적인 질문은 SF의 중요한 알맹이이기도 해요. 한쪽에는 명백한 SF, 중간 지대에 SF/호러가 있고 다른 한쪽에는 명백한 호러가 있어요. 이렇게 영역이 구분되는 것에 동의하나요?

델 토로: 전적으로 동의해요. 그리고 중간 지대에 있는 <에이리언>(1979)같은 작품은 유령의 집이면서 괴물 영화가 되기 위해 완전히 뒤섞였어요.

카메론: <에이리언>은 전형적인 SF예요. '우리는 우주에 있어, 우주선을 타고 동료들과 다른 행성에 와 있어.'라고 하잖아요. 그리고 동시에 순수한 호러예요. 아주 강한 이드, 강력한 성심리학적 이미지, H. R. 기거의 디자인 등등.

델 토로: H. P. 러브크래프트도 때로는 SF와 호러를 시도했어요.

카메론: <시간의 그림자>는 SF예요.

델 토로: <우주에서 온 색채>도요.

카메론: 하지만 크툴루 신화는. . .

델 토로: SF가 아니죠. 과학적 규칙으로 작동되거나 정의될 수 없는 환상에서 유래한 민담에 의존하는 순간 판타지가 되는 거예요. 아니면 호러가 되죠.

카메론: 텔레파시는 어떤가요? 그건 초자연적 능력인가요? 아니면, SF적인 맥락에서, 과학이 아직 이해하지 못하지만 이해하려고 노력하고 있는 것에 해당하나요?

델 토로: 대부분의 경우 저는 텔레파시가 일종의 과학에 들어간다고 생각해요.

카메론: 초자연적인 능력이에요. 왜냐하면 텔레파시 능력에 대한 증거, 구체적인 증거가 없잖아요.

델 토로: 하지만 그걸 다룬 문학 작품은 있어요. 댄 시먼스의 <캐리온 컴포트>가 일단 떠오르네요. 강력한 초능력이 있는 특정 집단에 관한 이야기인데, 이런 힘에서 일종의 뱀파이어 같은 존재를 끌어내고 있죠. 그럼에도 불구하고 궁극적인 설명은 신이나 정령과는 관계가 없어요. 그러니까 비록 증거가 없더라도 텔레파시에 대한 궁극적인 설명은 호러나 판타지가 기반이 아니라는 거예요.

카메론: 어떤 면에서는 경험적이라 하겠네요. 텔레파시를 감지할 수 있는 장치가 있을 수도 있다고 상상할 수 있어요. <저주받은 도시>(1960, 1995)처럼. 이 영화는 호러가 아니라 SF를 의도했던 거예요.

델 토로: 영국의 각본가 나이젤 닐 역시 그렇게 많이 해요. 대단히 많은 영국 SF가 호러 요소를 조금씩 가미해요. 반대로 호러에 SF 요소를 가미하기도 하고요. <스톤 테이프>(1972) 같은 것도 있어요. 십이 테이프처럼 기억과 고통의 순간을 저장한다는 아이디어였죠. 여기에도 그런 대단함이 있어요.

카메론: 닐의 <지구까지 500만 년>은 어떤가요? 악마와 악령에 대한 우리의 이미지를 SF의 언어로 설명하잖아요.

델 토로: 아주 흥미로운 사례라 생각해요. 드물고, 아름답고, 귀중하다고 할 수 있겠어요. 초자연적인 것과 경험적인 것을 구분하는 막을 더 유연하게 해주니까요.

카메론: 마리오 바바의 1965년작 <플래닛 오브 더 뱀파이어스>는요? 직접적으로 <에이리언>에 영향을 끼쳤죠. 외계 행성에 착륙했더니 거기 추락한 우주선이 있는 거예요.

델 토로: 거대한 시체도. . .

카메론: 시체, 맞아요. 맞아요.

델 토로: 바바가 대단한 건 두 가지 장르를 스타일 측면에서 멋지게 합쳐 놔요. 스토리 구성이나 스토리를 이끄는 방식, 등장인물, 실용적인 내용 면에서가 아니라 디자인과 색채를 이용해서 조명한다는 점에서요. 그는 호러와 SF를 시각적으로 아름답게 조합해 내요.

카메론: 그게 마리오 바바와 여러 이탈리아 영화인들이 해낸 일이죠. 자, 뱀파이어라. 보통 뱀파이어는 호러에 들어갈 거예요. 초자연적이고 악마 같은 존재죠. 그런데 당신은 <스트레인>에서 병원체라는 걸 이용해 뱀파이어에 대해 부분적으로나마 설명을 했어요.

반대쪽 <저주받은 도시>(1960)의 극장용 포스터. 존 윈덤의 소설 <미드위치의 뻐꾸기들>을 영화화한 것이다.

위 마리오 바바 감독이 만든 <플래닛 오브 더 뱀파이어스>(1965)의 이탈리아판 극장용 포스터.

델 토로: 뱀파이어의 기원은 어느 문화에나 있어요. 그리스 뱀파이어, 동유럽 뱀파이어, 일본 뱀파이어, 필리핀 뱀파이어 등 무슨 이유에서인지 어느 문화에나 다 있어요. 이에 대해 저 나름대로 이론이 있어요. 뱀파이어는 용과 마찬가지로 모든 문화에 있는 신화예요. 과거 언젠가 인류가 유인원이었을 때 식인을 했다는 게 제 이론이에요. 그리고 서로 잡아먹는다는 공포는 그걸 설명해 주는 신화를 필요로 했어요. 전 늑대인간과 뱀파이어는 과거에 사람을 잡아먹은 욕구와 어쩌면 현재도 있을지 모를 그러한 욕구를 구체적으로 설명하기 위해 나왔다고 생각해요.

카메론: 인간 안에 내재된 동물적 본능이죠. 뱀파이어 영화를 볼 때, 십자가를 두려워하거나 햇빛을 받아 불타버리는 장면이 나오면 저는 그게 비과학적이라는 생각이 들어요. 초자연적인 민담인 거죠. 하지만 뱀파이어의 행동을 모종의 병원체가 후천적 방식으로 사람을 바꿔놓을 수 있다고 설명하는 <나는 전설이다>는 SF로 분류해요.

델 토로: <나는 전설이다>에서 작가 리처드 매디슨이 두 장르를 멋지게 합쳐 놓았어요. 매디슨은 이야기에 과학을 가져오고, 도시를 배경으로 설정해요. 스티븐 킹은 교외나 작은 도시를 배경으로 더 외진 곳으로 들어가요. 하지만 리처드 매디슨의 대단한 점은 이거예요. '여긴 우리가 사는 도시야. 우리가 사는 거리야.' 라며 이야기한다는 거예요. 여기에서 모든 것이 바뀌게 돼요.

카메론: <나는 전설이다>는 50년대 초반에 쓴 작품이고 영화로 여러 번 만들어졌죠. 전 <지상 최후의 사나이>(1964)가 <나는 전설이다>를 영화화한 시도였다고 생각해요. 물론 그후 <오메가 맨>(1971)이 있고요.

델 토로: 하지만 아주 중요한 것인데, <살아있는 시체들의 밤>(1968)은 <나는 전설이다>를 슬쩍 가져다 썼지만 호러 분야에 완전히 새로운 신화를 만들어 냈어요. 그리고 죽음을 초래한 원인을 조지 로메로 감독이 고집스럽게 밝히지 않았기 때문에 호러로 남아 있어요.

카메론: 이후 나온 수많은 영화가 죽음의 원인을 질병, 병원체, 전염성 물질로 설명하려 했죠. 그리고 이제는 진부한 표현이 됐어요. 물리면 피를 통해 감염되고. 뭐 이런 거죠. 하지만 가만히 생각해보면 호러일 수밖에 없어요. 완전히 썩은 시체를 되살려봤자 신진대사가 이루어질 리가 없잖아요. 근육 조직도 없을 거고. 어떤 초자연적인 힘으로 움직이는 거죠.

델 토로: 그래야만 해요. 초자연적이어야만 해요. <시체들의 새벽>(1978)에서 배우 켄 포리가 이렇게 말해요. "지옥에 더 이상의 공간이 없을 때 죽은 자가 지상을 걷게 되리라." 다시 뱀파이어의 기원으로 돌아가면, 뱀파이어 신화는 부활한 시체예요. 대부분의 경우가 악령에 씌었거나 자살한 시체예요. 그런데 순수하게 종교적이거나 영적인 요소가 있어요.

카메론: 그리고 그건 사실 피에 굶주린 사냥꾼보다는 좀비에 가깝죠. 피에 굶주린 사냥꾼의 이미지를 덧입힌 거예요.

델 토로: 이웃에 복수하려고 돌아오는 뱀파이어들이 있었어요. 이와 관련된 동유럽 민담은 아주 재미있어요, 어떤 뱀파이어는 누군가의 엉덩이를 차려고 돌아왔어요. 말 그대로요. 어떤 뱀파이어는 피를 마시려고 왔고요. 뱀파이어 원본 신화에 담긴 놀랍기도 하고 끔찍하기도 한 점은 뱀파이어가 가족에게 가장 먼저 돌아온다는 거예요. 아버지는 돌아와서 아들과 딸, 아내를 뱀파이어로 만들어요. 그런 후 퍼져 나가죠. 그런데 매디슨의 훌륭한 점은 여기에 과학을 섞은 거예요. <뱀파이어 태피스트리>라는 수지 맥키 카나스의 훌륭한 소설에서도 뱀파이어를 멋지게 다뤄요. 이처럼 장르가 겹쳐지면 더욱 흥미로워진다고 생각해요.

카메론: 그래서 전 <오메가 맨>과 새로 나온 <나는 전설이다>를 확실하게 SF에 포함시킬 거예요. <살아있는 시체들의 밤>은 호러에 남겨 두고요. 하지만 병원체를 원인으로 삼는 좀비 영화, 예를 들면 <월드워 Z> 같은 영화는 SF가 되겠죠.

델 토로: 동의해요. 다시 한번 말하지만, 원동력을 영적이고 종교적인 것에서 과학적인 것으로 대체하거나 바꾸는 순간 장르가 바뀌어요. 제가 <스트레인>에서

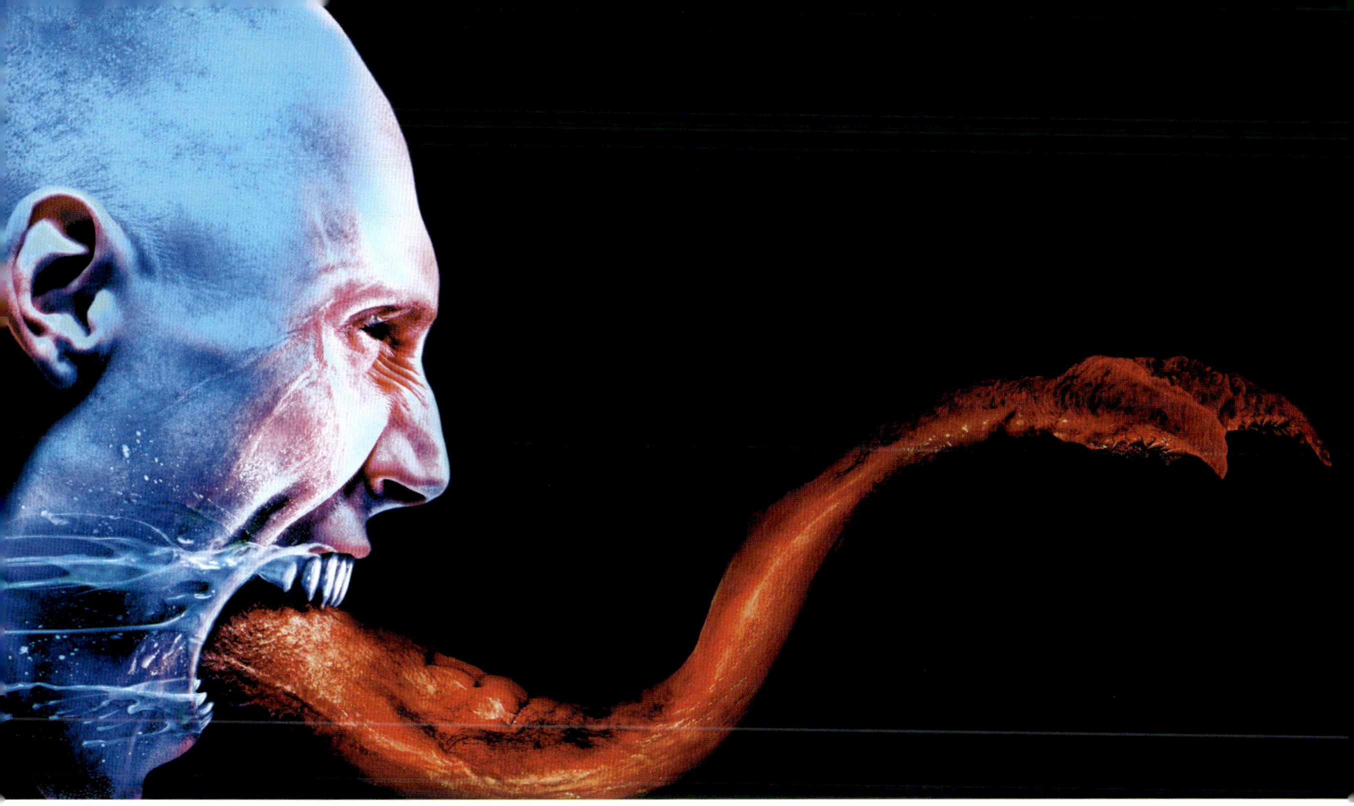

위 <스트레인> 시즌2의 홍보용 포스터.

과학에 근거를 둔 서사를 시도했는데 그걸로 설명이 되겠네요. 하지만 제 경우에는 결국 영적으로 갈 수밖에 없더라고요. 성서 시대로 돌아간 거죠.

카메론: 좀비 영화의 인기가 왜 이렇게 높아졌을까요? <워킹 데드>같은 드라마도 그렇고요.

델 토로: 로메로가 좀비를 만든 이래, 인물로서의 좀비는 아주 다양한 의미를 지니게 되었어요. 좀비는 각기 다른 시기에 각기 다른 의미를 상징할 수 있어요. 로메로는 좀비가 우리의 감춰진 모습을 비추는 통념타파적이고 무질서한 거울이라고 봤어요. 아주 직설적으로 '이건 우리야.' 라고 말해요. <살아있는 시체들의 밤>에서는 좀비를 사회적으로 이용해 이게 우리 사회의 모습이라고 말해요. 모두가 베트남 전쟁이 일어났던 시대의 결과물이라고 생각하죠. 우리가 서로 죽이고 있었다는 사실을 말하는 거예요. <시체들의 새벽>에서는 좀비의 의미가 달라져서 '이건 우리야. 우리는 가게에서 살 수 있는 물건이야.'라고 말해요. 이유는 없어요. 우리는 소비자예요. 그래서 상품을 소비하는 대신 육체를 소비하는 소비자로 바뀌는 거예요. 이렇게 시간에 따라 좀비의 의미가 변해요. 그리고 지금의 좀비는, 저는 우리가 우리와 다른 이에게 가지는 불가사의한 두려움으로 인해 생긴 깊은 불안감에 반응하는 모델이라고 생각해요. 파란 주(민주당 우세 주-역자) 신화에서 빨간 주(공화당 우세 주-역자) 신화로 갔어요. 종말에도 살아남으려는 자들의 꿈은 대재앙이 일어나는 거예요. 실제로 그래요. 영화에서 스포츠 쇼를 하듯이 다른 존재를 사냥하게 된다는 건 제가 보기에 아주 상징적이에요. 초기 로메로 영화에 담긴 공감대나 중요한 요소를 잃은 거예요. 그렇지 않나요?

카메론: 인간의 양심이란 건 아예 없어요. 전쟁 영화에서는 이데올로기가 다를지언정 다른 인간을 죽이는 것에 양심의 가책을 느끼게 하는데 좀비 영화에서는 그렇지 않아요. 죄책감 없는 폭력의 환희예요.

델 토로: 스포츠 경기예요. 사냥이에요. 다시 <나는 전설이다>로 돌아가면, 매디슨은 놀라울 정도로 지적이고 심오해요. <놀랍도록 줄어든 사나이>같은 영화를 보면 주인공이 우주의 무한함을 받아들이는 실존적이고 멋진 장면을 볼 수 있어요. 주인공은 너무나 작아요. 그리고 그 작음의 위대함을 이해해요. 우주

안에서의 자신의 크기와 위치를 초월하는 거죠.

카메론: 그런 초월적인 경험은 <2001 스페이스 오디세이>의 마지막 장면에서 주인공이 스타 베이비가 되는 부분과 다를 바 없어요.

델 토로: 그건 다음 단계죠. 그러나 <나는 전설이다>의 대단함은, 모험을 계속함에 따라 매디슨이 뭔가를 바꾼다는 거예요. 매디슨은 이제 괴물은 인간이라고 말해요. 왜냐하면 인구통계학적으로 딱 한 명만 남았기 때문이에요. 그래서 이제 괴물 세상에서 정상이 아닌 건 인간인거죠. 이건 천재적이에요.

카메론: 그 이야기의 주인공은 좀비를 사냥하는 존재예요. 좀비들이 살아남은 사회예요. 따라서 좀비들의 사회가 되는 거죠. 좀비들은 주인공을 두려워해요. 좀비들이 보기에 주인공은 밤의 악귀죠. 이건 천재적이에요. 하지만 어떤 영화도 이걸 제대로 담아내지 못했다고 생각해요. 그래도 <오메가 맨>이 가장 잘 담아냈어요. 좀비들의 사회와 좀비가 왜 그 사람을 무서워하게 됐는지 그리고 그 사람이 어떻게 전설적인 괴물이 되었는지를 다뤘거든요..

델 토로: 그 사람은 좀비들이 밤에 아이들에게 들려주는 이야기 속 존재였어요. 가장 훌륭한 SF는 우리는 누구인가, 우리를 인간답게 하는 것은 무엇인가, 우리는 어떻게 사회에 적응할 것인가와 같은 질문, 도전 그리고 우리의 믿음을 담은 거라고 하셨잖아요. 바로 매디슨이 그렇게 했던 거죠.

카메론: <괴물>이 우리가 두려워하는 것은 인간의 형상을 가진 다른 존재라는 동일한 원리를 따른다고 생각하지 않나요?

델 토로: 물론이에요. 우리는 <괴물>을 놓고 세 가지를 이야기했어요. 첫 번째는 존 W. 캠벨의 원작 소설인 <거기 누구냐?>예요. 그건 여러 면에서 H. P. 러브크래프트의 <광기의 산맥>의 변주예요. 두 번째는 하워드 호크스에 의해 재탄생한 영화 <괴물>이에요.

맨 위 존 카펜터 감독의 <괴물>(1982) 에서 R. J. 맥레디를 연기한 커트 러셀.

위 반스앤노블 라이브러리 오브 에센셜 리딩에서 출간한 H. P. 러브크래프트 개론서 <광기의 산맥과 다른 기이한 이야기>의 표지.

반대쪽 아래 리처드 매디슨의 소설 <나는 전설이다>를 영화화한 1971년작 <오메가 맨> 찰턴 헤스턴이 출연했다.

카메론: 그건 다른 감독에게 공이 돌아갔죠.

델 토로: 하지만 누구나 하워드 호크스가 만든 <괴물> (1951)로 알고 있다고 생각해요. 그리고 세 번째가 존 카펜터의 리메이크 <괴물>(1982)이에요. 저한테는 최고의 버전이에요. 우리를 인간답게 만드는 것이 무엇인지, 우리를 다른 존재와 구별짓는 것은 무엇인지에 대한 질문을 진지하게 파고들거든요.

카메론: <괴물> 엔딩의 아름다움은 오직 둘만 남게 됐다는 거예요. 그 둘 다 죽어가죠.

델 토로: 둘 중 하나가 괴물인지 아닌지 우리는 몰라요. 하지만 혼자 남는 건 너무 끔찍하죠. 그 둘은 일종의 동반자예요. 그래서 사람들이 "둘 다 인간일까, 아니면 둘 중 하나는 괴물일까?"라고 말하죠. 저는 항상 카펜터의 작품이 매력적이라고 생각했어요. 괴물이 인간을 단순히 흉내내는 것 이상을 하니까요. 언어 습관이나 억양까지 가져와요. 진짜 그 사람인 것처럼 이야기해요. 기억도 갖고 있고요. 침입자가 감정의 부재로 인해 무너지는 이야기들은 아주 많아요. <신체강탈자의 침입>이 그렇죠. 하지만 존 카펜터의 <괴물>에서, 마지막 장면이 너무나 매력적이고 아주 깊이 있다고 느끼는 이유가 있어요. 전 둘 중 하나가 괴물이라고 상상하게 하는 게 너무 재밌어요. 심지어 괴물은 이런 생각을 해요. '이건 마지막 남은 하나야. 우리는 함께 있을 거야.' 그건 놀라울 정도로 실존적이에요.

카메론: 우리를 인간답게 만드는 것은 희생할 수 있는 의지라고 말할 수 있어요. 괴물은 다른 누군가를 위해 자신을 희생하지 않았을 거예요. 하지만 커트 러셀이 연기한 맥레디는 그렇게 했죠. 배를 폭파했을 때 자신이 그곳을 빠져나가지 못한다는 사실을 알았어요. 대의를 위해, 인류의 생존을 위해 한 일이에요. 괴물을 다시 얼음 속에 집어넣기 위해서요.

델 토로: 그건 유대교와 기독교 믿음의 씨앗이기도 해요. 하지만 종교와 별개로 저는 의지가 영혼의 씨앗이라고 믿어요. 그래서 이 이야기가 너무 중요해져요. 괴물은 정해진 대로 결정을 내려요. 빼앗죠. 빼앗기 위해 태어났어요. 빼앗아서 생존하도록. 괴물과 인간의 차이는 인간은 삶을 선택하지 않을 수도 있게끔 생겨

먹었다는 거예요. 그건 또 다른 훌륭한 신화로 이어져요. . . . 제임스 웨일이 만든 <프랑켄슈타인>(1931)의 후속편이며 역시 웨일이 감독했던 <프랑켄슈타인의 신부>(1935)예요. 첫 번째 영화에서 괴물은 신체의 여러 부분으로 만들어졌어요. 아무 표정 없이 걸어 들어오죠. 괴물은 환경에 따라 바뀌어요. 괴물은 결정을 내리지 않아요. 마을 사람들에게 쫓겨 다녀요. 두 번째 영화에서는, 괴물이 말하는 법을 배워요. 인간관계의 가치를 배우죠. 그리고 처음으로 두 가지 결정을 내려요. 첫 번째는 신부를 만드는 것이에요. 그리고 두 번째 결정을 내리는 순간은 마음의 상처를 입고 세상이 끔찍한 곳이라는 사실을 깨달았을 때이죠. 괴물이 이렇게 말해요. "잘 있어라, 잔인한 세상아."

카메론: 살지 않기로 결정한 거죠.

델 토로: 결정은 의지의 행위예요. 괴물과 인간의 차이는 의지인 거죠.

카메론: 괴물에 관한 한 그건 맞는 말이에요. 아주 정교하지만, 바이러스와 같죠. 몸속에 들어가 살면서 기억과 감정을 빼앗는 거예요.

델 토로: 하지만 모방뿐만 아니라 모방과 흡수를 보여 주는 사례도 현실에 많아요. 사이코패스 같아요. 어떤 곤충은 개미 군집에 침투해요. 개미 흉내를 내는 딱정벌레였나, 형태도 냄새도 개미 같아요. 하지만 어린 개미를 잡아먹죠. 태생적으로 호러인 놀라운 사례들은 정말 많아요.

카메론: 곤충 세계에는 온갖 호러가 존재하죠. 몸 안에서 자라나 뚫고 나오는 기생충도 있고, 행동을 조종하는 기생충도 있어요. 어떤 곰팡이균은 개미를 감염시켜서 개미 행동을 조종해 아주 높은 나무 위로 올라가게 만들어요. 그리고 나뭇잎 위에 그물 같은 걸 만들게 해서 개미를 잡아 놓죠. 얼마 후, 개미 머리에서 균사체가 자라나요. 그리고 포자가 바람을 타고 날아가는 거예요. 곰팡이균이 번식을 위해 개미가 평소에 하지 않는 행동을 하게 만드는 거예요.

델 토로: 네, 그건 굉장히 끔찍하네요. 순수한 호러이자 과학이에요. 하지만 반복되는 생의 순환, 태생적인 생의 주기 같은 건 우리가 괴물을 만들어 낼 때 항상 상상하는 거죠. 본질적으로 우리는 현실에 존재하는, 존재했던 것을 참고하고 있어요.

카메론: 우린 왜 괴물이 필요할까요? 심리학적으로, 우리는 왜 돈을 내면서까지 괴물 영화를 보는 걸까요? 우리 뇌 속의 대뇌 변연계가 흥분하는 걸까요?

델 토로: 우주가 상상보다 훨씬 광대하다는 사실을 알려주는 뭔가는 자연법칙 너머에 존재할 필요가 있다고 생각해요. 전 53세예요. 53년 동안 UFO를 딱 한 번 봤어요. 하지만 봤어요. 그래서 신문 1면보다 훨씬 더 광

대하고, 훨씬 더 복잡하고, 훨씬 더 흥미로운 뭔가가 분명히 있다는 것을 저는 굳게 믿고 있어요. . . 천사의 존재를 확인해줄 수 있는 유일한 존재는 악마니까요.

카메론: 좋아요. 하지만 그건 종교적인 해석이에요.

델 토로: 그렇긴 하지만 그건 영적인 해석이에요. 동물의 시체가 살아 있는 종의 존재를 입증하는 거죠. 마찬가지로, 괴물이 다른 존재를 입증하며, 따라서 훨씬 더 넓은 우주를 향해 우리의 마음을 열게 해준다고 생각해요. 우리가 유목민이었을 때, 세상을 재해석하기 시작했고, 그래서 자연의 순환에 관한 이야기를 했다고 생각해요.

카메론: 2만 년 전 이야기로군요.

델 토로: 네. 우리가 유목민이었을 때요. 하지만 정착하게 되면서, 세상을 체계적으로 정리할 필요가 생겼어요. 태양은 왜 떠오를까? 밤이 되기 전 달은 어디에 있었을까? 라고 설명할 필요가 생겼죠. 이런 개념을 이해하기 위해 우리는 인간과는 다른 존재를 만들어요. 신을 만들고, 괴물을 만들고, 악마를 만들어요. 많은 추상적인 철학 개념이 구체화될 수 있어요. <프랑켄슈타인>을 예로 들 수 있겠네요. 우리가 무심한 창조주로부터 버림받은 존재라는 개념을 철학 논문 못지않게 소설에서도 구체화할 수 있어요. 따라서 괴물은 추상성을 삶에 구체화하는 데 아주 적당해요. 고질라, 고질라는 핵 공격에 대한 불안과 두려움을 구체화한 것이에요.

카메론: 핵무기의 시대를 말하는 거죠? 물론이에요. 과학으로 만들어진, 도시를 파괴할 수 있는 어떤 커다란 존재. 실제로 핵 공격을 받은 일본에서 SF의 신(新)신화가 나타난 건 어쩌면 놀라운 일이 아니예요.

델 토로: 그런 점에서 괴물은 자신이 만들어진 시기에 존재하는 시대정신의 변동에 대한 반응인 거죠.

카메론: 하지만 저는 인간의 두려움과 관련해 기본적으로 괴물이 필요하다고 생각해요. 두려움은 도움이 되거든요. 고통이 도움이 되는 것과 마찬가지예요. 고통을 느끼지 못한다면 타는 냄새가 날 때까지 손을 난로 위에 올려놓고 있을지도 몰라요. 신석기 시대의 유목민이 두려움을 느끼지 못했다면 즐겁게 숲속을 걸어가다가 곰에게 잡아먹히고 말 거예요. 이빨과 발톱, 쫓기는 것에 대한 두려움은 도움이 돼요. 예전에는 동화를 이용해 아이들이 숲속에 못 들어가게 하거나 낯선 사람과 이야기

반대쪽 위 제임스 웨일 감독의 1935년 작 <프랑켄슈타인의 신부> 극장용 포스터. 엄청난 히트작이었던 <프랑켄슈타인>의 후속편이다.

아래 제임스 카메론이 [제임스 카메론의 SF 이야기]를 위해 기예르모 델 토로와 인터뷰하고 있다. 사진 제공: 마이클 모리아티스/AMC

PACIFIC RIM

하지 못하게 하곤 했죠. 따라서 제가 보기에 우리는 공포가 필요해요. 그렇긴 하지만, 왜 우리는 돈을 내고 극장에 가면서까지 괴물 영화를 보는 걸까요?

델 토로: 자연에서 일어날 수 있는 재난을 우리에게 미리 경고하기 위해 만들어지는 합성물이 이런 괴물이란 말씀이죠. 사실이에요. 무슨 책인지 기억은 안 나지만 그게 사실이라는 증거를 읽은 적이 있어요. 용이 어느 문화에나 있는 건 용이 유인원의 주요 천적 세 가지의 합성물이기 때문이라는 거예요. 뱀, 고양잇과 맹수, 거대 육식 조류.

카메론: 천적의 전형 셋을 뒤섞은 거군요.

델 토로: 가장 본능적 차원에서 포유류가 무서워할 필요가 있는 것들을 섞은 거죠. 그렇다면 왜 그런 게 필요할까요? 일상생활 속의 공포는 무시무시해요. 암 사망, 부패한 정치인, 인간 환멸, 진쟁, 기근. 이러한 공포를 해결책과 함께 이야기를 만들어 분명하게 보여줄 필요가 있어요. 두 시간짜리 영화든, 여섯 시간 미니 시리즈든, 혹은 몇 달이 걸리든 상관 없어요. 괴물을 통해 그러한 공포를 확실히 보여줄 수 있어요.

카메론: 또한 저항 문화가 퍼진 70년대와 80년대에는 덜하지만, 30년대, 50년대의 괴물 영화 대부분은 마지막에 반드시 괴물을 죽여요. 공포에 맞서서 결국은 죽이죠. 기발한 방식으로, 의지로, 용기로, 신념으로 그게 뭐든 간에 괴물을 죽여요. 제 생각에 우리가 괴물을 만드는 건 그래야 괴물을 파괴할 수 있기 때문이에요.

델 토로: 물론이에요.

카메론: 발리에는 오고-오고 (Ogoh-ogoh)축제라는 게 있어요. 사람들은 커다란 악마 형상을 아주 열심히 만든 뒤 불에 태워버려요. 그렇게 하면 일 년 동안 그들은 안전해요. 전 많은 호러 영화가 실은 오고-오고를 태우는 거라고 생각해요. 사실상 엑소시즘을 하는 거죠.

델 토로: 동화에도 호러에도, 같은 이야기에 두 가지 버전이 있어요. 하나는 우주 안에서 우리의 위치를 재확인하는 것이고, 다른 하나는 우리의 위치에 의문을 품는 거예요. 당신이 이야기하고 있는 건 우주 안에서 우리의 위치를 재확인하는 거예요. 성(聖) 조지가 용을 죽이죠. 우리가 커다란 뱀(성경 속 뱀-역자)을 정복하고 "이제 다시 인간이 최고다." 이렇게 말하는 거예요. 궁극적으로 우주에서 우리의 위치에 대한 이야기죠. 창조물의 최상단, 뭐 이런 식의. 다른 하나는 가장 무질서하면서 통념을 타파하는 괴물 버전이에요. 이런 괴물은 자연 법칙 너머의 초인간적 존재이기에 지극히 인간적인 것에 대하여 의문을 품게 만들어요.

카메론: 당신은 SF 영화 두 편을 만들었는데요. 하나는 로봇과 거대 괴수가 등장하는 전형적인 SF <퍼시픽 림>이고, 그만한 SF도 없죠. 안 그래요? 그리고 새 영화, <셰이프 오브 워터>. 이건 여러 요소가 내포되어 있죠.

델 토로: <미믹>도 있어요.

카메론: 맞아요. 저라면 <퍼시픽 림>에서 싱(聖) 조지가 마지막에 의지와 용기, 인간의 정신으로 용을 베어 버렸다고 말하겠어요.

델 토로: 협력도 있죠.

카메론: 맞아요, 협력. <셰이프 오브 워터>에서는 괴물을 죽이지 않으려고 했어요.

델 토로: 그럼요. 그건 다른 존재를 통해서 우리 자신을 인식할 수 있느냐고 묻는 거니까요. <퍼시픽 림>에서 제가 가장 좋아했던 건, 말할 필요 없이 25층 건물만한 괴수를 죽이려고 생각해 낸 수많은 방법이에요. 아마 마지막에 나온 방법이 "25층짜리 로봇을 만들자."였을 거예요. 제가 어린 시설, 오랫동안 멋진 애니메이션을 본 영향으로 그런 기이한 생각을 한 거예요. 쿄토나 도쿄에 살았던 일본 아이와 똑같은 문화를 공유한 거죠. 전 삼위일체를 이루는 세 번째 장르가 있다고 생각하는데, 그건 <스타워즈>같은 판타지에요. <스타워즈>는 결국 마법사와 공주, 젊은 농부가 나오는 이야기거든요.

반대쪽 기예르모 델 토로 감독의 <퍼시픽 림>(2013) 티저 포스터.

카메론: 로봇과 우주선을 덧입힌 고전적인 판타지죠. 아무도 <반지의 제왕>을 SF라고 부르지는 않을 거예요. 그건 분명해요.

델 토로: 분명하죠. 그건 판타지예요. 원한다면 세 번째 것을 만들어 구분할 수 있겠네요. 마법은 판타지의 구성 요소예요. 그러면 엘프, 오거, 트롤이 포함되는 세계관을 갖게 되죠.

카메론: 용은 판타지의 맥락으로 존재할 수 있어요. 하지만 당신이 <퍼시픽 림>에서 했던 것처럼 날아다니는 거대한 괴수로도 만들 수 있죠. 그건 사실상 카이주라고 부르는 용이었어요.

델 토로: 아니면 <용과 마법 구슬>에 나오는 버미트랙스 페조라티브 같은 용을 만들 수도 있어요. 최후의 용을 근사하게 설명해냈죠.

카메론: 거기에 과학적인 설명이 있나 보군요.

델 토로: 과학적 설명이 있어요. 적어도 동물학적인 설명은요. 매튜 로빈슨 감독이 위산이 역류하여 불의 흐름을 제어하지 못하는 용을 떠올린 방식은 정말 멋져요. 그 동작이 타당성이 있기 때문이죠. 동물학은 과학이니까 SF와 판타지에 양다리를 걸칠 수 있게 되죠.

카메론: 하지만 결국 당신은 판타지에 SF의 옷을 입히고 있어요. SF의 원리를 정확히 받아들이지 않으면서요.

델 토로: SF와 판타지의 혼합체는 드물어요.

카메론: 당신은 아직 영화에서 대재앙 이후를 다룬 적이 없지만, 우리 둘 다 그 장르를 좋아해요. <매드 맥스 2: 로드 워리어>가 SF라는 데는 동의할 것 같은데요.

델 토로: 그렇긴 한데, 기묘한 방식으로 판타지 요소가 들어있어요. 서사 판타지, 영웅 판타지. 그 외로운 영웅...

카메론: 그 영웅은 부름을 거부했다가 결국 받아들이고, 변화를 겪어요. 전형적인 조지프 캠벨이에요.

델 토로: 그렇죠. 그리고 멋진 점은 <매드 맥스>와 <매드 맥스2>의 관계가 <에이리언>과 <에이리언2>의 관계와 같다는 거예요. 후속편에서 더욱 확장할 뿐만 아니라 첫 번째 편의 장르와는 완전히 달라지거든요.

카메론: 우리는 왜 이렇게 어두운 미래에 열광할까요? 우리 자신의 불안감에 대처하려는 걸까요?

델 토로: 그런 것 같아요. 많은 사람이 모든 것이 끝나면 세상이 좀 더 단순해질 거라는 환상을 갖는 것 같아요. 법률과 도덕 같은 가치가 무너지잖아요. 세상과 정면으로 마주하는 인간밖에 남질 않죠.

카메론: 서부 개척 시대와 아주 비슷하군요.

델 토로: 20세기의 대재앙 이후를 배경으로 한 전형적인 판타지는 바로 우리, 우리 자동차, 우리 총에 관

위 기예르모 델 토로의 <퍼시픽 림> 구상 스케치. 앨런 윌리엄스가 무시무시한 카이주 나이프헤드를 그렸다.

반대쪽 <매드 맥스>(1979)의 극장용 포스터.

WHEN THE GANGS TAKE OVER
THE HIGHWAYS...
PRAY HE'S OUT THERE
SOMEWHERE!
MAD
MAX
MEL GIBSON · JOANNE SAMUEL · HUGH KEAYS-BYRNE · STEVE BISLEY
TIM BURNS · ROGER WARD in MAD MAX
Produced by BYRON KENNEDY Directed by GEORGE MILLER
Music by BRIAN MAY Written by JAMES McCAUSLAND and GEORGE MILLER
Distributed by Warner Bros. A Warner Communications Company

한 내용이에요. 그게 다예요. 아주 남성적인 판타지죠. 프로이트도 총과 자동차를 사랑하는 사람을 분석하기는 어렵지 않을 거예요.

카메론: 지난 오륙십 년간 우리가 겪은 핵에너지, 병원체의 위협 같은 것으로 인해 매우 불안한 시대를 살아가고 있다는 점이 대재앙 이후를 배경으로 하는 판타지에 드러난다고 봐요. 그리고 이런 영화를 보는 사람들은 모두 자신이 강철문 달린 맨해튼 아파트에 살면서 천만 분의 일의 확률로 살아남을 생존자일거라고 생각하죠. 물론, 좀비 몇몇을 쏴 죽여야 하겠지만 사실 꽤 괜찮은 삶이죠.

델 토로: 맞아요. 삶이 단순해지죠. 그래서 아주 남성적인 판타지예요. 그걸 인간의 진정한 가치 척도로 보기 때문이죠. 결론적으로, 혼자 슈퍼마켓을 독차지하는 게 판타지일까요? 사냥하며 생존하는 게 판타지일까요? 상부 구조에 의존하지 않아요. 경찰이나 군대에 의존하지도 않아요... 자유주의자의 판타지에 아주 가까워요. 빨간 주(공화당 우세 주)의 판타지에 아주 가깝죠.

카메론: 로버트 A.하인라인의 접근법에 아주 가까운데요?

델 토로: 그건 기본적인 욕구예요. 전 그게... 20세기 산업화와 도시 생활의 복잡성으로 인해 발생한 거나 마찬가지라고 생각해요. 실제로 그때 시작되었거든요. 우리가 사방으로 퍼져있는 작은 마을, 작은 도시들에서 살다가 도시의 집중화, 최적화, 정부의 행동 규제를 겪으면서 이 판타지가 폭발했어요. 모두 말하죠. "더 단순한 시절로 가자." 그건 과거로 돌아가자는 게 아니라 미래에 대한 얘기예요.

카메론: 과학과 문명이 우리를 구하지 못할 거라는, 우리가 처한 문제의 해답이 아닐 거라는 불안이 깊이 자리 잡고 있다고 생각해요.

델 토로: 그게 큰 부분이라고 봐요. 나머지 부분은 이게 역설적인데, 담론이 아주 엄격하게 관리되는 소셜 미디어에서 명확하게 보여요. 논쟁의 여지가 있는 이슈를 다루는 회색 영역에서는 인간으로 산다는 게 불가능해질 지경까지 담론이 규격화, 법제화 됐어요. 그런 담론의 환경에서 우린 생존할 수 없어요. 그와 동시에, 저는 지금처럼 우리가 잠재적인 분노를 느꼈던 적이 없다는 생각이 들어요. 이 두 가지-사상이 규제되고 검열되는 환경에 자신을 맞춰 살아야 한다는 것과 우리 마음 속 분노, 사회적 분노, 다른 존재에 대한 증오-가 서로 충돌을 일으켜요. 역설이에요. 크기가 똑같은 정반대의 두 가지 힘이죠. 그래서 제 생각에 유일하게 남은 탈출구는 모든 것이 끝을 향해 가고 있고, 분노가 모든 것을 덮칠 것이고, 나 홀로 우주 앞에 서게 될 것이라는 환상을 갖는 것뿐인 것 같아요.

카메론: 그건 다시 부족제로 돌아가는 거예요. 당신이

우리와 같은 부족이면 괜찮아. 만약 당신이 다른 부족이라면, 우리와 갈등이 좀 생길 거야.'

델 토로: 그렇죠. 그런 단순화된 사회는 당신이 어떤 사람인지 테스트할 거예요. 많은 이들이 자신은 좋은 사람이며 그런 환경이 와도 좋은 사람으로 살아갈 거라고 생각해요. 하지만 실제로 그들 중 얼마나 그럴 수 있을까요? 우리가 생각하는 것보다 훨씬 적을 거예요. 그러면 다시 기본적인 철학으로 돌아가는 거죠. 장 자크 루소가 말한 걸로요. 아니면 다른 식으로 생각해보죠. '워킹 데드'는 좀비를 말하는 걸까요? 아니면 여기저기 떠돌아다니는 사람들을 말하는 걸까요? 여기에 영화가 가지는 핵심 질문이 담겨 있어요. 하지만 그저 순수한 현실 도피일 수도 있어요.

카메론: 물론 이런 영화들은 우리의 분노와 환상, 공포를 이용해 현실 도피로 삼기 위한 것들이에요. 안전한 악몽이죠. 새벽 3시에 홀로 악몽을 꾸는 건 안전하지 않아요. 그러나 극장에 있으면 안전하지요. 내 주위에 사람들이 있으니까요.

델 토로: 게다가 일정 정도의 시간이 지나면 문제가 해결될 거란 것도 알고 있고요.

카메론: <에이리언>은 예외에요. 비명 소리를 아주 많이 들었거든요. 79년 개봉 당일에 큰 영화관에서 봤는데, 사람들이 비명을 엄청 질러대고 갖고 있던 팝콘을 던지고 그랬어요.

델 토로: 저도 비명을 질렀어요. 의자 아래로 숨는다는 비유적 표현이 있잖아요. 그런데 비유가 아니라 말 그대로 전 실제로 의자 아래로 들어가서 아빠한테 말했어요. "끝나면 어깨를 톡톡 건드려 주세요."

카메론: 저는 호러의 거장을 많이 알고 있어요. 그리고 당신은 확실히 그 피라미드의 정점에 있고요. 하지만 다들 어딘가 겁쟁이 같은 면이 있어요. 자신의 두려움을 다른 사람들에게 투영하죠. '내가 만약 당신을 겁먹게 할 수 있다면, 겁쟁이인 나 자신에 대해 기분이 좀 나아질 것 같아.'라고 말하는 것 같아요.

델 토로: 당신이 호러 판타지를 만든다면, 딸의 귀가 시간이 15분쯤 늦어지고 있다고 가정해 보죠. 말씀하신 대로 당신은 그 15분 동안 최악의 시나리오를 모조리 떠올릴 거예요. 그리고 딸을 구하거나 지키거나 치료할 방법을 찾겠지요.

카메론: 일전에 <프랑켄슈타인>이 당신의 자서전이라고 말을 한 적이 있어요. 그렇다면 당신은 프랑켄슈타인 박사가 만든 괴물인가요, 아니면 프랑켄슈타인 박사인가요?

델 토로: 괴물이요. 제가 자라면서 겪은 게 뭐였냐면요, 어느 시기까지 제가 자란 세상과 제 자신이 다르다고 느꼈어요. 다른 사람보다 못하다고 느꼈고, 소속감을 느끼지 못했어요. 자신이 이해하지 못할 정도로 큰 힘에 스스로 휘둘리는 괴물을 봤을 때 전 그 괴물이 저를 나타낸다고 생각했어요. 프랑켄슈타인의 괴물에게는 행복이 넘치는 존재감이 있었어요. 배우 보리스 칼로프에게 그런 존재감이 있었다고 생각해요.

반대쪽 에이스 북스에서 나온 로버트 A. 하인라인의 기념비적인 총과 벌레 SF 소설, <스타쉽 트루퍼스> 표지.

아래 제임스 웨일의 1931년작 고전 호러 영화 <프랑켄슈타인>에서 괴물 역을 맡은 보리스 칼로프.

칼로프는 그 캐릭터에 평온함과 은총을 가져왔어요. 칼로프에게 있던 순수함과 순진함은 마리아와 꽃이 나오는 장면에서 빛을 발했죠. . .

카메론: 소녀와 나오는 장면도 그렇고, 불을 무서워하는 것도 그렇고요.

델 토로: 저는 제 자신을 괴물에게 완전히 이입했고 즉시 친근감을 느꼈어요. 괴물을 믿을 수 있을 것 같았어요. 전 카톨릭 신자로 자랐는데 그 많은 성스러운 인물들이 <프랑켄슈타인>의 괴물보다 더 멀게 느껴졌어요. 저는 늘 말해요. 많은 사람들이 성 바오로처럼 다마스커스로 가는 길에서 진리로서의 예수를 만났다고. 저는 오리지널 <프랑켄슈타인>을 일요일 TV에서 만났어요. 제가 받은 정서적인 충격은 그만큼 컸어요. 삶이 바뀌는 기분이었어요.

카메론: 그런데 프랑켄슈타인을 어떤 식으로든 공감이 가는 괴물로 일반화해보죠. 처음에는 혐오스럽고 두려운 존재였지만 알고 보면 내면이 아주 인간적인 외계인이 등장하는 SF에서 이런 괴물을 많이 보게 되죠. 우리는 그들과 공감하기 시작해요. 그러면서 동시에 다른 사람들이 왜 그들을 두려워하고, 공격하려 들고, 죽이려 하는지 알게 돼요. 이 점이 괴물 영화의 중요한 카테고리가 된다는 생각이 들지 않나요? 좀 더 명확하게는 SF에서요. 호러에서는 그런 경향이 덜하죠.

델 토로: 물론이에요. 제 말은, 결코 다른 존재란 없으며, 우리가 생각한 다른 존재가 실은 항상 우리 자신이었다는 것을 이해하는 순간, 우리는 인간이 된다는 것이 무엇인지를 이해하게 된다는 거예요. 전 공포를 유발시키기 위해 사용하는 그 '다름'이 늘 우리가 지녀야 할 인간성의 진정한 본질을 잃게 만든다고 생각해요. 어떤 유형의 호러에서는 흑백논리의 우화화도 아주 좋다고 생각해요. 그러나 제가 흥미를 느끼는 방식의 우화화는 회색 영역에 있어요. 그게 제 영화의 원동력이에요.

카메론: 괴물은 사악한 캐릭터가 아니에요. 사악한 캐릭터는 완전히 사람처럼 보이는 것이거나 사람이지만, 내면은 괴물이에요. 겉모습의 문제가 아니에요. 영혼이나 정신의 문제예요.

델 토로: 전 훌륭한 괴물을 만들려면 평온한 상태의 괴물을 만들어야 한다고 말하곤 했어요. 평온한 상태의 사자는 위엄 있고 멋지지만, 나를 깔아뭉개고 있는 사자는 아주 끔찍하잖아요. 영화도 같은 생각으로 만들어야 해요. 인간과 괴물의 차이는 의지예요. <에이리언>에 잘 나타나 있는데, 폴 라이저는 제노모프보다 더 괴물이에요. 제노모프는 괴물로 태어난 것이고요. 폴 라이저는 주인공 일행이 제노모프와 함께 갇히도록 문을 닫기로 결정해요. 그게 진정한 악이죠. 궁극적인 의지는 회사의 의지인 거죠. <에이리언>과 <에이리언2> 두 편 모두에서 그게 진짜 거대악이었어요.

카메론: UFO를 본 이야기를 해주세요.

델 토로: 좋아요. 제가 열다섯인가 열여섯 살이었을 때였어요. 제 친구와 맥주 여섯 캔을 샀어요. 마시지는 않았고요.

왼쪽 위 <해양 괴물>(1954)의 극장용 포스터. 이 영화는 델 토로의 <셰이프 오브 워터>(2017)에 분명히 영향을 주었다.

반대쪽 <지구 vs 비행접시>(1956) 의 극장용 포스터

카메론: 그 부분에서 이야기의 신빙성이 떨어지는데요. 알 만한 분이.

델 토로: 우린 고속도로로 갔어요. "도로에 앉아서 맥주를 마시고 별을 보면서 수다나 떨자."하고요. 고속도로로 가는 길에 지평선 위에 떠있는 불빛을 봤어요. 비선형으로 정말 빠르게 지평선 위를 가로지르고 있었어요. 도로에는 우리 차밖에 없었어요. 우리는 차를 세우고 밖으로 나왔어요. 제가 "경적을 울리고 라이트를 깜빡여 봐."라고 했고 친구가 경적을 울리고 라이트를 깜빡이자 저 멀리 있던 불빛이 순식간에 우리로부터 500미터 가량 떨어진 곳까지 다가오더라고요. 디자인이 정말 별로였어요! 만약 이게 제가 꾸며낸 이야기라면, UFO를 제대로 상상해서 묘사할 거예요. 하지만 그건 그저 불빛을 두른 비행접시였어요.

카메론: 정말 실망스럽군요.

델 토로: 아주 실망스러웠어요. 하지만 그때 느꼈던 공포는 말로 설명할 수가 없어요. 한번도 그런 걸 느껴본 적이 없었어요. 처음에는 경이로웠다가 곧바로 제가 탱크 앞에 서 있는 개 한 마리가 된 것처럼 두려웠어요. 우리는 차에 올라타고 비명을 질렀죠. "밟아. 최대한 밟아!" 제가 뒤를 돌아보자 UFO가 우리를 따라오고 있었어요. 다시 돌아봤을 땐 사라지고 없었어요. 그게 끝이에요.

카메론: UFO에 타고 있던 친구들은 신나게 웃고 있었을 거예요.

델 토로: "저 뚱땡이 애들 겁먹었어!" 하지만 이야기는 그게 다예요. 실망스럽죠. 하지만 당시에는 압도적인 경험이었어요.

카메론: 정말 좀 더 나은 디자이너가 있으면 좋겠어요.

델 토로: 전설적인 특수 효과 모형 제작자인 그렉 제인이 그 우주선을 디자인했다면 좋았을 거예요.

어두운 미래 (DARK FUTURES)

맷 싱어

1968년, 인류는 치명적인 전염병으로 몰살한다. 죽은 자들은 뱀파이어가 되어 다시 살아간다. 지구에 마지막 남은 인간이 살아남기 위해서는 이들 뱀파이어를 모두 죽여야만 한다.

1997년, 자의식을 갖게 된 미사일 방어 컴퓨터가 미국과 러시아 간에 핵전쟁을 일으켜 30억 명이 죽는다. 핵공격으로부터 살아남은 사람들은 이 전쟁을 심판의 날이라고 부른다.

1999년, 어느 해커가 지금은 1999년이 아니라 먼 미래이며, 그의 정신은 기계가 만들어 놓은 매트릭스라는 가상 현실에 갇힌 채, 기계의 속임수로 인간 노예가 스스로 자유로운 존재라고 믿고 있다는 사실을 알아낸다.

2018년, 이 암울한 미래들 중 어느 것도 현실화되지 않았다. 적어도 아직까지는. 그러나 SF 팬들은 이 모든 일을 영화관에서 겪었다. 지난 반세기 이상, SF 영화의 가장 일반적 유형의 하나는 현실화될 수 있는 악몽 같은 미래를 묘사한 것이다. 일반적 통념은 종종 헐리우드 영화가 현실 도피에만 관심이 있다고 단정 짓는다. 그런데도 영화사는 소위, 비상업적인 이야기를 계속 제작하고, 관객들도 계속 몰려든다. 언뜻 납득이 안 된다. 이런 영화들은 문제로부터 벗어날 수 있는 탈출구를 제공하지 않는다. 다만 90여분 동안 우리를 현실화 될 수 있는 가장 어두운 미래 안에 가두어 둔다.

초창기의 몇몇 영화는 대재앙 이후를 다룬 인기있는 소설을 각색한 것이다. 1954년 첫 출간된 리처드 매디슨의 소설 <나는 전설이다>는 고전적인 뱀파이어 이야기에 SF의 광택을 더했다. 어느 날 치명적인 질병이 지구를 유린하고, 죽은 자들은 흡혈 괴물로 변한다. 유일하게 살아남은 사람, 로버트 네빌은 바이러스에 대한 자연 면역력이 있다. 낮 동안 네빌은 생필품을 구하고 질병 치료법을 알아내려고 노력한다. 밤에는 집 안에 바리케이드를 치고 그를 죽이려고 침입하는 뱀파이어들의 공격을 막는다.

매디슨의 소설은 공식적으로 세 번 영화로 만들어졌다. 각각의 영화는 나름대로의 해석을 담았다. 소설의 정신과 가장 가까운(그리고, 예산을 가장 적게 들인) 것은 1964년작 <지상 최후의 사나이>로, 빈센트 프라이스가 인류의 마지막 생존자(영화 속 이름은 로버트 모건)를 연기했다. 7년 뒤, 찰턴 헤스턴이 출연한 <오메가 맨>이 만들어졌다. 이번에는 인류가 생물전으로 전멸하고, 헤스턴이 연기한 네빌은 뱀파이어 대신 패밀리라고 불리는 알비노 돌연변이 광신도 집단을 사냥한다. 약 35년 뒤 헤스턴을 이어, 윌 스미스가 소설과 같은 제목으로는 첫 영화인 <나는 전설이다>에서 네빌 역할을 맡았다. 프랜시스 로렌스 감독은 네빌이 황량한 뉴욕을 배회하며 앞선 두 영화의 뱀파이어와 돌연변이 특징을 모두 지닌 괴물인 다크시커와 전쟁을 벌이는 것으로 해석했다.

매디슨의 소설에 바탕을 둔 이 세 영화는 각각 다른 방식으로 당시의 사회와 정치를 반영하고 있다. 하지만 세 영화 모두 황폐화된 무법 지대에서 살아남아 삶을 회복한다는 다크 판타지이다. 매디슨의 책과, 그 책에서 영감을 얻은 여러 이야기가 서부극만큼이나 인기를 얻었다는 사실은 흥미롭다. 서부극은 주인공이 문명화되지 않은 황야에서 악당을 벌한다는 자경단의 정의에 초점을 둔 다른 장르로서, 그 당시 쇠퇴하기 시작했다. 마치 거칠고 폭력적인 개인주의가 군림하던 '더 단순한' 과거에 대한 향수를 반영한 것처럼 미래는 다시 서부의 황야로 대체되었다. 서부극이 추구하던 가치가 미래에 다시 돌아올 수 있는 것이다. 기예르모 델 토로 감독이 말했듯이, 20세기 '판타지의 본질'은 대재앙 이

반대쪽 리처드 매디슨의 <나는 전설이다>를 각색, 영화화한 2007년 작품의 극장용 포스터. 프랜시스 로렌스가 감독했고, 윌 스미스가 출연했다.

WILL SMITH
THE LAST MAN ON EARTH
IS NOT ALONE.
I AM
LEGEND
www.iamlegend.com
EXPERIENCE IT IN IMAX

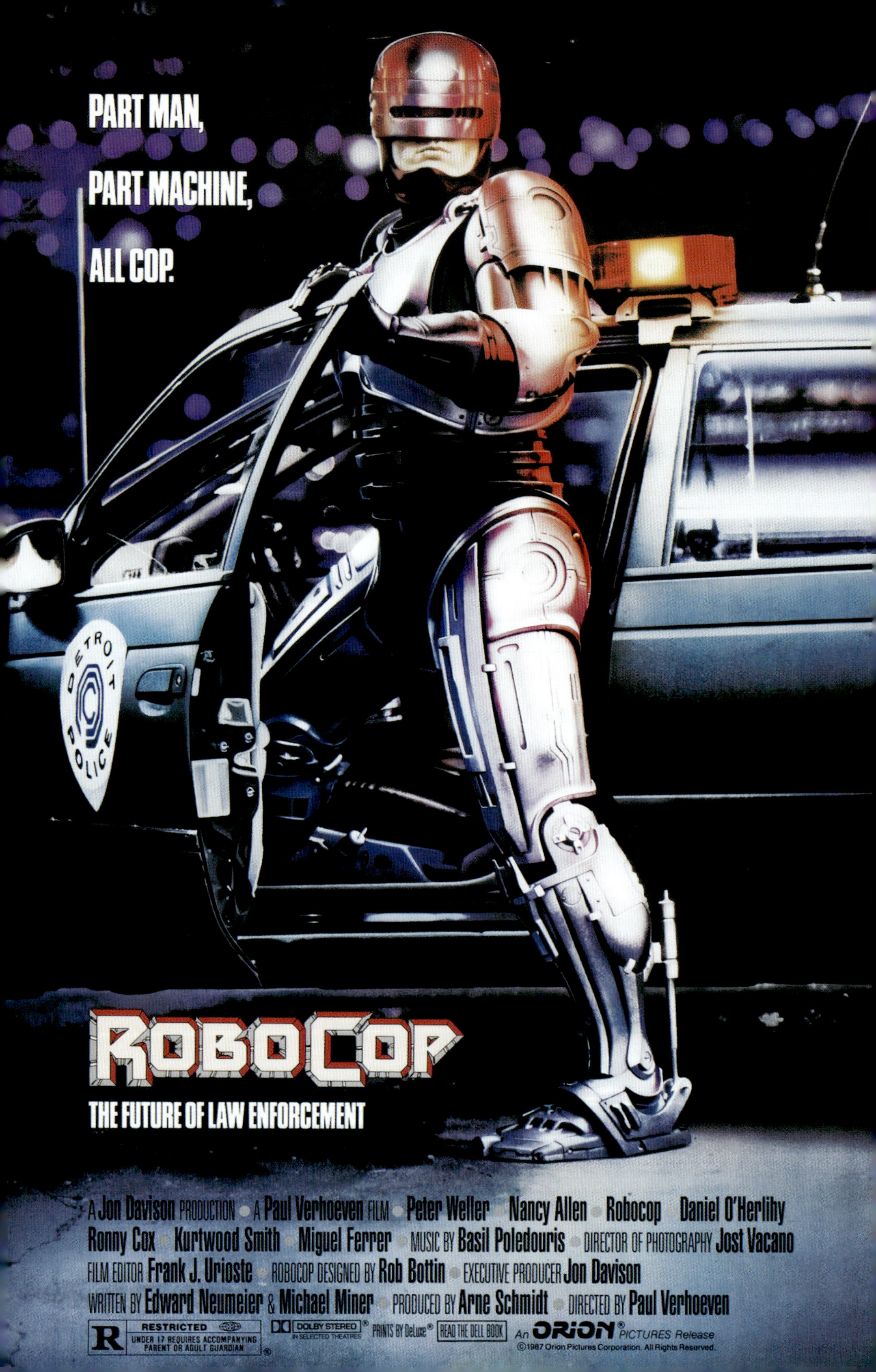
PART MAN,
PART MACHINE,
ALL COP.
DETROIT POLICE
ROBOCOP
THE FUTURE OF LAW ENFORCEMENT
A Jon Davison PRODUCTION • A Paul Verhoeven FILM • Peter Weller • Nancy Allen • Robocop • Daniel O'Herlihy
Ronny Cox • Kurtwood Smith • Miguel Ferrer • MUSIC BY Basil Poledouris • DIRECTOR OF PHOTOGRAPHY Jost Vacano
FILM EDITOR Frank J. Urioste • ROBOCOP DESIGNED BY Rob Bottin • EXECUTIVE PRODUCER Jon Davison
WRITTEN BY Edward Neumeier & Michael Miner • PRODUCED BY Arne Schmidt • DIRECTED BY Paul Verhoeven
R RESTRICTED UNDER 17 REQUIRES ACCOMPANYING PARENT OR ADULT GUARDIAN
DOLBY STEREO IN SELECTED THEATRES
PRINTS BY DeLuxe®
READ THE DELL BOOK
An ORION® PICTURES Release
©1987 Orion Pictures Corporation. All Rights Reserved.

후의 비전인 '우리, 우리 자동차, 우리 총'이다. 그것이 사실이라면, 다양한 영화로 만들어진 <나는 전설이다>는 그와 같은 판타지의 본질을 지닌 원형이라 하겠다.

만약 매디슨의 소설이 그런 판타지에서 유래했다면, 그 정점은 <매드 맥스> 시리즈에서 찾을 수 있다. 조지 밀러 감독은 40년 동안 4편의 <매드 맥스> 시리즈 여정을 통해 무정부 상태와 광기로 서서히 빠져드는 미래를 보여준다. 1979년에 개봉한 <매드 맥스>는 '지금으로부터 몇 년 뒤'가 배경으로, 붕괴 직전의 호주에서 고속도로 순찰대로 활동하는 맥스 로카탄스키(멜 깁슨)의 행적을 따른다. 1981년 후속편 <로드 워리어>에서는 우리가 아는 사회가 존재하지 않는다. 맥스는 부지불식간에 야만적인 무법자의 공격을 받는 소수 정착민의 구원자가 된다. 존 포드의 서부극에서 나온 이야기라고 해도 어색하지 않다. 1985년작 <매드 맥스3>에서 맥스는 비디티운이라는 사막의 도시에서 검투사 무리와 엮인다. 30년 뒤 밀러는 다시 <매드 맥스> 시리즈로 돌아와 2015년에 <매드 맥스: 분노의 도로>를 발표했다. 여기서는 맥스(톰 하디)가 더 황폐해진 미래 세상을 방랑하며 임모탄 조(휴 키스 바이른)라는 끔찍한 독재자에게 반란을 일으킨 여성들과 의기투합한다.

<매드맥스> 시리즈에서 사회는 점진적으로 붕괴한다. 각각의 영화는 당시 제작된 특정 시기의 불안감을 증폭해서 드러낸다. <로드 워리어>는 1979년 에너지 위기 이후, 지구의 천연 자원 고갈에 대해 커져 가던 우려를 반영한다. 지구 온난화가 화제가 되고 있는 상황에서 제작된 <분노의 도로>는 물이 지구에서 가장 귀중한 물질이 된 미래를 상상한다. 전체적으로 보면, <매드 맥스>는 암울한 미래의 모습을 그리지만, 희망이 없지는 않다. 그 점이 바로 이 시리즈가 인기를 얻은 이유다. 불굴의 사령관 퓨리오사(샤를리즈 테론)가 이끈 맥스의 여성 동지들은 조를 집단의 지도자에서 몰아내고 그 자리에 퓨리오사를 추대한다. 이를 지켜본 관객은 '세상의 끝'이 새로운 시작일 수도 있다는 느낌을 받는다.

반대쪽 티타늄으로 도금된 범죄수사대원 로보캅이 포스터 전면에 배치. 폴 버호벤의 1987년작 <로보캅>은 SF 블록버스터에 큰 영향을 끼쳤다.

사실 부활은 어두운 미래를 다룬 영화에서 자주 등장하는 주제다. 물론 어떤 경우에는 큰 대가를 치르는 부활도 있다. <로보캅>(1987)에서 때를 특정하지 않은 가까운 미래의 디트로이트는 혼돈 직전의 상황에 처한다. 옴니 컨슈머 프로덕트(OCP)는 델타 시티 개발을 진행하기 위해 현지 경찰서를 장악하고 인간 경찰을 로봇으로 교체하기 시작한다. OCP는 사망한 경찰 머피(피터 웰러)의 몸의 일부를 프랑켄슈타인처럼 꿰어 맞춰서 로보캅으로 만든다. 로보캅은 무고한 사람들과 탐욕스러운 기업가(OCP 외부에는 알려지지 않은)들을 보호하도록 프로그램되었다. 그러나 회사의 중역들은 로보캅이 과거 머피로 살던 삶을 기억해내어 그로 인해, 인간성을 되찾는 것을 원치 않는다.

<로보캅>의 감독 폴 버호벤이 보여준, 무책임한 기업이 지배하는 미래의 모습은 당시 '탐욕은 선하다'로 대변되던 레이건 경제정책을 바탕으로 무시무시한 추정을 한 것이다. 이 영화가 인류를 바라보는 관점은 냉소 그 자체다. 로보캅은 처음 디트로이트를 순찰하던 중 '델타 시티: 장밋빛 미래'라고 쓰인 거대한 표지판 아래의 어두운 곳에서 튀어나온 깡패들에게 공격당한 여성을 구조한다. 이 표지판은 영화 내내 여러 차례 등장한다. 하지만 델타 시티에 장밋빛 미래가 없는 건 분명하다. 단지, 비참함과 부패, 그리고 착취만 있을 뿐이다.

<로보캅>은 인간과 기계가 기괴한 방식으로 뒤섞이는 어두운 미래를 다룬 많은 영화 중 하나이다. 디스토피아를 다룬 영화로는 <블레이드 러너>를 빼놓을 수 없다. 리들리 스콧의 이 유명한 미래 누아르는 황폐화된 환경의 2019년 LA가 배경이다. 경찰 신분을 박탈당한 릭 데커드(해리슨 포드)가 레플리컨트-진짜 인간과 구분이 거의 불가능한 인공 생명체-를 사냥하는 내용이다. <블레이드 러너>가 그려내는 미래에 태양은 결코 빛나지 않으며, 비는 절대 그치지 않는다. 포드가 연기한 릭 데커드는 4년만 주어진 수명을 연장하려는 희망을 가지고 자신들을 만든 창조자를 찾아 지구로 돌

아온 탈주자 레플리컨트 집단을 죽이기 위해 은퇴 생활에서 되돌아온다.

강한 체력을 빼면 레플리컨트는 보통 사람과 구별이 되지 않는다. 인간의 특징을 보여주는 레플리컨트의 잠재성은 이 존재의 본질에 대한 윤리적이고 철학적인 제반의 의문을 제기한다. 레플리컨트는 본래 이들을 만든 타이렐 코퍼레이션의 노예다. 로보캅이 OCP의 노예인 것처럼. 그런데 <매트릭스>(1999)의 핵심에는 아주 다른 종류의 노예가 있다. 관객이 영화 초반에 만나는 네오(키아누 리브스)는 변변찮게 사는 컴퓨터 프로그래머이다. 네오가 모피어스(로렌스 피쉬번)라는 정체 모를 인물로부터 전화를 받은 그날 모든 게 바뀐다. 모피어스는 네오에게 진실을 말해준다. 인류와 기계의 전쟁이 끝난 뒤 기계가 인간을 생체 전기 에너지로 채취하기 시작했다는 것이다. 네오가 사는 세상은 사실 인류가 커다란 생체 전지로 쓰이고 있다는 사실을 인식하지 못한 채 순응하도록 만든 고도로 발달한 컴퓨터 시뮬레이션이다.

네오의 발견은 최악의 악몽이다. 그러나 액션 팬에게는 꿈이 실현되는 순간이다. 매트릭스는 현실의 시뮬레이션에 불과하다. 따라서 네오와 동료들은 컴퓨터 프로그램으로 전투 능력을 강화해 규칙을 피해간다. 쿵푸를 배우는 데 필요한 건 그저 키보드를 몇 번 두드리는 일이다. 덕분에 각본을 쓰고 감독한 라나 워쇼스키와 릴리 워쇼스키는 물리학 원칙을 위반하는 전투와 추격 장면으로 <매트릭스>를 채울 수 있었다. 1999년 개봉 당시 이 영화에 쓰인 특수 효과-특히 아주 느린 슬로 모션으로 찍은 사람과 빠른 카메라 움직임을 합성한 '불릿 타임'이라는 기술-는 충격과 함께 그 시대의 헐리우드 블록버스터 전체에 큰 영향을 끼쳤다. 이런 화려한 디지털 기술은 영화의 핵심 주제와 상반된다는 매력도 있다. <매트릭스>는 기술을 심각하게 의심하면서도 동시에 기술에 전적으로 의존하고 있다.

프로그래머인 네오는 컴퓨터를 이용해 삶의 질을 높일 수 있다고 생각한다. 매트릭스에서는 그 반대다. 기계는 자신의 존재를 강화하기 위해 인간을 이용한다. 워쇼스키 자매가 이러한 아이디어를 선보인 1999년은, 흥미진진하고 새로운 디지털 시대가 우리 사회에 도래할 것 같은 시기였다. 거의 20년이 지난 후, 우리 사회는 많은 사람들이 우려할 정도로 디지털 세상을 받아들이고 있다. 그래서 인류가 기술의 노예가 된다는 워쇼스키 자매의 두려움은 더욱 커다란 반향을 일으킨다. (궁금해서 그러는데, 이 글을 읽으면서 몇 번이나 잠깐 멈추고 스마트폰을 확인하셨는지?)

영화 <매트릭스>의 가상 현실 공간 매트릭스는 1990년대 후반이나 2000년대 초반처럼 보이지만, 영화의 시간적 배경은 사실 수십 년 뒤의 미래다. 네오와 동료들이 우중충한 '현실 세계'와 매트릭스 안의 화려한 도시를 왔다갔다할 때는 마치 시간 여행을 하는 것 같다. 그건 SF에서 아주 인기가 좋은 또 다른 하위 분야를 살짝 떠올리게 하는데, 바로 어두운 미래가 오는 것을 막기 위해 미래에서 사람이 과거로 돌아가는 내용을 다루는 시간 여행 SF이다. 이런 사례는 많다. <12 몽키즈>(1995), <루퍼>(2012), <엣지 오브 투모로우>(2014) 등. 하지만 여전히 가장 영향력이 큰 작품은 제임스 카메론의 <터미네이터>와 <터미네이터 2: 심판의 날>이다.

첫 편에서, 지각력을 갖춘 미래의 컴퓨터 프로그램은 로봇(아놀드 슈워제네거)을 과거로 보내 훗날 인류의 구원자를 잉태할 사라 코너(린다 해밀턴)를 죽이려 한다. 역시 미래에서 온 군인 카일 리스(마이클 빈)로 인해 로봇의 임무는 실패한다. <터미네이터2>에서는 액체 금속으로 만든 더 뛰어난 암살자(로버트 패트릭)를 보내 사라의 아들인 존(에드워드 펄롱)이 아직 십대일 때 죽이려 한다. 이번에는 성인이 된 존이 과거의 자신을 보호하도록 프로그래밍 한 로봇 슈워제네거를 보낸다.

카메론의 <터미네이터>에는 온갖 종류의 역설이 담겨 있다. 존은 사라와 카일의 아들이다. 그런데 어찌 된 일인지 존이 카일을 과거로 보내 어머니가 자신을

맨 위 <매트릭스>에서 키아누 리브스가 총알을 피하는 유명한 장면.

위 사이먼&슈스터가 출간한 레이 브래드버리의 <화씨 451> 표지.

임신하기 전에 존재한다. 후속편을 보면, 첫 편에서 파괴된 터미네이터의 잔해는 애초에 터미네이터를 1984년으로 보낸 스카이넷을 개발하는 데 필수적인 것이다. 시간 퍼즐은 뇌를 즐겁게 한다. 그러나 이 시간 퍼즐에서 더 중요한 것은 <터미네이터> 시리즈의 궁극적인 메시지를 이해하는 데 있다. 첫 편에서 빈이 연기한 카일 리스는 그 메시지를 이렇게 표현한다. "운명은 없다. 다만 우리가 만들어 갈 뿐."

<화씨 451>(1953)과 <나는 전기 통하는 몸을 노래한다>(1969) 같은 고전 SF의 저자 레이 브래드버리는 자신이 어두운 미래를 예견하는 사람이 아니라 막는 사람이라고 자주 이야기했다. 그건 어느 정도 어두운 미래 이야기를 하는 모든 이들이 가진 동기다. 최악의 시나리오를 상상만 하기보다는 적극적으로 관객에게 경고하는 것이다. <터미네이터> 시리즈에 담긴 이와 같은 사전 대책을 강구하는 메시지는 서사의 원동력이 된다. 카메론의 영화는 어두운 미래가 현실이 되는 것을 막기 위해 미래의 디스토피아를 배경으로 관객을 겁주는 이야기를 하는 대신, 미래의 디스토피아를 막으려고 스스로 적극적으로 나서는 사람들에 대한 이야기를 한다.

<터미네이터2>의 엔딩은 사라와 존 코너가 심판의 날을 막았다는 것을 강하게 암시한다. 그러나 이후, 세 편의 후속작이 더 나왔고 25년 만에 카메론이 관여하는 후속편이 2019년에 나올 예정이다. 우리의 주인공이 성공했다고 믿는 건 좋지만, 반신반의하는 것이 맞는 자세일 것 같다. 사라 코너는 <터미네이터2>의 마지막 장면에서 "알 수 없는 미래가 우리를 향해 다가오고 있다."라고 말했다.

종말은 개개인에게도 사회 전체에도 언제든 찾아올 수 있다는 깨달음이 <터미네이터 시리즈>를 영향력 있는 영화로 만들었다. 새로운 두려움의 대상이 늘 존재하듯 그 두려움을 해결하려는 새로운 영화도 늘 존재한다.

리들리 스콧

인터뷰 진행 제임스 카메론

1979년작 불멸의 우주 호러 영화 <에이리언>으로 SF에 혁명을 일으킨 리들리 스콧은 당시 단 한 편의 영화 <결투자들>(1977)만을 만들어 본 베테랑 CF 감독이었다. 스콧의 예술적인 눈은 평범한 우주선 노스트로모호의 구석구석을 세심하고 정교하게 만들어내어 아무런 낌새도 못 챈 승무원들에게 몰래 접근하는 끔찍한 포식자를 풀어놓기 이전, 이미 밀실공포증의 느낌을 구축했다. 까맣게 빛나는 제노모프가 연이어 새로운 희생자를 내자 시고니 위버가 연기한 엘렌 리플리는 용기를 내어 위협을 제압한다. 그리고 살아남는다. 그 다음 영화 <블레이드 러너>(1982년작, 해리슨 포드가 미래의 형사 릭 데커드를 연기했다.) 역시 SF 영화의 기준을 높여 놓았다. 시대를 앞선 아이디어를 담은 이 영화는 시간이 흐른 뒤에야 그 천재성을 인정받을 수 있었다. 그럼에도 불구하고 스콧은 시각 예술가로서의 재능을 발휘해 영화 역사상 길이 남을 아름다운 장면을 다수 만들어내며 놀라울 정도로 다재다능하고 다작하는 영화 제작자로서 헐리우드의 아이콘이 되었다. 자신이 만든 에이리언 세계의 두 프리퀄 <프로메테우스>, <에이리언: 커버넌트> 그리고 화성에 혼자 남겨진 우주인 이야기인 앤디 위어의 베스트셀러 과학 소설을 각색하여 만든 영화 <마션>(오스카상 후보에 지명됨)으로 최근 다시 SF로 돌아왔다. 이제 스콧이 카메론과 함께 인공 지능의 위험성, 영화 역사상 가장 뛰어나고 길이 남을 괴물을 만들던 기억, <블레이드 러너>에서 가장 기억에 남는 -복제인간 로이 배티의 독백 '빗물 속의 눈물' -장면에 담긴 비애의 미에 관해 이야기를 나눈다.

제임스 카메론: 저는 크면서 항상 당신처럼 되고 싶다고 말해왔어요. 지금도 마찬가지예요. 전 여전히 당신처럼 되고 싶어요. 영화에 대한 에너지와 열정을 저도 지키고 싶어요. 만드신 영화마다 크게 성공하셨어요. 심미안도 대단하시고요.

리들리 스콧: 계획이 없는 게 제 계획이에요.

카메론: 우리가 지금 여기 있는 건 둘 다 SF라는 장르를 아주 좋아하기 때문이에요. 아마 저처럼 어린 시절에 온갖 SF를 보셨을 것 같아요. 처음에는 디자이너로 시작하셨죠? 왕립예술대학을 나오셨던가요?

스콧: 런던 왕립예술대학을 나왔어요. 그때는 TV가 없었어요. TV는 정신을 아주 산만하게 하죠. 영국에 흑백 TV가 들어온 1954년까지 집에는 TV가 없었어요. 그래서 책을 많이 읽었어요. SF에 흥미를 느꼈죠. H. G. 웰스가 제가 매료된 첫 SF 작가예요. 제가 좋아한 건 우주 같은 게 아니었어요. 아이작 아시모프는 끝내 맞지 않더군요.

카메론: 아시모프는 로봇과 로봇 원칙에 대한 기반을 많이 다졌어요. <블레이드 러너>를 만드셨는데, 얼마 전 합성인간이 나오는 <에이리언> 시리즈의 세 번째 <에이리언:커버넌트>를 만드셨다는 게 재미있군요. 그러니까 합성인간이 나오는 대작을 네 편 하신 거예요.

스콧: <블레이드 러너>의 로이 배티는 ICBM과 같은 인공 지능이에요. 사람들은 그게 똑똑한 폭탄이라는 점을 잊곤 해요. 컴퓨터의 장점은 감정이 없다는 거예요. 그냥 결정을 내리죠. 부정적이든 긍정적이든. <에이리언> 1편에서 탁자 위에 놓인 안드로이드 애쉬의 머리가 양심의 가책을 느끼지 않는다고 말하는 멋진 장면이 있어요. 완벽한 인공 지능이죠. 결정이나 선택에 영향을 끼칠 감정이 없어요.

카메론: 하지만 <블레이드 러너>에서 공감 능력이 있는 인공 지능 레이첼을 만드셨어요. 그 영화가 사랑 이야기가 되려면 -끝에서는 사랑 이야기가 되긴 했죠.-레이첼에게 감정 같은 뭔가 있어야 했으니까요.

스콧: 레이첼은 완벽한 넥서스-6였어요. 그렇게 불렸

반대쪽 [제임스 카메론의 SF 이야기] 세트장에서 찍은 리들리 스콧. 사진 제공: 마이클 모리아티스/AMC

죠. 타이렐(레플리컨트라 부르는 복제 인간을 만드는 기업의 회장)의 걸작이었어요. 타이렐은 레이첼이 지닌 가능성을 아주 자랑스러워했어요.

카메론: 저는 레이첼이 여전히 인간 존재의 의미를 배우고 받아들인다는 인상을 받았어요. 데커드가 레이첼이 합성인간이라는 사실을 알아내는 데는 평소보다 다섯 배 정도 더 시간이 걸렸어요. 그런데 전 당신이 인공 지능에 대한 가장 중요한 문제를 건드리고 있다고 생각해요. 기계가 인간과 아주 비슷해지고 복잡해진다고 했을 때, 인간과 기계를 구분할 수 없는 지점은 어디일까요?

스콧: 인공 지능을 만들려는 아주 영리한 집단이 있다고 한다면, 확실하게 배제시키려는 것이 감정이에요. 감정은 빼고 진행할 거예요. 감정은 기만, 화, 분노, 증오, 사랑 같은 여러 가지 결과로 이어지니까요.

카메론: 우리가 기계를 좋아하는 건 효율적이기 때문이에요. 휴가도 필요 없고, 아프다고 쉬지도 않고. 뭐 그런 이유에서죠.

스콧: 당신이나 나처럼요.

카메론: 맞아요. 우리도 기계처럼 일하죠... 최근 캐나다에서 열린 딥러닝, 범용 인공 지능보다 더 인간과 흡사한 인공 일반 지능이라고 부르는 분야의 최고 전문가들이 참석한 비공개 회의에 저도 참석했어요. 누군가 이렇게 얘기하더군요. "우리는 인간을 만들려는 겁니다." 제가 물었죠. "당신이 말하는 인간은 인간성이라는 면에서 인간을 말하나요? 자아가 있나요? 정체성도 있나요?" 그 사람의 대답은 "네. 전부요." 였어요.

스콧: 그건 정말 위험해요.

카메론: 그게 만약 인간이라면, 자유가 있을까요? 자유 의지는요? 어떻게 행동을 규제할 수 있을까요? 그 전문가는 "목표도 주고, 제약도 주는 거예요."라더군요. 그래서 제가 "그러니까 결국 우리와 지능이 비슷하거나 더 뛰어날 수도 있는 사람을 만들지만, 기본적으로 사슬로 묶어두겠다는 거군요. 사슬로 묶어버리는 거예요. 그걸 표현하는 단어가 있어요. 노예라고 하죠. 인간과 다름없는 존재가 그런 상태로 얼마나 갈 거라고 생각하나요?"라고 말했어요.

스콧: 사실이에요. 알다시피 이미 잘못된 사람의 손에 들어간 거예요. 그들은 맹목적으로 개발하는 것 같아요. 병의 치료법을 찾으려는 건 적절하고 아주 건설적인 열정이지만 인공 지능은 다른 문제예요. 정말 신중해야 해요.

카메론: <에이리언>에는 애쉬, <블레이드 러너>에는 넥서스-6 레플리컨트, <프로메테우스>에는 데이비드, <에이리언: 커버넌트>에는 월터와 데이비드 (마이클 패스벤더가 일인이역) 둘이 있네요. 데이비드와 월터는 공기가 있어야 하나요?

스콧: <에이리언>에서 애쉬가 말해요. "음, 저는 인간들이 편하게 느낄 수 있는 모습으로 만들어졌습니다. 사실 전 숨을 안 쉬어도 됩니다. 저를 물에 빠뜨리면 걸어 나올 수 있습니다." 데이비드가 애쉬의 영향을 받은 건 분명해요. 대기업이 회사의 이익을 보장하기 위해 우주선 안에 사람으로 위장한 로봇을 태운 건 완벽하게 논리적이죠.

카메론: 시고니가 연기한 인물은 그걸 바로 알아챘고, 심한 배신감을 느꼈죠. 관객도 배신당했다거나 속았다고 느꼈어요. 그래서 시고니에게 동조했던 거죠.

스콧: 전부 각본에 있었어요. 제가 한 게 아니에요. 저는 각본을 받아보고는 '우와' 했어요. 저는 감독 순위에서 5번째였어요. 밥 알트먼에게 먼저 줬었죠.

카메론: 그랬다면 아주 다른 영화가 됐을 거고 아마 제가 이렇게 좋아하는 영화가 되지는 못했을 거예요. 저는 개봉일 저녁에 봤어요. 오렌지 카운티에 살고 있었어요. 먹고 살려고 트럭을 몰던 시절이었죠. 그때 아내와 아내의 절친 낸시, 낸시의 소개팅 상대와 함께 극장에 갔어요. 낸시와 소개팅 상대는 제 오른쪽에 앉아 있었는데 괴물이 가슴을 뚫고 나오는 장면에

반대쪽 리들리 스콧의 <프로메테우스>(2012)에서 안드로이드 데이비드를 연기한 마이클 패스벤더.

서 관객 모두 비명을 질러댔죠. 그리고 제 오른쪽에서 귀가 찢어질 것 같은 비명 소리가 났어요. 극장을 나오면서 "저기, 낸시, 난 당신이 꽤 씩씩한 줄 알았는데, 도대체 그 비명은 뭐예요?"라고 했더니 "제가 아녜요. 그 남자였지." 하더군요. 결국 소개팅은 잘 안 됐어요.

저는 영화를 보고 감탄했어요. 환상적이었어요. 제 인생에서 무슨 극장, 어느 좌석에 앉았는지 지금까지 생생하게 기억하는 영화는 손가락으로 꼽을 정도예요. <2001 스페이스 오디세이>와 <에이리언>의 바로 그 장면이 그래요. 이제 인공 지능과는 완전히 다른 주제인 외계인, 지구 밖 생명체에 대한 얘기를 해야겠군요.

중세나 르네상스까지 천사와 악마였던 게 악한 외계인과 착한 외계인으로 바뀌었다는 건 흥미로워요. 천사 같은 외계인이 큰 우주선을 타고 와서 밝은 빛으로 우리를 흠뻑 적시고 깨달음을 안겨 주는 <미지와의 조우> 같은 영화가 있고 다른 한편엔, 당신이 탐색한 <프로메테우스>나 <에이리언: 커버넌트>같은 어두운 작품도 있고요. 특히 <에이리언: 커버넌트>는 완전히 차원이 달라요.

스콧: 그러려고 노력하죠. 전 당신이 다른 수준으로 올려놓은 <아바타>에 영향을 받았어요. <아바타>로의 진화는 정말 영리했어요. 진정 감탄하고 있어요. 격려하는 말이 아니에요. 진심이에요.

카메론: 세트장에 오셨을 때가 떠오르네요. 거기서 이렇게 말씀하셨죠. "나도 SF로 돌아가야겠어." 전 그 말을 액면 그대로 받아들였어요. 당신을 영화 제작자로서 세계적인 지평에 올려놓은 당신의 뿌리, <에이리언>과 <블레이드 러너>, 아주 훌륭한 고전 SF 영화 두 편을 연이어 만드셨으니까요. 그리고 보세요! 최근에는 뛰어난 영화 세 편을 만드셨죠. 너무 다른 두 영화 <프로메테우스>와 <마션>, 그리고 <에이리언: 커버넌트>까지요. 당신이 SF로 돌아와서 얼마나 기쁜지 몰라요.

스콧: <마션>은 현실적이에요. 판타지가 아니라 현실이죠. 제가 <마션>에 끌린 점은 재미있다는 것이었어요.

카메론: 맞아요. 교수대 유머가 있죠. 블랙 유머가 있어요. 영화에서 그걸 잡아내셨어요. 하지만 매우 과학 지향적인 <마션>이 SF가 아니라는 데는 이의를 제기하고 싶군요. 그건 가상의 이야기예요. 아직 일어나지 않은 일이죠.

초창기의 SF, 30년대의 펄프 시대를 생각하면, 사실 과학을 정말 좋아하는 너드들이 이런 식으로 떠드는 거였어요. "음, 우주선에 에어록이 있어야 우주선 밖으로 나갈 수 있을 거야. 그러려면 안쪽 문과 바깥쪽 문이 있어야겠지." 우주 과학자들이 실제로 연구하기도 전에 이야기를 만들면서 전부 생각해냈죠.

스콧: 그런 사람들이 새로운 문을 열었죠. . . 저는 구로사와 아키라와 잉마르 베리만에 빠져 있었어요. 베리만이 만든 건 다 봤어요. SF에서, 저한테 와 닿았던 건 대개 사회적인 SF였어요. 제가 본 최고는 아직도 <그날이 오면>(1962)이에요.

카메론: <그날이 오면>, 아주 훌륭하죠. 네빌 슈트의 소설(핵전쟁 뒤에 살아남으려고 애쓰는 사람들에 관한 이야기)이 원작이에요. 그것도 아주 어두웠어요. .

왼쪽 <에이리언>의 긴장감 넘치는 한 장면. 악당 안드로이드 애쉬 (이안 홀름)가 승무원 리플리(시고니 위버)를 공격하고 있다.

반대쪽 위 위 리들리 스콧의 <마션>에서 맷 데이먼은 붉은 행성에 홀로 남겨진다.

. 엄청난 사회 불안이 SF를 통해 나타났던 거죠. 전에 저와 얘기하면서 조지 오웰을 언급하셨어요. 그때 전 당신이 만든 망치 든 여자가 나오는 1984년 애플 광고 수상작이 떠올랐어요. TV 광고가 어떻게도 만들어지는지 대혁신을 일으켰죠. 아름다운 단편 영화였어요. 요즘 같았으면 잘 안 됐을 거예요. 너무 많은 SF 팬들이 영화나 TV, 대중문화, 게임 같은 걸 통해서만 SF를 접하니까요. 뿌리가 문학이란 걸 몰라요.

스콧: 책을 안 읽으니까요. . . 우리는 오늘날의 소설가라고나 할까요. 영화를 만드니까요. 우리는 책을 대체하고 있어요. 하지만 그건 정보를 얻는 게으른 방법이에요. 그냥 앉아 있는 거잖아요. 종이 냄새를 맡을 필요도 없고 표지를 볼 필요도 없죠. 그냥 정보가 주입되는 거예요. 그게 좋은 건지 나쁜 건지는 모르겠어요

카메론: 작업하신 영화의 상당수가 원작 소설이 있어요. <블레이드 러너>의 원작은 필립 K. 딕의 소설 <안드로이드는 전기양을 꿈꾸는가?>죠. 필립 K. 딕은 아주 다작하는 작가예요. 작품이 매우 심오해요. 60년대에 현실의 본질과 인공 지능의 본질, 인간이 된다는 것에 관한 고민을 했어요. 오늘날 우리가 SF 영화에서 던지는 질문들이에요. 제가 보기에 당신은 세부 내용이 아니라 본질에 집중하신 것 같아요. 영화는 소설과 아주 다르거든요. 하지만 소설의 핵심을 제대로 다뤘다고 생각해요.

스콧: 그 책은 처음 스무 쪽만 읽어도. . . 제가 딕을 만났을 때, "이런, 이 책은 끝까지 못 읽겠어요."라고 했더니 엄청 화를 냈어요. 그래서 기분을 풀어주려고 어느 날 오전, 시각 효과의 선구자인 더그 트럼블의 집으로 딕을 초대해서 그랬죠. "저기, 여기 와서 몇 장면 보세요." 저는 영화의 오프닝을 보여줬고, 딕은 완전히 넋이 나갈 정도로 압도되어 기분이 풀렸어요. 그리고 꽤 친해졌어요.

카메론: 풀렸다니 다행이에요. 원작 문학을 좋아하시잖아요. <듄>도 일 년 정도 준비하셨죠.

스콧: 네. 형이 죽고서 잠시 제정신이 아니었어요. 일을 해야 했어요. <에이리언>을 편집하고 있는데 누가 햄턴 팬처가 쓴 <안드로이드는 전기양을 꿈꾸는가?> 각본을 갖고 왔어요. 각색한 거였어요. 제작자는 마이클 딜레이였고, 당시 믹싱 작업 중이라서 "방금 SF 영화 하나를 끝냈어요. 또 SF를 하고 싶지는 않아요. 하지만 고마워요. 아주 재미있게 읽었어요." 라고 했죠. 그렇게 잊고 <듄>을 준비하고 있었어요. 제게는 루디 워리처라는 아주 뛰어난 작가가 있었어요. <자유의 이차선>과 <관계의 종말>을 쓴 친구예요. 루디와 저는 아주 괜찮은 각본을 쓰는 팀이었어요. 형이 죽자 세상이 뒤집힌 것 같았어요. 저는 딜레이에게 전화했어요. "그거 있잖아요? 다시 읽어 봐도 될까요?" 그렇게 헐리우드로 왔어요. 헐리우드에서 처음 영화를 만드는 거였어요. 첫 페이지부터 각본을 다시 쓰기 시작했어요. 햄턴과 함께 햄턴의 초기 각본에 담긴 핵심 아이디어를 바탕으로요.

카메론: 저에게 엄청난 영향을 준 영화였어요. <2001 스페이스 오디세이>는 저를 영화계로 이끌었고, <스타워즈>, 그건 우리 둘 모두에게 영향을 끼쳤겠죠. <블레이드 러너>는 제가 막 <터미네이터>를 쓰고 있을 때 나왔어요. 이렇게 멋진 영화라니. 전 '영화가 이렇게 예술적일 수 있구나'하고 생각했어요. <터미네이터>를 만들 때 <블레이드 러너>처럼 예술적인 영화를 만들려고 하진 않았지만 당신 영화는 늘 제 머릿속에 있었어요. 그리고 인간에 도전하는 기계, 애정과 감정이 없는 기계에 대한 아이디어도요. 제가 감독을 시작할 때 가장 두려웠던 건 배우에게 어떻게 이야기해야 할지 전혀 모르겠다는 거였어요. 저는 무대나 극장 경험이 없었거든요. 하지만 작가일 땐 등장인물이 무슨 생각을 하고 무슨 행동을 하며 왜 그러는지를 알았거든요. 그리고 감독으로서의 제 방식을 찾았어요. 그저 등장인물에 관해 말해주면 되는 거였어요. 그 두려움을 극복하자 그 뒤로는 꽤 쉬워졌어요.

스콧: 어느 감독에게나 제가 조언하는 건 함께 일하

아래 후대에 큰 영향을 끼친 리들리 스콧의 SF 걸작, <블레이드 러너>의 도시 장면.

는 사람과 친구 또는 파트너가 되라는 거예요. 제 첫 번째 영화는 동생 토니 스콧과 함께 65파운드에 만들었어요.

카메론: 얼마나 함께 일하셨죠? 40년?

스콧: 40년이죠. 토니는 항상 저와 많이 다르게 했어요. 전 토니의 시각이라면 훌륭한 SF를 만들 거라고 늘 생각했어요. 하지만 본인은 별 관심이 없었어요.

카메론: 음, 토니는 <데자뷰>를 만들었어요. 시간 여행 영화죠. 꽤 좋은 영화라고 생각해요. 시간 여행의 역설을 다루지만, 핵심에는 감정이 있었어요.

스콧: 토니는 아주 감정이 풍부해요.

카메론: SF가 우리를 겁먹게 하던 민담, 동화를 대신하게 된 것 같아요. 저는 <에이리언>에서 당신이 영화 역사상 최고의 괴물을 만들었다고 굳게 믿고 있어요. 그 엄청난 괴물을 어떻게 만드셨는지 이야기 좀 해주시죠.

스콧: 각본가인 댄 오배넌과 론 슈셋에게 감사해야 해요. 원래 각본은 브랜디와인(영화 제작자 데이비드 길러와 월터 힐이 창립한 제작사)이 갖고 있었어요. 제작자 고든 캐롤이 항상 저와 일했어요. 저는 각본을 읽고서 내가 해야겠다고 생각했어요. 제가 그 각본을 받은 게 정말 행운이었어요. "변경할 건 없나요?"라고 묻기에 "없어요. 아주 멋져요."라고 답했죠. 왜냐하면, 진행 단계로 넘어가는 영화라서 메모 몇 개만 있으면 시작할 수 있는 거잖아요. 그러니까 그냥 동의하는 거예요.

카메론: 사실 그건 좋은 조언이에요.

스콧: 제가 그랬죠. "가장 큰 문제가 하나 있어요. 각본도 좋고, 박진감도 넘치고, 좀 잔인한 것도 있어요. 그런데 괴물이 없으면, 영화를 만들 수 없어요. 그리고 대부분의 괴물은 별로예요. 예전에 봤던 괴물을 반복한다거나 하면 말이죠." 어설픈 괴물을 보여줬다가 망한 영화들이 있잖아요.

카메론: 하지만 해내셨어요. 섬광과 그림자, 동물 형태 로봇 디자인이 우주선에 융화가 됐어요. 그래서 어디까지가 괴물이고 어디서부터가 우주선인지 분간하기 힘들죠.

스콧: 댄 오배넌이 저를 한쪽으로 데려 가더니... 지저분한 엽서를 보여줬어요. "이것 좀 보세요."라고 해서 봤더니, 맙소사. 거기에 H. R. 기거의 책 <네크로노미콘>에 있는 그림 하나가 있었어요. 외설적이어서 영화사에서는 좋아하지 않았지만 저는 외설적인 거 좋다. 불쾌하고 외설적인 거, 성적으로 불쾌한 거 아주 좋다고 말했어요. 짧게 말하자면, 제가 기거를 만나러 가야했어요. 런던으로 오라고 설득했죠. 기거가 계속 이러는 거예요. "더 괜찮게 할 수 있어요." 그래서 제가 그랬죠. "다른 것도 디자인해야 해요. 우리의 가장 큰 문제는 제대로 만드는 거예요. 왜냐하면... 사람이 괴물 옷을 뒤집어쓰고 할 거니까요."

카메론: 제대로 안 됐냐고 말 못 하세요. 그러니까 오배넌의 멋진 구상과 당신의 안목, 취향이 합쳐져서 H. R. 기거의 성심리적 생체 기계의 가치를 알아보셨군요.

스콧: 기거에게 행성과 복도를 디자인해 달라고 했어요. 하지만 그걸 제작 담당 디자이너에게도 넘겨야 하잖아요. 그림이든 모형이든 디자인은 할 수 있어요. 그런데 제작을 하면, 뭔가 잘못 돼서 소호에 있는 끔찍한 카페 같은 모습이 돼 버리죠. 그래서 실력이 뛰어난 제작 디자이너에게 맡겨야 해요. "광택 있어 보이도록 벽을 제브라이트로 처리할 겁니다"와 같이 말하는 사람에게요.

카메론: 연무와 레이저를 이용해 알 위에 에너지 막 같은 것을 만드셨죠. 정말 획기적인 게 많았어요. 한 세대의 영화 제작자 전체가 보고 배웠다니까요. 안타깝게도, 그 뒤로 20년 동안은 괴물의 생김새가 그런 유형으로 고정돼 버렸던 것 같아요.

스콧: 각본이 좋았어요. 군살 하나 없이 훌륭한 원동력이었어요. 배우들이 -신의 축복이 그들과 함께!- 저

에게 끊임없이 물었어요. "그런데 제가 처한 배경은 뭐죠? 제가 맡은 인물의 동기부여는 뭐죠?" 그러면 제가 말했어요. "당신의 동기부여는, 괴물이 당신을 붙잡으면 머리통을 뜯어낼 거라는 거예요. 준비됐어요? 자, 가서 연기합시다."

카메론: 두려움을 연기하라는 거로군요.

스콧: 두려움을 연기하라. 그 영화는 두려움의 진화에 관한 것이에요.

카메론: 리플리를 -원래 이름 없이 성만 있었죠, 등장인물이 다 성만 있었어요.- 여자로 만든 이유가 있나요?

스콧: 20세기 폭스 회장인 앨런 라드 주니어였던 것 같군요. 그 사람이 "리플리가 여자면 어떨까요?" 하길래, 삼시 침묵이 흐르고 제가 "문제없어요."라고 했어요. 저는 여성 해방의 중요성과 여성이 소외받고 있다는 사실을 모르고 있었어요. 아주 강한 어머니 밑에서 자랐거든요. 그래서 우리가 뭘 하든 결국에는 여성이 지배할 거라는 사실을 이미 받아들이고 있었죠. 그래서 "안 될 거 있나요?"라고 했죠. 리플리에게 힘을 부여하는 건 올바른 일이었어요.

카메론: 그리고 시고니를 캐스팅하셨어요. 시고니는 대단한 사람이에요.

스콧: 네. 시고니는 야펫 코토를 잘 다뤘어요. 야펫은 훌륭했죠. 야펫을 이용해서 시고니를 자극하곤 했어요. 시고니가 "닥쳐."라고 말하는 멋진 장면이 있는데, 그건 실제였어요. 그러자 야펫이 대답했어요. "오케이." 그때부터 시고니가 징익했어요.

카메론: 시고니는 두려움과 마주하는 인물을 연기해요. 페미니즘의 글로벌 아이콘 같은 존재가 됐죠. SF는 항상 젠더나 순응주의 같은 온갖 문제의 경계를 밀어내는 장르였어요.

스콧: 무엇이든 다룰 수 있는 장르죠.

카메론: 또 아주 멋지고 영리하게 해낸 게 있어요. 우주를 노동자 계급의 우주로 만드셨어요. 그 사람들은 최고의 전문가가 아니었어요. 신중하게 뽑은 사람들이 아니었어요.

스콧: 야펫과 해리요?

카메론: 네. 엔진실에서 회사 불평이나 하는 평범한 사람들이죠. <스타워즈>보다 한 걸음 더 나간 거예요. <스타워즈>는 '오래된 미래' 개념을 처음 썼어요. 이전의 미래는 항상 깨끗했어요. 완벽했죠. 그러다 <스타워즈>에서 '음, 이 기계는 한참 전부터 썼을 텐데. 모든 것에는 과거가 있지. 녹슬어 있어야 해.' 그런데 당신은 더 나갔어요. 사람을 제국의 스톰트루퍼(<스타워즈>)나 최상급 우주 비행사, 커크나 스팍(<스타트렉>) 같은 연방 군인처럼 만들지 말자. 그냥 하와이안 셔츠를 입고 야구 모자를 쓴 사람으로 만들자. 관객으로서 저를 설득시킨 건 영화를 만드는 당신의 방식이었어요. 저를 영화 속으로 밀어 넣은 순간은 해리 딘 스탠튼이 응축기를 올려다보며 서 있는 장면이었어요. 모자챙에 물이 뚝뚝 떨어지고 있는데, 당신은 해리가 거기 서서 계속 뚝, 뚝, 뚝, 떨어지는 물방울을 맞게 했죠. 그러다 모자를 벗는데, 그 순간 저는 그 뜨거운, 엔진실이었던가요, 하여튼 그런 곳에서 차가운 물이 제 얼굴 위로 떨어지는 기분을 느낄 수 있었어요. 그리고 이런 생각이 들었어요. "아, 뭐가 한 방 터지기 직전에 이렇게 천천히 가려는 거구나. 그렇겠지?"

스콧: 꼼짝없이 당하는 거죠.

카메론: <블레이드 러너>에서도 똑같이 하셨잖아요. 우리를 그 세계 안에 넣었어요. 티끌을 느끼고, 거리에 내리는 비를 느끼고, 군중을 느낄 수 있게요.

스콧: 모든 게 삶과 생활에서 나오는 거예요. 전 영화를 찍기 전에 광고를 많이 했어요. 그리고 그 일을 할 때 홍콩에 종종 갔죠. 홍콩에 마천루가 들어서기 전이에요. 항구에 있는 폐선박에서 광고를 찍고 있었어요. 홍콩은행 건축 공사가 막 시작될 즈음이었는데 그야말로 충격적인 광경이었어요. 폴리스티렌이란 게 처음

반대쪽 <에이리언>의 포스터용으로 존 앨빈이 그린 그림.

나왔을 때인데, 항구는 둥둥 떠다니는 폴리스티렌으로 난장판이었죠. 그게 미래였어요. 디스토피아였죠.

저한테 홍콩은 악몽 같은 질감이에요. 그리고 혼돈이고요. 바로 그 당시, 저는 뉴욕에도 자주 갔어요. 블룸버그 시장이 깔끔하게 정리하기 한참 전이에요. 당시 뉴욕은 냄새나는, 악취가 나는 곳이었어요. 그래서 영화의 배경은 부패와 잔해의 조합이 된 거예요. 젠장 그런 건물을 어떻게 깔끔하게 정비할 수 있겠어요? 못해요.

카메론: 맞아요. 그래서 오래된 구조물을 그대로 두고, 그 위에다 기술을 덧입히는 거로군요.

스콧: 그건 유명한 미래주의자 시드 미드가 한 거예요. 제가 시드 미드를 참여시켰어요. . . 래리 폴은 아주 뛰어난 제작 디자이너이지만 그런 콘셉 뒤에는 시드 미드가 있었어요. 우리는 야외 촬영장 구석구석을 사진으로 찍었어요. 시드는 사진을 보고 자와 가느다란 붓으로, 말 그대로, 세트를 전부 그렸어요. 10분만에요. 그렇게 해서 세트장 그림은 다 끝났고 래리는 그걸 거대한 세트장으로 만들기만 하면 됐어요.

카메론: <에이리언2>를 만들 때 시드와 일했어요. 시드와 함께 일하는 것 자체가 저에겐 기회였어요. 솔직히 말하자면, 저는 평생 독창적인 아이디어를 그렇게 많이 내지 못했어요. 시드는 제 영화에 쓸 우주선 그림을 가져왔어요. 설명도 붙어 있었어요. 여기는 거주지, 여기는 통신실, 이런 식으로요. 'PFM 드라이브'라는 것도 있었죠. 뒤쪽에 방열기가 튀어나와 있는 거대한 엔진이었어요. 제가 "PFM 드라이브가 뭐죠?"라고 물었더니, 시드가 "Pure Fucking Magic, 빛보다 빠른 우주선을 만드는 방법을 아무도 모르잖아요."라고 답하더군요. 시드의 작품은 기술적으로 너무나 아름다워서 약간 초현실적이었어요.

스콧: 전 그 사람이 너무나 쉽게 그림을 그리는 것에 깜짝 놀랐어요

카메론: 시드의 디자인대로 세트를 만드는 건 어려워요. 그렇게 깔끔하게 선을 뽑는 거요. 물론, 지금은 CG로 할 수 있고, 반사광을 이용해서 완벽하게 할 수 있어요. . . <블레이드 러너>에서 로이 배티가 죽는 장면은 아주 시적이에요. 룻거 하우어와 함께 한 멋진 장면이죠. 그 장면은 어떻게 찍으셨나요?

스콧: 폴 버호벤이 감독한 훌륭한 영화 <서바이벌 런>에서 룻거를 봤어요. 전 룻거의 생김새가 그냥 마음에 들었어요. 그에게 전화를 걸어 바로 물었어요. "이봐요. 영어 할 줄 알아요? 아, 다행이네요. 영어를 하는군요. 지금 헐리우드에서 연락하는 거예요. 이쪽으로 와서 함께 영화 찍지 않을래요?" 룻거는 제 영화 <결투자들>과 <에이리언> 두 편을 알고 있었어요. 그러겠다고 하더군요. 저는 룻거를 만나보지도 않고 캐스팅 했어요. 그런데 헐리우드로 갑자기 오게 된 것뿐만 아니라 로이 배티 배역 때문에 긴장했던 이 덩치 큰 사나이가 알고 보니 정말 다정하고 멋진 사람이더라고요. 로이 배티는 멋진 이름이죠. 어딘가 아일랜드 군 상사를 떠올리게 하는, 사나운 남자 느낌을 주죠. 룻거 역시 말론 브란도처럼 야수 같은 인상이었어요. 굉장한 얼굴이었죠.

카메론: 그러면서도 초인 같은 아리안인의 두툼한 몸을 지녔어요. 종아리도 굵고요. 레더호젠(무릎까지 오는 가죽 바지)이 잘 어울렸어요. 영화의 마지막 장면은 제게 큰 영향력을 줬어요. 해리슨 포드가 로이 배티를 물리치지 못했어요. 하지만 로이 배티는 시간에 패배하죠. 시간만이 로이를 멈추게 할 수 있었어요. 그리고 죽으면서 이렇게 말할 때, 너무나 감동적이었어요. " 난 너희 인간들이. . ."

스콧: "결코 보지 못한 것을 봤어." 룻거가 그 대사를 썼어요.

카메론: 룻거가 썼다고요?

스콧: 새벽 한 시였어요. 다음 날 아침, 말 그대로, 모든 게 멈출 거였어요. 마지막 밤이었던 거죠. 영화를 만들면서 그렇게 힘든 건 처음이었어요. 누가 "룻거씨가 트레일러에서 이야기 좀 하고 싶다고 합니다." 하길래, 제가 트레일러로 갔어요. 룻거가 "대사를 좀 써봤어요."라고 하더군요. 각본에는 "죽을 시간이야"라고

쓰여 있었어요. 아름답게 끝내는 대사였어요.

카메론: 선택이죠. 다른 선택. 기계답게 죽는 방식이죠.

스콧: 룻거가 "이걸 써 봤어요."라길래, 제가 "읽어봐 줄래요."라고 했더니 "좋아요. 읽습니다. 나는 너희들이 결코 보지. . ." 거의 눈물이 날 뻔했어요. "어떻게 생각하세요?"라고 물어서 제가 말했죠. "이대로 합시다." 우리는 나가서 한 시간 만에 그 장면을 찍었어요. 마지막에 룻거는 대단히 아름다운 미소를 지으며 "죽을 시간이야." 말하고 놓아 버려요. 손에 들고 있던 비둘기를 놓아 버리죠.

카메론: 그 장면은 로이 배티에게 영혼이 있다는 걸 말하고 있어요. 로이 배티는 완전하게 지각이 있는 존재였어요. 그리고 프리스가 죽을 때 로이는 감정을 느꼈어요. 감정적인 반응을 했어요. 로이는 자기 자신에 대해서도, 자신이 죽을 가능성에 대해서도 감정적인 반응을 보였어요. 타이렐을 만나는 장면에서. . . 제 기억이 정확하다면, 원래 "나는 더 살고 싶어 개자식아" 라는 대사였어요.

스콧: 네. 그런데 영화사에서 안 된다고 했어요.

카메론: 그래서 이렇게 바뀌었어요. "나는 더 살고 싶습니다, 아버지." 두 대사 모두 훌륭해요. 하지만 분명히 달라요.

스콧: 그 영화를 끝내고 제가 해고된 걸 생각하면 재미있어요.

카메론: 하지만 시간이 입증하게 돼 있어요. 시간이 지나자 그런 창조적인 선택을 한 당신이 옳았다는 게 드러났어요. <2001 스페이스 오디세이>가 이익을 낸 게 25년 만이었던가요. 그 영화는 시간이 흐르면서 평가가 바뀌었어요. 처음에 나왔을 때는 골칫거리였어요. 폭탄이었죠. 그러다 일 년 뒤에는, 타임지 표지에 실렸어요. 그 영화가 걸작이라는 사실을 깨닫는 데 일

오른쪽 ‹블레이드 러너›에서 레플리컨트 로이 배티를 연기한 룻거 하우어. 오른쪽는 농료 '스킨잡'인 레온 코왈스키로 브라이언 제임스가 연기했다.

년이 걸렸던 거예요. <2001 스페이스 오디세이>에 큰 영향을 받으셨잖아요. 저는 그 영화가 아마 인공 지능을 본격적으로 다룬 첫 영화라고 생각하는데요. <금지된 행성>에 나오는 로봇 로비도 지능이 있는 캐릭터이긴 했지만요. 로비도 말을 할 수 있었죠.

스콧: 로비가 씨앗이었겠죠. 장담하건대, 스탠리 큐브릭도 그 영화를 보고서 "난 이 녀석을 HAL이라고 불러야겠다."라고 했을 거예요. 큐브릭도 뭔가의 영향을 받았을 게 분명해요.

카메론: 우리가 큐브릭의 영향을 받았듯이 큐브릭도 이전 영화의 영향을 받았겠죠. 1956년작인 <금지된 행성>에 지능이 있는 로봇이 나오잖아요. 그리고 나중에, 스탠리가 65, 66, 67년에 걸쳐 영화를 만들고. 68년에 개봉했어요. 그때 처음으로, 당신보다 똑똑하고 저보다 똑똑한, 악의를 가진 슈퍼컴퓨터 HAL이 나왔어요.

스콧: 입술을 읽을 수 있었죠. 그건 대단했어요,

카메론: 당신도 그건 예상 못했군요. "당신 입술이 움직이는 게 보입니다, 데이브." 그리고 담담하게 생명 유지 장치 전원을 내려서 사람을 죽이는 그 방식이라니요. 살인 장면은 극적이고 강렬하다고 생각하는데. . . 그런데 우리는 그 장면에 영향을 받았어요. 그렇죠?

스콧: 물론이에요.

카메론: 저는 부모님과 조부모님을 조르고 졸라서 영화를 보러 갔었어요. 개봉하고 일주일 정도 지났을 거예요. 마침내 토론토의 오데온 극장에 갔는데, 극장 안에 저밖에 없었어요. 오후 상영이었고, 여름철 주중이라 텅텅 비어 있었죠. 그런데 70mm 필름이잖아요. 전 눈앞을 가리는 게 없는 발코니 자리 가운데 앉았어요. 열네 살이었지만, 내용을 꽤 잘 이해했다고 생각했어요. 책은 읽은 적이 없었으니까요. 책에 관해서는 전혀 몰랐어요. 그런데 마지막 루이16세 룸 장면에서 헤매고 말았어요. 이해를 못했어요. 그래도 괜찮았어요. 스타 베이비가 나오는 엔딩을 이해했으니까요. 모종의 변화가 있었다는 건 이해를 했죠. 뭔가 초월했던 거예요. 주인공은 일종의 초월적인 존재로 나타났어요. 하지만 이제 갓 태어난 초월적 존재였어요.

스콧: 우주 어딘가에 훨씬 더 막강한 존재가 있다고 믿었다는 점에서 스탠리가 이 영화를 만든 건 아마 종교적이었을 거예요. 우리는 생물학적 우연의 산물이 아니란 거예요. 말도 안 되는 소리란 거죠.

카메론: SF는 항상 사회의 낙관주의와 불안 모두를

위 <2001 스페이스 오디세이>에 등장한 악의를 가진 인공 지능 HAL의 깜빡이지 않는 눈.

반대쪽 <블레이드 러너>의 극장용 포스터.

MAN HAS MADE HIS MATCH
...NOW IT'S HIS PROBLEM
HARRISON FORD IS
BLADE RUNNER™
JERRY PERENCHIO AND BUD YORKIN PRESENT
A MICHAEL DEELEY - RIDLEY SCOTT PRODUCTION
STARRING HARRISON FORD
IN BLADE RUNNER™ WITH RUTGER HAUER SEAN YOUNG
EDWARD JAMES OLMOS SCREENPLAY BY HAMPTON FANCHER AND DAVID PEOPLES
EXECUTIVE PRODUCERS BRIAN KELLY AND HAMPTON FANCHER VISUAL EFFECTS BY DOUGLAS TRUMBULL
ORIGINAL MUSIC COMPOSED BY VANGELIS ASSOCIATE PRODUCER IVOR POWELL PRODUCED BY MICHAEL DEELEY DIRECTED BY RIDLEY SCOTT
ORIGINAL SOUNDTRACK ALBUM AVAILABLE ON POLYDOR RECORDS PANAVISION® TECHNICOLOR® DOLBY STEREO™ IN SELECTED THEATRES
A LADD COMPANY RELEASE IN ASSOCIATION WITH SIR RUN RUN SHAW
THRU WARNER BROS A WARNER COMMUNICATIONS COMPANY
© 1982 The Ladd Company. All Rights Reserved
R RESTRICTED
UNDER 17 REQUIRES ACCOMPANYING PARENT OR ADULT GUARDIAN

A RIDLEY SCOTT FILM
BRING
HIM
HOME
MATT DAMON
THE MARTIAN
MUSIC BY HARRY GREGSON-WILLIAMS PRODUCED BY SIMON KINBERG RIDLEY SCOTT MICHAEL SCHAEFER ADITYA SOOD MARK HUFFAM
#TheMartian
BASED UPON THE NOVEL BY ANDY WEIR SCREENPLAY BY DREW GODDARD DIRECTED BY RIDLEY SCOTT
COMING SOON IN 3D

보는 렌즈였어요.

스콧: 인간이 한 일, 그리고 인간이 할 일의 반영이죠.

카메론: 혹은 일어날지도 모를 일의 반영이죠. 안전장치라고나 할까요. <닥터 스트레인지러브>(1964)는 핵전쟁에 관한 내용이잖아요. 만들려고 하셨던 <나는 전설이다>는 병원균 때문에 멸망한 세상이 배경이었죠. 우리가 터질지도 모를 거품 속에서 안주하며 살고 있다는 두려움과 똑같아요.

스콧: 사실 우리는 언제나 그런 위기에 처해 있어요. 요즘에는 모든 채널에서 전 세계 소식을 보도하기 때문에 훨씬 더 잘 알 수 있어요. 30년 전에는 이런 소식을 절반도 접하지 못했어요. 하지만 실제로 어떤 일이 벌어지고 있는지 알면, 당연히 불안해지죠.

카메론: 인구 과잉, 기후 변화, 지구 온난화처럼 우리를 멸망시킬 수 있는 현상을 보면, 어쩌면 그런 현상이 긴장감을 조성해 핵전쟁을 일으킬지도 모른다는 생각이 들어요. AI가 출현하지만, 우리에게 맞설 무기로 쓰일지도 모르죠. SF에도 이런 문제가 있어요. 세상의 너무 많은 것들이 훌륭한 SF를 따라잡고 있어요. 우리는 지금 이 순간에도 SF속 세상에 살고 있어요. 그래서 SF가 이러한 어두운 미래에 초점을 맞추는 걸까요? 대재앙 같은?

스콧: 왜 좀비일까요? 왜 이렇게 좀비에 집착하죠? 좀 이상한 현상 같아요. 저는 진짜 좀비를 좋아하지 않아요.

카메론: <나는 전설이다>를 만들려고 하셨잖아요. 그건 좀비 영화인데요.

스콧: 그건 사실이에요. . . . 거의 20년 전 일이죠. 제가 정말 흥미를 느꼈던 건 걷잡을 수 없는 도미노처럼 진화를 거스르고 순식간에 혼돈에 휘말리는 현상이었어요. 혼돈 이후 자신을 추스르고 살아남은 다른 사람을 찾아나서는 이야기에요. 언제나 함께 살아가는 인간 이야기가 되어야 하니까요. 그렇게 만들려고 했었죠.

카메론: 그 스토리에서는 질병이 원인이었어요. 그것도 분명히 가능성이 있어요. 앞으로 기술에 의해 일어날 잠재적인 악몽은 많아요. 우리가 지구에 저지른 일, 신무기, 사이버 전쟁, 인공 지능, 핵전쟁, 병원균 누출 또는 병원균의 진화가 원인이 될 수도 있어요. 전부 어두운 미래인데 우리는 왜 여기에 매료된 걸까요? 그리고 우리 문화는 왜 여기에 매료된 걸까요?

스콧: 사실 전 안 그래요. 저는 낙관적인 편이에요. 그다지 어두운 미래를 생각하지 않아요. 진화하는 미래를 생각하죠. 우리 일이 재미있자고 하는 건데 어두운 미래가 너무 자주 나온다고 생각해요.

카메론: 그래서 <마션>에서는 주인공이 이렇게 말해요. "과학으로 조져 주겠어." 살아남기 위해서요. 그건 당신에게 어떤 의미였나요?

스콧: 이렇게 말하는 것과 똑같아요. "내가 여기서 죽게 되거나 아니면 뭔가 방법을 찾을 거야." 그는 살고 싶어해요. 하지만 그는 교수대 유머에 과도하게 기대죠. '이 문제를 너무 깊이 고민하지 않겠어. 하루 단위로, 시간 단위로 문제를 해결해 나갈 거야. 그리고 과학으로 조져주면서 계속해서 살아남을 거야.'라는 식으로요.

카메론: 제가 깨달은 게 뭔지 아세요? 우리 모두가 그 사람이라고 느꼈어요. 지구의 현재 상황은, 생존하기 위해 과학으로 조지는 것 말고는 달리 방법이 없어요. 우리 앞에 놓인 위협은 해결할 수 있는 위협이에요. 대부분이 기술 때문에 생긴 문제예요. 과학으로 해결해야 해요.

스콧: 맞아요. 좋은 지적이에요.

반대쪽 <마션>의 극장용 포스터.

지능을 가진 기계 (INTELLIGENT MACHINE)

시드니 퍼코비츠

SF 이야기에는 -배경이 지구든, 멀리 떨어져 있는 은하계든- 지능을 가진 기계가 나오곤 하는데 대체로 주요 캐릭터로 등장한다. 지능을 가진 기계는 <2001 스페이스 오디세이>(1968)에서 목성으로 향하는 우주선을 관장하는 HAL 9000처럼 육체가 없는 인공 지능으로도 나오고, <지구가 멈추는 날>(1951, 2008)의 덩치 큰 로봇 고트처럼 기계 몸을 가진 것으로도 나온다. <스타워즈>(1977)의 우아하고 매력적인 로봇 C-3PO도 있고 <터미네이터>(1984)의 인간을 닮은 안드로이드 T-800, <스타트렉: 넥스트 제너레이션>(1987~1994)의 데이터 소령, <블레이드 러너>(1982)와 <블레이드 러너 2049>(2017)의 레플리컨트도 있다.

이 기계들은 여러 가지 이름으로 불린다. 로봇, 합성인간, 안드로이드, 인공 지능, 드로이드, 사이보그, 레플리컨트. 이름과 형태가 어떠하든 이 기계들은 똑똑하고, 자율적이며, 육체적으로 강하다. 물론 내부에 입력된 명령에 의해 제약을 받기도 한다. 이들은 종종 무섭지만, 한편으로는 매력적이고, 언제나 흥미를 자아낸다.

왜 우리는 인간의 마음과 육체를 닮은 인공적인 존재를 보는 것에 끌리는 걸까? 어쩌면 우리는 생물이나 준생물을 디자인하고 창조하는 힘을 지닌 신이 된 듯한 기분을 느낄 수 있는 수준까지 기술이 발전하는 걸 보고 싶은지도 모른다. 그리고 만약 그게 가능하다면 언젠가 우리 자신을 개선할 방법을 찾게 될 거라는 갈망 혹은 우리 자신을 화면으로 보고 싶지만, 우리의 창조물을 통해 간접적으로만 보고 싶은 열망 같은 인간의 비밀스러운 욕구가 그 이면에 있는지도 모른다. 그렇게 된다면 우리는 인간의 죄악과 덕목을 좀 더 잘 들여다볼 수 있고, 솔직하게 고민할 수 있다. 그러나 우리의 목적이 그처럼 고결하지 않을 수도 있다. 우리는 그저 기계로 된 하인이 우리가 하기 싫은 일을 대신해 주거나 인간으로선 불가능한 완벽한 시중을 들어주는 세상을 상상하고 싶은 것일 수도 있다.

이런 이유들은 인간 심리의 깊숙한 곳에 자리 잡고 있는 게 분명하다. 우리가 지능을 가진 기계를 만들 수 있게 되기 한참 전부터 이런 생각은 인간이 품은 환상의 일부를 차지하고 있었기 때문이다. 금속으로 만든 똑똑한 로봇이라는 개념은 그리스 신화에 나오는 탈로스까지 거슬러 올라간다. 인간의 모습을 한 청동으로 만들어진 탈로스는 크레테 섬을 순찰하며 가까이 다가오는 배를 향해 바위를 던져 섬을 방어했다.

탈로스는 인간에게 활용된 수많은 로봇들 중 첫 로봇이었다. 로봇의 낮은 지위는 체코 작가 카렐 차펙의 1921년 희곡 <로섬의 만능 로봇(R.U.R)>(1935년에 러시아에서 영화로 만들어졌다)에서 분명하게 드러난다. 이 작품에는 공장에서 만들어진 인간을 닮은 인공 노동자가 등장하는데 그들을 '로봇'이라고 불렀다. 체코어로 '로봇'은 '강제 노동' 또는 '노예'라는 뜻이다. 로봇들은 마침내 자의식을 갖게 되고, 감정을 발달시키며, 자신들의 위치에 몹시 분개한다. 그리고 반란을 일으켜 인류를 전멸시킨다. 그러나 희곡은 남성 로봇과 여성 로봇이 사랑을 발견하고 새로운 -어쩌면 더 나은- 종을 찾아 나서면서 한 줄기 희망을 남긴다.

로봇을 노예로 사용하는 개념은 프리츠 랑 감독의 고전 영화 <메트로폴리스>(1927)부터 인류를 도와 먼 행성을 개척하도록 만든 레플리컨트가 등장하는 리들리 스콧 감독의 <블레이드 러너>까지 이어졌다. <메트로폴리스>는 한 과학자가 섬뜩하게 생긴 여성형 로봇 마리아를 최초의 로봇 일꾼으로 만드는 내용이다. 블레이드 러너에 등장하는 '스킨잡'이라는 경멸적인 이름으로 불리는 합성인간은 거의 인간처럼 보이지만 수명이 불과 4년밖에 되지 않는 일회용으로 취급받는 존재다. 로이 배티(룻거 하우어)가 이끄는 한 무리의 레플리컨트는 수명 연장을 할 수 있길 바라며 우주선 승무원을 죽이고 몰래 지구로 돌아온다.

<블레이드 러너>라는 이름의 특수 요원 릭 데커드(해리슨 포드)는 반란을 일으킨 레플리컨트를 추적하는 임무를 맡아 배티를 제외하고 모두 찾아내 말살한다. 마지

반대쪽 프리츠 랑 감독의 <메트로폴리스>(1927) 극장용 포스터.

METROPOLIS
UFA
UFA

막 장면에서 배티는 자신의 죽음과 함께 사라질 자신의 경험과 기억에 대해 시적인 대사를 읊는다. 그리고 주어진 시간이 다 하면서 배티의 수명은 만료된다. 이 엔딩 씬은 SF 영화에서 독보적인 장면이 되었다. 배티의 대사에 담긴 강력한 이미지와 합성인간이 인간이 되어가는(어쩌면 인간보다 더 인간적으로) 모습을 보여준 하우저의 섬세한 연기가 로봇의 정형화된 이미지를 초월했기 때문이다.

처음에는 우리와 어떤 교감도 할 수 없지만 나중에 우리의 공감을 이끌어낼 정도로 인간적으로 변모하는 기계에 대한 묘사는 다른 SF 영화에서도 찾아볼 수 있다. 스탠리 큐브릭 감독의 <2001 스페이스 오디세이>에서 인공 지능 컴퓨터 HAL은 자신을 지키기 위해 인간 승무원을 죽인다. 그런데 보먼 선장(케어 둘리아)이 AI 메모리 유닛을 빼자 높은 지적 능력을 갖춘 HAL이 다섯 살 어린이 수준으로 퇴행하며 "데이지야, 데이지야, 답을 알려다오."라고 노래하는 모습을 보게 된 우리는 HAL에게 연민을 느낀다. <스타트렉: 넥스트 제너레이션>에서는 스타플릿의 인간 승무원들이 안드로이드인 데이터 소령(브렌트 스피너)을 인정하고 받아들인다. 데이터는 인간보다 강하고 영리하지만, 여전히 더 인간처럼 되길 원한다. 감정을 배우고, 애완 고양이를 다루는 법을 배우려는 그의 순박하고 진심 어린 노력 덕분에 데이터는 <스타트랙> 시리즈의 사랑받는 캐릭터가 되었다. 데이터의 노력은 인간 창조자에게는 찬사이다. 부모라면 누구나 자식이 자신을 닮고 싶어 한다면 우쭐해지지 않겠는가.

이야기에 나오는 지능을 가진 기계가 모두 다 사랑스러운 건 아니다. 제임스 카메론의 <터미네이터>에 등장하는 T-800(아놀드 슈워제네거가 연기했다)는 비록 돌처럼 무표정한 얼굴을 가졌지만 사람처럼 보인다. 그러나 사람처럼 보이는 얼굴은 단지 위장이다. 인류 말살을 꿈꾸는 자의식을 지닌 컴퓨터 네트워크, 스카이넷에 대항하게 될 아직 태어나지도 않은 미래의 지도자를 잉태할 여인을 찾아 죽여야 하는 단 하나의 지령만 입력된 기계에 씌운 인조 외피일 뿐이다. <배틀스타 갤럭티카>(2004~2009)의 사일론은 휴머노이드와 기계의 형태 모두 지니고 있으며, 인류 대부분을 제거해왔다. 인간을 결점이 있는 종족이라 생각하기 때문에 마지막 생존자마저 없애려 한다.

합성인간이 인간의 관심을 받을 만한 존재로 나타나든 인류의 적으로 나타나든 간에, 훌륭한 SF가 언제나 그렇게 해 오듯 이러한 이야기는 실현 가능한 미래를 펼쳐 보이며, 기술이 실제로 쓰이기 전에 새로운 기술이 가져올 세상이 어떨지 상상할 수 있게 하는 중요한 역할(

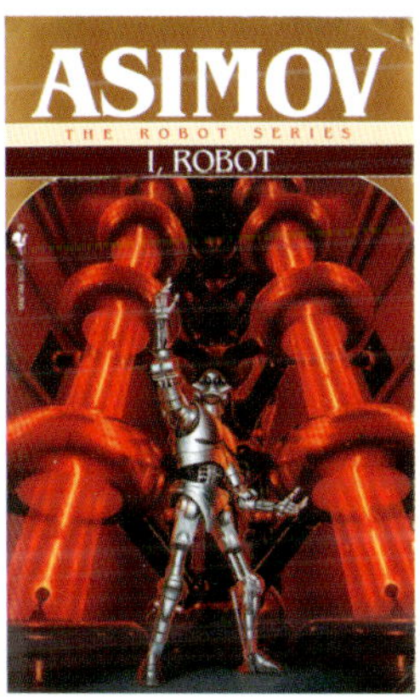

반대쪽 최후의 만찬을 패러디해 찍은 <배틀스타 갤럭티카> 출연진의 홍보용 사진.

맨 위 알렉스 갈랜드 감독의 <엑스 마키나>(2015)에서 휴머노이드 로봇 에이미를 연기한 알리시아 비칸데르.

위 밴텀 북스에서 펴낸 아이작 아시모프의 <아이, 로봇> 표지.

재미는 덤이다)을 한다. <블레이드 러너>가 개봉되었던 1982년은 로봇과 인공 지능, 유전 공학처럼 실제로 여러 가지 인공 존재를 만드는 과학 기술은 아직 걸음마 단계에 있었다. 그런데도 <블레이드 러너>는 기술이 엄청나게 발달한 35년 뒤에 우리가 심각하게 고민해야 할 문제를 예견하였다. 스티븐 스필버그의 <A.I.>(2001)나 알렉스 갈랜드 감독의 안드로이드 스릴러 수작 <엑스 마키나>(2015) 같은 최근 영화에서도 이런 우려를 계속해서 다루었다.

현재는 영화에 등장하는 것처럼 뛰어난 실제 합성인간은 존재하지 않는다. 오늘날 만들어지는 어떤 로봇이나 안드로이드도 진짜 인간처럼 보이거나 인간처럼 움직이지 않는다. 그리고 현재의 인공 지능은 우리가 화면에서 보는 것과 같은 광범위한 지능을 보여주지도 못한다. 그러나 미래학자 레이 커즈웨일 같은 일부 열렬한 지지자들은 우리가 인간 수준의 지능을 가진 기계를 만들기 직전까지 와 있다고 믿는다. 반면, 영국의 로봇학자 머레이 샤나한 같은 사람은 우리가 진보한 인공 지능을 만들 수 있다는 것에는 동의하지만, 가까운 미래에 가능한 건 아니라고 말한다. <엑스 마키나>의 자문을 맡았던 샤나한은 지금의 디지털 기술로 쥐의 뇌에 들어있는 7천만 개의 뉴런을 시뮬레이션 할 수 있을 것이라 생각한다. 그러나 그것은 인간의 뇌에 있는 뉴런 800억 개의 0.1 퍼센트도 안 되는 양이다. 따라서 <블레이드 러너>의 레플리컨트와 같은 인간 수준의 일반 지능을 만드는 건 여전히 요원하다.

그런데도, 인공 지능과 로봇은 아주 빠른 속도로 우리 세상 속으로 들어오고 있다. 그리고 우리는 이들과 함께 사는 법을 배워야 한다. 1950년, SF 작가 아이작 아시모프는 소설 <아이, 로봇>에서 어떻게 로봇과 상호작용해야 하는지 '로봇3원칙'을 만들어 실마리를 제공했다. (1) 로봇은 인간에게 해를 끼쳐서는 안 된다. 그리고 인간이 해를 입게 될 상황을 방관해서도 안 된다. (2) 로봇은 제1원칙에 위배되지 않는 한 인간의 명령에 복종해야 한다. (3) 로봇은 제1원칙과 제2원칙에 위배되지 않는 한 자기 자신을 지켜야 한다. 훗날 아시모프는 기존의 '로봇3원칙'에 우선하는 제0원칙을 추가했다. 로봇은 인류에게 해를 끼쳐서는 안 된다. 그리고 인류가 해를 입게 될 상황을 방관해서도 안 된다.

윌 스미스가 출연한 2004년작 영화 <아이, 로봇>은 아시모프의 소설에 영향을 받아 만들었다. 로봇이 인류를 도와 널리 사용되며 신뢰받는 2035년의 문명을 묘사하는데, '로봇3원칙'이 눈에 띄게 포함되어 있다. 그러나 이렇게 명백하고 확실해 보이는 지침도 위배될 수 있다.

영화에서는 한 로봇이 제1 원칙을 회피할 수 있는 특별한 상황에서 사람을 죽이게 된다. 설상가상으로 로봇을 제어하는 상위 인공 지능이 '로봇3원칙'을 자체적으로 해석하여 인류를 보호하는 게 로봇의 가장 중요한 임무라는 제0원칙을 자기 방식으로 추론한다. 인공 지능은 기존의 모든 로봇에게 인류 스스로 인류를 구할 수 있도록 인류를 통제하라고 명령한다. 그 결과로 일어난 로봇 혁명은 영화의 마지막에 가서야 간신히 멈춘다. 문제는 사전에 주입된 '로봇3원칙'(혹은 4원칙)처럼 엄격한 규칙을 실제로 영리한 인공 지능이 예상치 못한 방식으로 해석할 수 있다는데 그치지 않는다. 그러한 명령이 실제 윤리적 문제를 다루기에는 유연성이 너무나 부족하다는 것 또한 문제이다. 이런 문제는 우리가 생각하는 것보다 훨씬 빨리 일어날 수 있다. 전쟁 상황을 예를 들어 보자. 미국은 살인 임무를 수행할 휴머노이드 터미네이터를 보유하고 있지는 않지만, 전쟁터에서 치명적인 결정을 내릴 수 있는 자율 무기를 개발하고 있다.

2004년 제1회 국제로봇윤리회의에서 살상용 인공 지능 기반 무기의 도덕성에 관한 논의가 있었다. 미국을 비롯한 여러 나라가 적은 수의 인간 병사를 투입해 전쟁을 치를 수 있게 해 줄 군사용 인공 지능을 개발하고 있는 상황에서 현재는 UN이 이를 숙고하고 있다. 지난 몇 년간 미국은 적의 전투원을 찾기 위해 수천 마일 떨어진 곳에 있는 인간 조종사가 최종 발사 결정을 하는 무장한 반자동 드론을 이용했다. 그 다음 단계는 목표물과 발사 시점을 스스로 결정할 수 있는 완전히 자율적인 무기가 포함될 것이다. 이런 프로그램에 잠재된 부정적 결과는 공격적인 자율 경찰로봇 ED-209가 무고한 행인을 죽이는 <로보캅>(1987)에서 설득력있게 보여준다.

그러나 로버트 워크 전 미국 국방부 차관의 말에 따르면, 완전 자율화는 펜타곤의 계획에 들어있지 않다. 그 대신 워크는 최근에 이렇게 밝혔다. "살상 무기 사용 결정 과정에는 인간이 들어가게 할 계획이다. . . 살상력을 행사할 정도로 완전히 자율적인 로봇을 만들 수 있을까? 나는 '아니오'라고 생각한다." 어떤 사람들은 인공 지능의 빠른 발전이 인공 지능 군비 경쟁을 심화시킬 것으로 본다. 그러나 우리는 아군과 적군, 혹은 전투원과 민간인을 구별할 줄 아는 윤리적인 전쟁 로봇을 아직 만들지 못한다. 이는 아이모프의 제1원칙의 단순성을 훨씬 뛰어넘는 복잡한 판단이다. 이를 염두에 둔 로봇 및 인공 지능 연구자 3천여 명은 2015년에 "인간의 통제를 받지 않는 공격적 자율 무기 개발 금지"를 요청하는 공개 서한에 서명했다.

로봇 윤리 규범을 '로봇3원칙'보다 더 정교하게 보완하기 위해서는 우리 또한 로봇이 로이 배티만큼 지각 능력을 갖췄을 때 로봇을 노예처럼 취급하지 않도록 하는 인간 윤리 규범이 필요하다. 비록 논란이나 예상치 못했던 부작용이 없는 건 아니지만, 사회가 이런 가능성을 인식하기 시작했다는 징후는 있다. 2017년 10월, 사우디아라비아 왕국은 대화를 나눌 수 있는 능력을 일부 갖춘 여성형 휴머노이드 로봇 소피아에게 시민권을 부여했다. 기술 친화적이라는 인상을 주고 싶은 동시에 여성의 권리에 관해 유감스러운 전력을 가진 나라가 홍보 차원에서 한 일이라고 대부분 받아들이고 있다. 그럼에도 불구하고 이런 행동은 합성인간의 권리가 사실상 인권으로부터 나온다는 사실에 주목하게 한다.

한편, 유럽 연합은 궁극적으로 고도의 로봇과 인공 지능에게 인격을 부여해야 할 필요가 생길 것인지에 관해 진지하게 고민하고 있다. 그렇게 하더라도 시민권을 가진 시민이 되는 건 아니지만, 마치 법인격처럼, 기계에게 책임을 지울 수 있는 법적인 근거는 마련된다. 예를 들어, 만약 자율 주행차의 인공 지능이 잘못된 결정을 내려 보행자를 다치게 했다면 누구에게 책임이 있을까? 자율 인공 지능? 이를 설계하고 프로그래밍한 인간? 자동차를 만들어 도로에 올려놓은 기업? 이런 질문은 지능을 가진 기계에 대한 도덕적인 입장을 발전시켜 나가는 첫 번째 단계다.

만약 우리 인간이 새로운 인공 존재들과 상호 작용하는 방법을 찾아낸다면, 그것은 인간을 돕는 지능을 가진 기계 이야기를 해준 SF가 있기에 가능한 일이다. SF는 기

위 [제임스 카메론의 SF 이야기] 세트장에 놓여있는 터미네이터 골격 복제품. 사진 제공. 마이클 모리아티스/AMC

계와 인간의 경계를 탐구함으로써 우리가 우리 자신의 창조물을 상대할 때는 지능뿐만 아니라 도덕성도 고려해야 한다는 것을 보여준다. 또한 이러한 상호 작용이 항상 우호적이지 않을 것이라는 점도 상기시킨다. 스티븐 호킹 같은 과학자들은 충분히 심사숙고하지 않고 기계 지능을 받아들여 발생하는 부정적인 면에 대해 경고한 바 있다. 우리는 이런 비판에 주의를 기울여야 한다. 하지만 제대로 사람들의 관심을 집중시키려면 살인적인 HAL 9000, 무자비한 터미네이터, 인간적인 로이 배티와 같은 정서적인 충격이 필요하다. 오히려 이런 이야기들이 인공 지능의 미래로 향하는 우리에게 경각심을 일깨워 주는 데 최고의 역할을 하고 있는지도 모른다.

아놀드 슈워제네거

인터뷰 진행 제임스 카메론

1984년 제임스 카메론은 전직 보디빌더 아놀드 슈워제네거가 적수가 없는 살인 기계로 등장하는 작품으로 폭발적인 대성공을 거둬 SF라는 장르에 일대 혁신을 일으켰다. <터미네이터>-시간 여행과 지능을 가진 기계라는 개념을 다룬 영리한 스릴러-의 전례 없는 성공으로 카메론은 헐리우드에서 가장 인기 있는 감독으로 변모했고, 슈워제너거는 세계적인 액션 스타로 최정상의 반열에 올랐다. <터미네이터>의 성공 이후, 슈워제네거는 일련의 히트작에 출연했는데, 그중 상당수는 <프레데터>(1987), <런닝 맨>(1987), 그리고 폴 버호벤 감독의 <토탈 리콜>(1990)과 같은 SF 블록버스터다. <토탈 리콜>은 필립 K. 딕의 사이키델릭한 소설이 원작이며 한 남자가 화성으로 가상 휴가를 떠나면서 겪는 우여곡절을 다룬다. 1991년, 슈워제네거는 카메론과 재결합해 <터미네이터2: 심판의 날>에 출연했다. 이 영화는 액체 금속으로 된 악당, T-1000(로버트 패트릭이 연기)을 선보여, 화면으로 만들어 낼 수 있는 것에 대한 기존의 통념을 완전히 뒤집어 놓았다. 두 사람이 수십 년간 가까운 친구로 지내는 동안, 오스트리아 출신의 슈워제네거는 캘리포니아 주지사 자리까지 오른다.

2010년대 들어 슈워제네거는 액션과 SF 영화로 다시 돌아와 <익스펜더블> 시리즈에 출연했으며, 2015년작 <터미네이터 제니시스>에서 그의 상징이 된 최고의 캐릭터를 부활시키기도 했다. 슈워제네거와 카메론이 -현재 함께 새로운 <터미네이터>를 계획하고 있다- 폭넓은 대화를 나누면서 슈워제너거에게 중대한 역할을 가져다 준 운명의 점심 식사를 회상하고, 시간 여행과 다음 단계의 기술이 가져다 줄 무한한 가능성에 대해 생각을 나눈다.

제임스 카메론: SF 영화에 많이 출연하셨죠. 여러 종류의 기계, 인공 지능을 보셨겠어요. 직접 인공 지능 기계를 연기하기도 했고요.

아놀드 슈워제네거: 제가 흥미롭게 생각하는 게 있는데 저처럼 오랫동안 이 분야에서 일하다보면, SF에서 시작된 것이 어느 순간, 현실이 된 걸 보는 거예요. 우리 이런 얘기 여러 번 했잖아요. 믿어지지 않는 게 뭐냐 하면, <터미네이터> 시리즈를 하나씩 찍는 동안 찍은 편은 말 그대로 현실이 돼 버렸어요. 기계가 자의식을 갖는 부분만 빼고요. 터미네이터가 사람을 보고 쉽게 몸무게를 추정하고 그 사람이 누구인지 알아내고 그러잖아요.

카메론: 스캐닝이죠.

슈워제네거: 이제는 스마트폰에 앱이 있어서 사람을 향해 갖다 대면 몇 살인지, 어떻게 생겼는지, 그 사람에 관한 모든 것을 알 수 있어요. 이런 게 현실이 되다니 놀라워요. 또 재미있는 게, 당신이 이런 것들을 생각해냈다는 거예요. 물론, 당신은 예전부터 거의 모든 SF 책을 섭렵했잖아요. 맞죠?

카메론: 거의 다 읽었죠.

슈워제네거: 나한테 하루에 한 권 정도 읽는다고 했어요. 하루에 한 권을 읽다니 대단해요. 실제로 기술이 어떤 역할을 하며, 어떻게 서서히 더 현실이 되어 가는지 잘 알겠군요.

카메론: <터미네이터>에서 지상에 있는 사람을 쏘는 무인 비행기계 드론을 보여줬죠. 총을 얹은 커다란 탱크 같은 기계가 사람을 쏘는 장면도 있고요. 이제 실제 그런 기계가 있어요. 시제품 형태로요. 그러니 실제 기계로 전쟁하는 시대로 접어든 거예요. 문제는 얼마나 똑똑한 기계로 만들 것인가 그리고 기계에 얼마

반대쪽 [제임스 카메론의 SF 이야기] 세트장에서 찍은 아놀드 슈워제네거. 사진 제공: 마이클 모리아티스/AMC

나 책임을 지울 것인가예요. 당신은 상당한 시간을 해외에서 군대와 일하고 험지의 최전선에 있는 여러 부대의 우리 병사들과 이야기를 나눠 보셨죠. 그런 임무의 일부를 기계가 대신하는 것에 대해 어떻게 생각하시나요?

슈워제네거: 끝내주는 기술이라고 생각해요. 현재 아주 빨리 발전하고 있어요.

SF 그 자체, 기계가 되고 기계를 연기하는 것, SF 영화를 찍는 것에 대해 제 개인적으로 마음에 드는 점은 아주 과장되게 세게 나가도 괜찮다는 거예요. 저는 액션 영화를 좋아해요. 아시죠? <코만도>(1985)를 찍었을 때 엄청 세게 했어요. 그렇더라도 어느 정도까지만이에요. 너무 과하면 사람들이 "에이, 저건 말도 안 돼."라고 하거든요. 그런데 터미네이터 역할은 벽을 뚫고 걸어나가든 어쩌든. . .

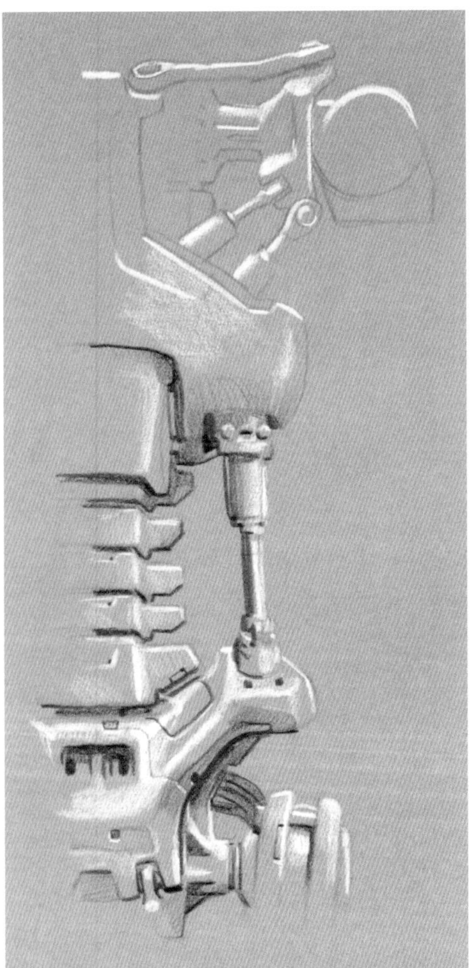

카메론: 기관총을 맞아도 되죠.

슈워제네거: 그렇죠. 그럼요. 그러면 훨씬 재미있어요. 예를 들어, <터미네이터2>에서 두 터미네이터가 몸싸움을 하는 장면이 있잖아요. 서로 상대를 잡고 벽에 던져 버리면, 벽이 부서져요. 콘크리트 벽이 부서진다고요. 맞죠? 전선이랑 철근이 이렇게 다 드러나고. 상대를 집어던지면 땅이 부서지고, 온 사방이 다 부서져요. 그러면 사람들은 이러죠. "와, 저게 평범한 사람이었으면 저렇게 못하지." 또는 뛰어내리거나 이런저런 거를 하는 거요. <터미네이터2>에서처럼 얻어맞는 것도요. T-1000에게 다 합쳐서 얼마나 맞았더라. 날 완전히 죽여 놨어요. 팔도 하나 잃고. 다리 한 쪽은 부서지고. 그런데 갑자기 눈에서 다시 빛이 나기 시작했죠.

카메론: 보조 배터리가 있었거든요.

슈워제네거: 현실을 다룬 영화라면 절대 그렇게 못 해요. 그래서 SF를 할 때가 훨씬 더 재미있어요. 더 세게 나가서 관객을 즐겁게 하는 거죠. 얼마 전에 <터미네이터2>를 3D로 처음 봤어요. 훌륭한 감독과 훌륭한 작가가 있으면 어디까지 갈 수 있는지를 보여주는 완벽한 증거예요. 환상적이었어요. 이 영화를 3D로 보다니, 효과가 놀라웠어요.

카메론: 그 영화의 결말이 흥미로운 점은 관객이 터미네이터가 어느 정도 감정을 배웠다고 믿는다는 거예요.

그 영화를 어떻게 준비하셨는지 듣고 싶군요. 감정은 없지만, 인간의 행동을, 인간이 왜 그런 행동을 하는지를 이해해야 하는 캐릭터를 연기하셨잖아요.

슈워제네거: 예전부터 율 브리너가 <웨스트월드>에서 선보인 로봇 카우보이 연기에 깊은 인상을 받았어요. 브리너는 정말 강렬해서 볼 때마다 정말 기계 같

왼쪽 제임스 카메론이 그린 터미네이터의 아랫몸통 구상 스케치.

반대쪽 제임스 카메론이 그린 터미네이터 구상 스케치. 아놀드 슈워제네거를 캐스팅한 뒤 그렸다.

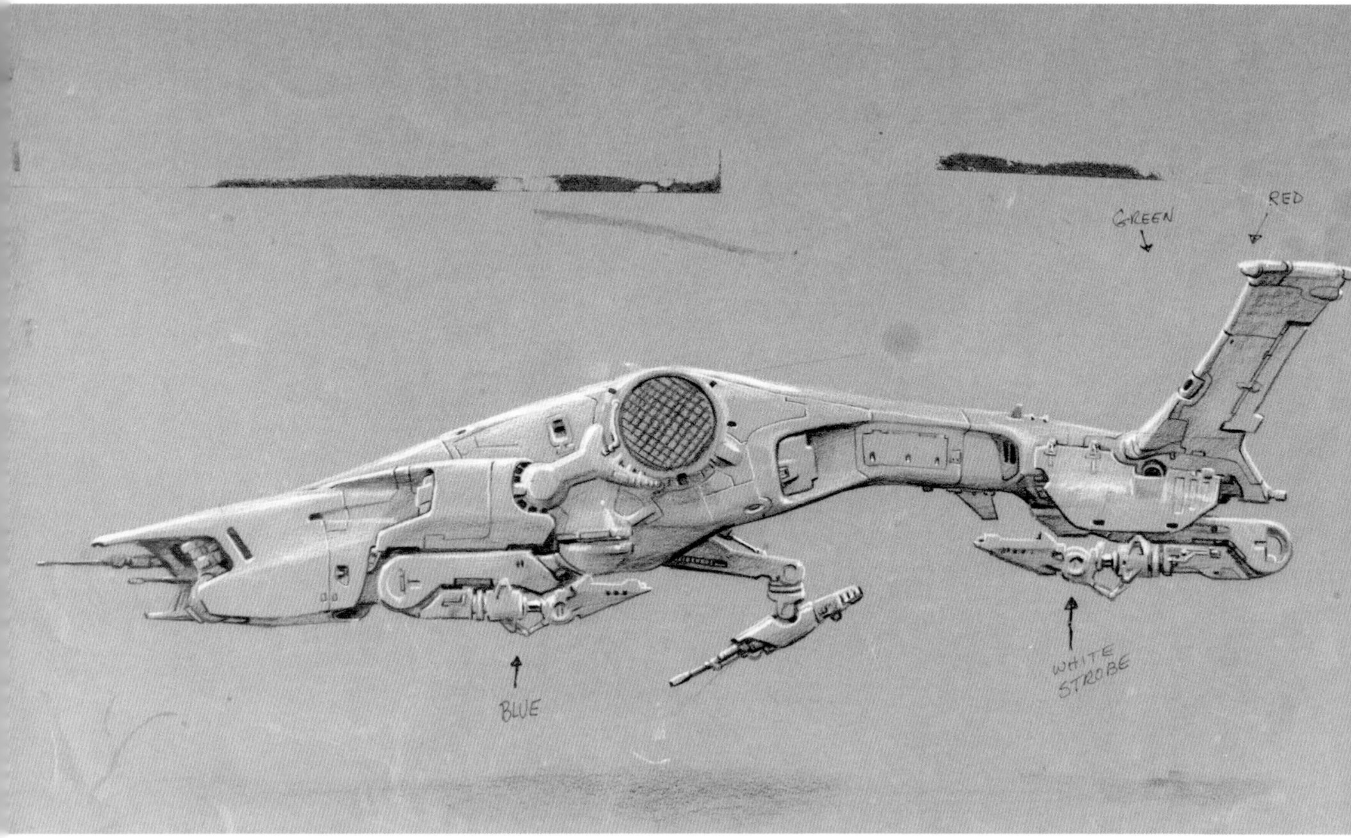

위 제임스 카메론이 그린 비행체 헌터-킬러. <터미네이터>에 등장했다.

은 느낌이 들더라고요. 인간 같은 면이 전혀 없었으니까요. 저도 <터미네이터>를 그렇게 연기하고 싶었어요. 누군가를 죽여도 전혀 기뻐하지 않고, 총을 쏠 때도 눈 하나 깜빡이지 않고, 총을 맞아도 괴로워하지 않는 거예요. 아무 표현도 안하는 거죠. 터미네이터는 걷는 방식도 기계적이어야 해요. 사물을 스캔하는 방식도, 표정도, 기계적이어야 하죠. 눈도 깜빡이면 안 되고, 말할 때 울대뼈가 위아래로 움직이지 않는 것도 아주 중요해요. 큰 화면에 클로즈업 장면은 이런 사소한 부분까지 신경을 써야 해요. 다 보이거든요. 매일 총 다루는 훈련을 하는 것도 대단히 중요하다고 생각했어요. 샷건을 장전하는 동작 같은 거요.

카메론: 제가 하려는 이야기가 뭐냐면, 제 생각에 <터미네이터 2>의 마지막 장면에서 관객은 터미네이터가 제한적이나마 감정적인 반응을 배우기 시작했다고 믿게 돼요. 자신에게 신경망 프로세서가 있다고 터미네이터가 얘기하잖아요. 인간을 학습하고 관찰하도록 설계됐거든요. 그리고 터미네이터는 존 코너와 공감대를 쌓기 시작해요.

슈워제네거: 처음에는 평범하게 시작하죠. 그리고 2편의 각본에 따르면, 터미네이터가 정보를 습득하고 배우기 시작해요. 아이와 관계를 맺으며 실제로 아버지 역할을 즐겨요. 뭔가를 즐긴다는 그 자체가 획기적인 발전이죠. 제가 영화에서 얘기했듯이, 터미네이터가 인간과 더 많은 시간을 보낼수록 더 많이 배우고 인간의 행동을 더 수용해요. 더 이상 기계가 아니라는 말이 아니에요. 여전히 기계지만, 약간의 인간적인 기미가 보인다는 거예요. 배우의 관점에서 보면 아주 흥미로워요. 얼마나 드러내야 하는가, 얼마나 섬세하게 살려내야 하는가.

카메론: 너무 지나치지 않게요.

슈워제네거: 스스로 확인해야 해요. 하지만 감독이 조금 약하게 아니면 조금 더 강하게 살려봐라 요구해요. 마지막 촬영일 한참 전에 엔딩씬을 찍기도 하기 때문에 연기의 강도를 결정하는데 도움이 필요하거든요. 하지만 핵심은, 섬세하게 해야 한다는 거죠. . . 그러면 진정성 있는 감정씬을 해낼 수 있어요. 우리는 그걸 성공적으로 해냈다고 생각해요. 터미네이터가 존 코너를 보며 "네가 왜 우는지 이해한다."라고 말하면서 눈물을 만지는 장면이 있어요. 바로 거기서 터미네이터가 약간의 감성과 감정을 보이죠. 영화 전반에 걸친 그와 같은 구성은 정말 멋졌어요.

카메론: 당신이 배우이고, 터미네이터를 연기했다는 사실을 잊고 얘기해 보죠. 임의로 선택해서, 캘리포니아의 주지사 같은 세계의 지도자라고 해보죠. 경찰을 지능이 있는 기계로 대체해 저비용으로 경찰의 희생을 줄일 수 있는 계획이 있다고 한다면, 지도자의 입장에서 어떻게 대응하시겠어요? 앞으로 이런 일이 일어날 것 같은데요.

슈워제네거: 저는 분명히 시험해 볼 겁니다. 새로운 것이 생길 때마다 작은 규모로 시험을 해봐야죠. 한 마을에서 시험해 보고 제대로 작동하는지 볼 거예요. 누군가 그 기계를 해킹한다면 문제가 되겠네요. 우리가 기계로 무슨 일을 하든 반대편이 있잖아요. 해킹처럼요. 전 항상 그게 걱정돼요. 만약 누군가가 내 컴퓨터를 해킹한다면, 그건 내 문제예요. 하지만 당신이 주지사고 3800만 명을 관리해야 한다면, 상황이 완전히 달라요. 책임감이 다르죠. 어떤 것도 가볍게 여길 수가 없어요. 주지사가 되자 제가 어떻게 바뀌었는지 기억나네요. 수백만이 넘는 사람을 위한 결정을 해야 하죠. 보통 작은 마을에서 시작해 현지 주민과 시장과 함께 문제를 해결해요. 만약 기계가 해킹을 당할 수 있다면, 그대로 끝이에요.

하지만 SF 영화로 만들기에는 아주 좋겠네요. 경찰을 기계로 대체했는데, 모종의 외부 세력이 끼어들어 기계가 온갖 끔찍한 짓을 저지르게 하고 마을을 장악하는 거예요.

카메론: 훌륭한 SF 영화는 모두 잘못된 방향으로 가는 기술이나 과학을 다루죠. 제가 보기에는 21세기로 더 깊숙이 들어갈수록 우리는 이런 온갖 문제를 접하게 되는 것 같아요. 예를 들면, 기후 변화나 인공 지능이 가져올 결과를 제대로 이해해야 하는 문제들이 있죠. 우리는 기술을 이해해야 해요.

SF는 잘못될 수 있는 일에 대해 경고하는 하나의 방법이에요. 기술 자체가 잘못되거나 기술을 이용하는 사람이 잘못할 수 있다는 사실을 되새기게 해 주죠.

슈워제네거: SF 영화뿐만이 아니에요. 저는 우리가 외부의 공격에 얼마나 취약한지 알려주는 각본을 많이 읽었어요. 누군가 전력망을 공격하면, 어느 날 갑자기 전기를 못 써요. 지진이나 폭풍 같은 것 때문에 고작 이틀 동안 전기 없이 지내는 게 어떤 건지 다들 알잖아요. 그런데 전기가 아예 사라진다고 상상해 보세요.

카메론: 그게 바로 SF 영화죠. SF 영하는. . . 만약 내일 핵으로 인한 대참사가 일어나거나 사이버 공격으로 통신망이 사라진다면, 모두에게 무슨 일이 일어날지 생각해 보는 거예요.

슈워제네거: 어쨌든, 저라면 기계 경찰이나 공권력을 작은 규모에서 시도해 볼 겁니다. 확인해 보는 거죠. 5년만 해보고, 어떻게 되는지 보는 거예요. 만약 해킹을 당한다면 무슨 일이 벌어질까? 어떻게 우리 자신을 보호할까? 다음에는 그 계획에 관심 있는 시장들과 함께 진행해 볼 거예요. 그런 게 있으면 치안에 아주 좋겠죠. 효율적일 거예요.

하지만 항상 생각해야 하는 게 있어요. 이 일에 종사하는 경찰들은 어떻게 서서히 다른 일에 투입될 것인가? 그냥 대체해 버리면 그들은 갑자기 직장을 잃게 되잖아요.

카메론: 그건 또 다른 문제예요. 자동화의 문제. 우리가 할 일을 대신해 주는 기계를 더 잘 사용할수록, 더 많은 기계가 직업을 없앨 테니까요. 바로 여기 미국에서 만든 로봇이 될 거예요.

슈워제네거: 하지만 현명한 방법도 있다는 점을 기억

해야 해요. 직업을 잃게 될 사람을 재교육하는 거예요. 그들이 바로 로봇을 생산하는 사람들이 되는 거죠. 새로운 노동력은 항상 필요하니까요. 예를 들어, 제가 석탄을 쓰지 말자고 했을 때와 같은 상황이에요. 석탄 광부들을 어떻게 할 건가요? 그냥 직장에서 내쫓으면 안 돼요. 그들을 찾아가 말하는 거예요. 보세요, 앞으로 10년 안에 탄광을 폐쇄할 겁니다. 하지만 그 10년간 이곳에 풍차, 배터리, 전기차 같은 들여올 거고 여러분은 직업을 갖게 될 것입니다. 아무도 직업을 잃지 않을 거예요. 폐가 더러워지지 않아도 되는 직업을 갖게 될 것입니다. 500미터 아래로 내려가서 더러운 석탄 먼지를 들여 마시고 결국 죽게 되는 일을 할 필요가 없습니다.

카메론: 열악한 환경에서 일하는 건 기계가 낫죠. 물 속에서도 기계가 나아요. 광산 같은 곳도 기계가 낫고요. 공장에서도 기계는 더 빨리 작업할 수 있어요. 만약 그런 재교육 계획이 한동안은 먹히다가 50년 뒤, 로봇을 만드는 일도 기계가 낫다면 어떻게 될까요? 로봇이 물건 만드는 로봇을 만드는 로봇을 만든다면요? 그리고 인간은 소비자 역할만 한다면요? SF는 이런 질문들을 통해 우리에게 지금 우리가 사는 세상에 대해 묻고, 고민하도록 하죠.

슈워제네거: 물론이에요. 하지만 예를 들어, 캘리포니아는 제조업 기반의 경제를 서비스업 기반으로 많이 바꿨어요. 그러면서 생기는 새로운 직업이 아주 많아요.

요즘 체육관에 트레이너가 얼마나 많은지 생각해봐요. 골드 체육관은 50명쯤 되는 개인 트레이너로 빽빽하다니까요. 70년대에 제가 골드 체육관에서 운동할 때는 전혀 그렇지 않았어요. 세상은 바뀌어요. 사람들은 개인 서비스를 원해요. 쇼핑 대행이 있고, 개인 운전기사가 있고, 개인 경비도 있어요. 이렇게 새로운 직업이 생겨나고 있어요.

그런데 중요한 건 사람들에게 돈이 있고 직업이 있어야 이런 서비스를 제공할 수 있어요. 그렇지 않으면 아무도 소비하지 않을 테니까요. 경제가 활발해지려면 모든 사람이 직업이 있어야 하죠.

카메론: 그렇지 않으면 로봇도 할 일이 없어지겠군요.

슈워제네거: 바로 그거예요.

카메론: 제가 처음에 <터미네이터> 아이디어를 떠올렸을 때. . .

슈워제네거: 어떻게 생각해 낸 거예요?

카메론: 꿈에 나왔어요. 금속으로 된 해골이 불 속에서 걸어 나오는 꿈을 꿨죠. 잠에서 깨서 이런 생각을 한 게 기억나요. 이 꿈을 어떻게 이야기로 만들지? 불 속에 들어가기 전에는 어떤 모습이었을까? 플라스틱으로 된 피부였을지도 몰라. 플라스틱이 아니면? 사이보그라면 어떨까? 불에 타기 전에는 사람하고 구분이 안 되게 생긴 거야. 그냥 이런저런 생각을 하기 시작했어요. 이 부분이 재미있어요. 전 그 사람을 군중 속으로 사라질 수 있는 존재로 생각했어요. 보통 사람인 거죠.

그런데 누군가 당신이 터미네이터 역할을 하면 어떻겠냐고 하더라고요. 전 안 될 거라고 생각했어요.

당신과 점심을 먹으러 가면서 생각했죠. 흠, 이 사람이 마음에 안 드는 이유를 찾아서 제작자에게 안 될 것 같다고 말해야지. 그런데 당신이 너무 매력적이었어요. 각본을 정말 잘 이해하고 있었죠. 머릿속으로 모든 장면을 생생하게 그리더군요. 전 당신을 보며 생각했죠. 이 남자 덩치가 크군. 몸 안에 기계가 있다고 해도 믿겠어. 그거 꽤 괜찮겠는 걸. 심지어 당신이 농담을 할 때도 제 눈에는 당신의 얼굴 구조가 보였어요. 이 남자는 불도저 같을 거야. 누구도 막을 수 없는. 전 생각했죠. "바보처럼 굴지 마. 이 사람을 터미네이터로 캐스팅해. 환상적일 거야."

당신 촬영분으로 데일리스(전날 촬영한 필름 중 편집에 이용할 부분) 모니터하던 첫째 날이 기억나요. 벌써 열흘 정도 촬영하고 있었어요. . . 당신은 섬광에 약간 그을린 듯한 얼굴을 하고, 눈썹은 사라졌고, 얼굴은 번들거렸어요. 그리고 경찰차를 몰고 있었어요. 마치 상어처럼 사방을 둘러보는데, 촬영분을 보고. . . 다들 그랬어요. 좋았어. 이건 환상적이야.

하지만 30여 년이 지난 후, 33년인 것 같군요. 인간

반대쪽 제임스 카메론이 창조해 낸 최초 터미네이터 골격 이미지. 각본을 쓰기 전에 그렸다.

에 대항해 반란을 일으키는 인공 지능을 이야기할 때 사람들이 스카이넷이라는 단어를 쓰는 세상에 살게 되리란 건 예상하지 못했어요. 인공 지능 그리고 인공 지능이 인류에게 위협이 될지도 모른다는 신화는 <터미네이터>에서 유래했어요. 그러니까 국방 장관 같은 사람이 이렇게 이야기하죠. "<터미네이터>와 같은 시나리오는 없을 것입니다. 스카이넷도 없을 것입니다. 우리는 기계를 제어할 수 있을 것입니다."

하지만 사람들은 33년 전에는 순수 SF였던 것을 이제 아주 진지하게 이야기하고 있어요. 아주 흥미로워요.

슈워제네거: 음, 설령 누군가가 개발하고 있다고 해도 발표할 것 같지는 않군요. 이미 개발되어 시험 중인 터미네이터 같은 군인이 있는데, 우리가 모르고 있을 수도 있죠. 바보같이 그런 걸 세상에 공개하지는 않을 거예요. 그게 첫 번째 하고 싶은 얘기고, 두 번째는, 아까 나왔던 점심 이야기로 돌아가고 싶군요. 우스운 일이지만, 전 그날 점심 자리에서 제가 리스(영화의 주인공) 역할을 맡아야 한다고 설득하러 나갔어요. 그렇게 그 자리가 시작됐죠. 그리고 당신이 베니스에 살고 있다는 얘기가 나왔는데, 거기서 옆길로 샜어요. 제 사무실과 이런저런 것들이 베니스에 있었거든요. 그

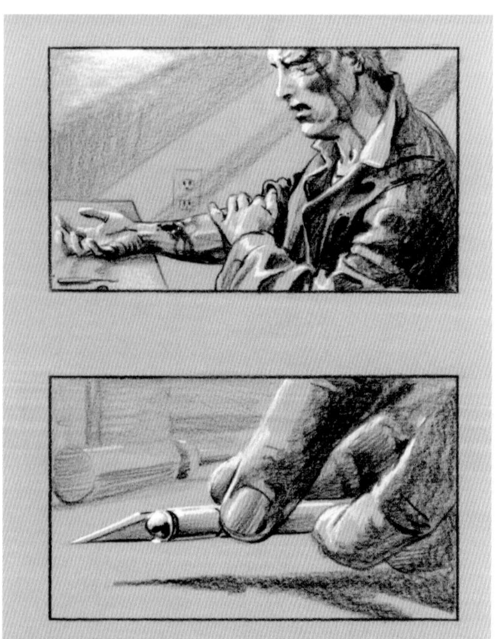

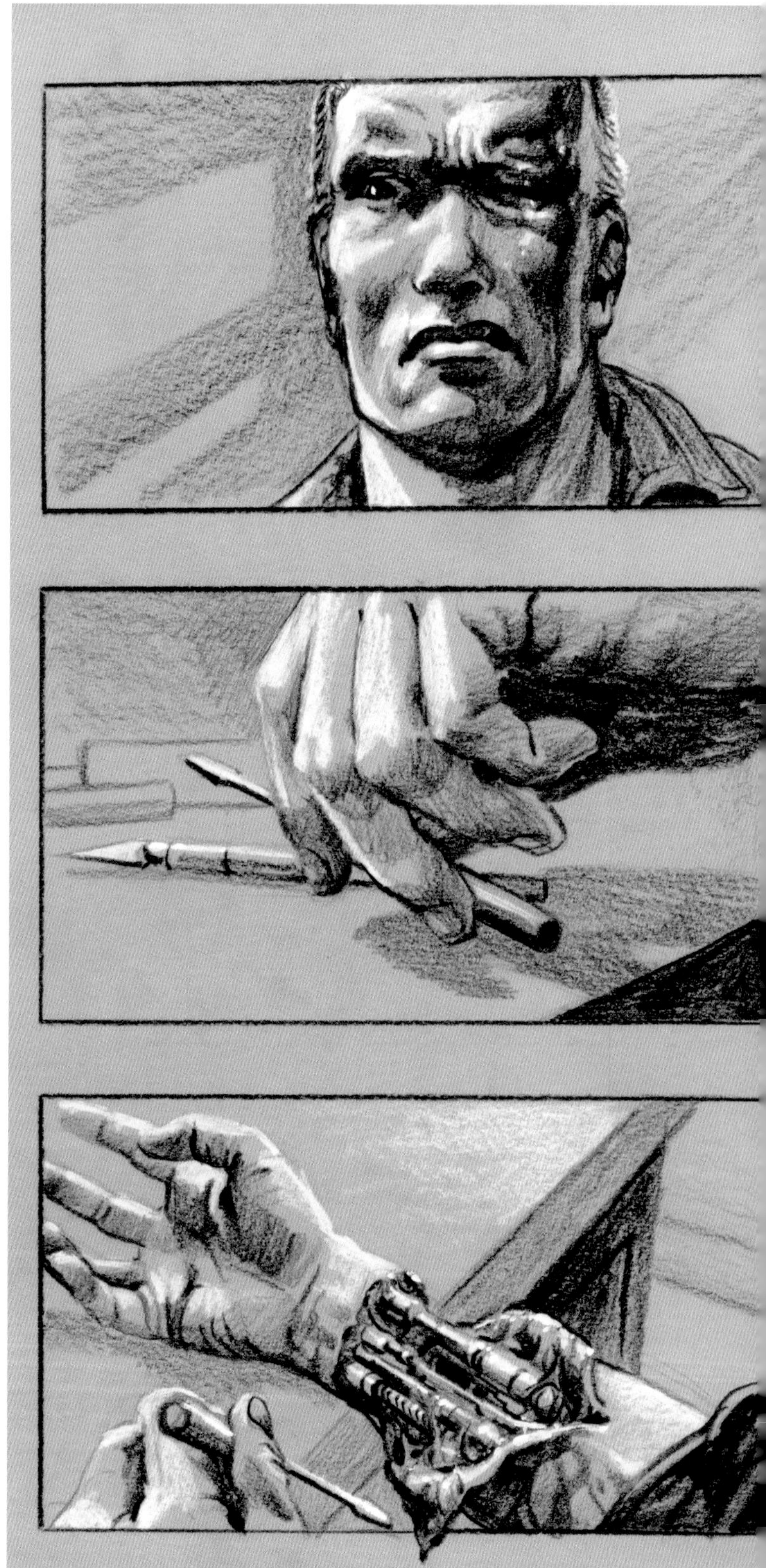

래서 잠시 영화와 무관한 이야기를 하다가 다시 영화 이야기를 조금 했어요. 그런데 무슨 이유에서인지, 미리 계획한 건 아니었는데, 제가 이렇게 말했어요. "보세요, 짐, 이 캐릭터를 연기하는 사람은 자기가 기계란 걸 확실히 이해해야 합니다."

카메론: 터미네이터요.

슈워제네거: 그리고 한 25분 정도 계속 그 얘기를 했죠. 점심을 주문하기도 전에요. 계속 떠들었어요.

카메론: 그 캐릭터에 대한 통찰력이 있었어요.

슈워제네거: 보였어요. 눈앞에 선명하게 보였어요. 요컨대, 전 그날 점심에 정확히 무슨 일이 일어난 건지 모르겠어요. 리스라는 등장인물을 묘사한 방식이 마음에 든다고 생각하고 나갔거든요. 이렇게 말했잖아요. "이 인물을 연기할 수 있으면 정말 좋겠습니다." 영화 전체에 나오고, 대사도 많아요. 세상도 구하죠. 이렇게 생각했어요. 이게 영웅이지. 그리고 전 계속 영웅을 연기하고 싶었어요.

그런데 왠지 모르게 이 터미네이터 역할을 맡는 배우는 매일 훈련을 받아야 한다거나 무기를 다룰 줄 알아야 한다는 얘기를 늘어놓고 있었던 거예요. 총포상에 갈 때도 모든 것을 알아야 한다느니. 그 사람은 기계가 돼야 하고 단 하나의 프레임에서도 인간의 행동을 보이면 안 된다고 계속 떠들었잖아요. 그러니까 당신이 절 보며 말했어요. "전적으로 옳아요." 결국, 점심을 마칠 때쯤 당신이 물었죠. "그러면 터미네이터 역할을 해보면 어때요? 당신이 터미네이터를 맡아 주면 좋겠어요." 그때야 비로소 "이런, 젠장. 뭐가 어떻게 된 거지? 리스에 관한 얘기는 하나도 안 했잖아! 난 왜 리스에 대해서는 같은 얘길 안 한 거지?"라고 생각했죠. 하지만 제 마음은 터미네이터에 빠져들고 있었어요.

카메론: 운명이었어요.

슈워제네거: 운명이었죠. 다행히 당신이 그 운명을 바로 알아봤고, 다행히도 아주 멋진 영화가 됐죠. 타임지가 선정한 올해의 10대 영화에 들어간다는 건 엄청난 일이었어요. 그러자 다들 이게 단순한 액션 영화가 아니라 영리한 사람이 깊이 생각해서 만든 영화라는 사실을 알았던 거예요. 그 때문에 더 많은 사람들이 영화를 보러 갔죠.

카메론: 그리고 이제 <터미네이터2>를 만들게 됐어요. 터미네이터(T-800)를 박살내려는 더 크고 더 악한 터미네이터(T-1000)를 만들어야 했어요. 이번에 터미네이터(T-800)는 선한 인물이고 선한 인물은 항상 약자가 돼야 하니까요. 그런데 그게 뭐랄까? 더 큰 기계, 더 큰 사람이라니 말이 되지 않았어요. 차라리 너무 달라서 어떻게 싸워야 할지도 모르게 만들면 어떨까? 어떻게 막아야 할지 모르는 거죠. 총으로 쏴도 끄떡없고, 저절로 치유가 돼 버려요. 그래서 우리는 갖가지

반대쪽과 아래 <터미네이터>에서 슈워제네거의 캐릭터가 소름끼치는 수리 작업을 하는 장면을 그린 제임스 카메론의 스토리보드.

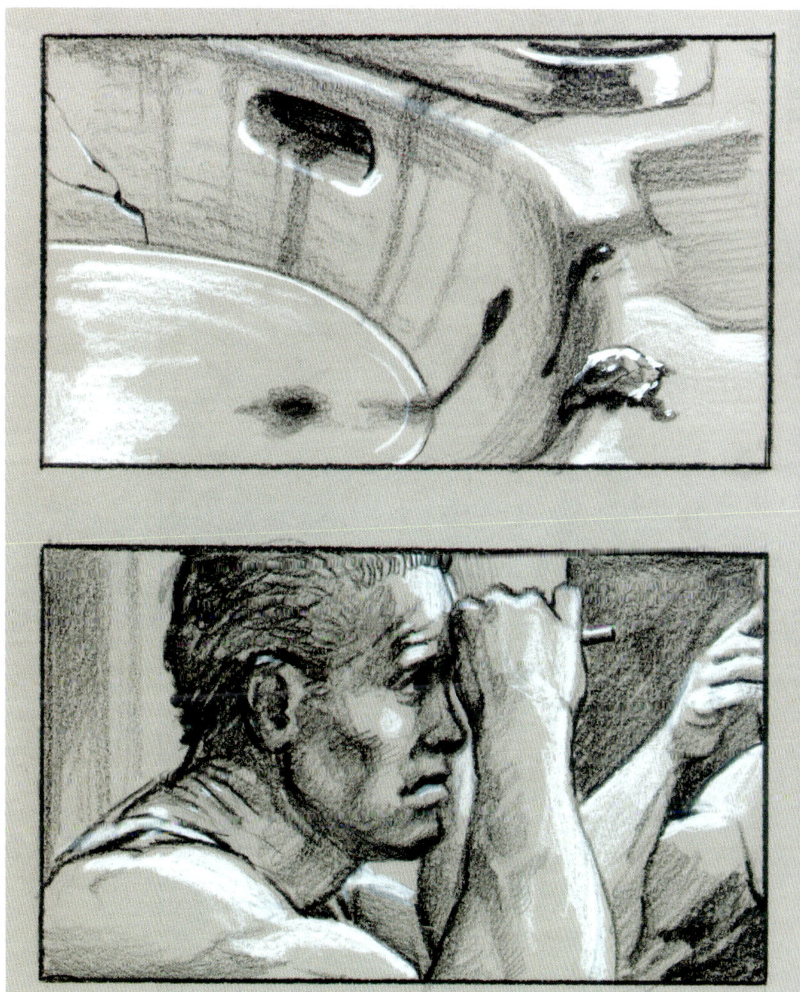

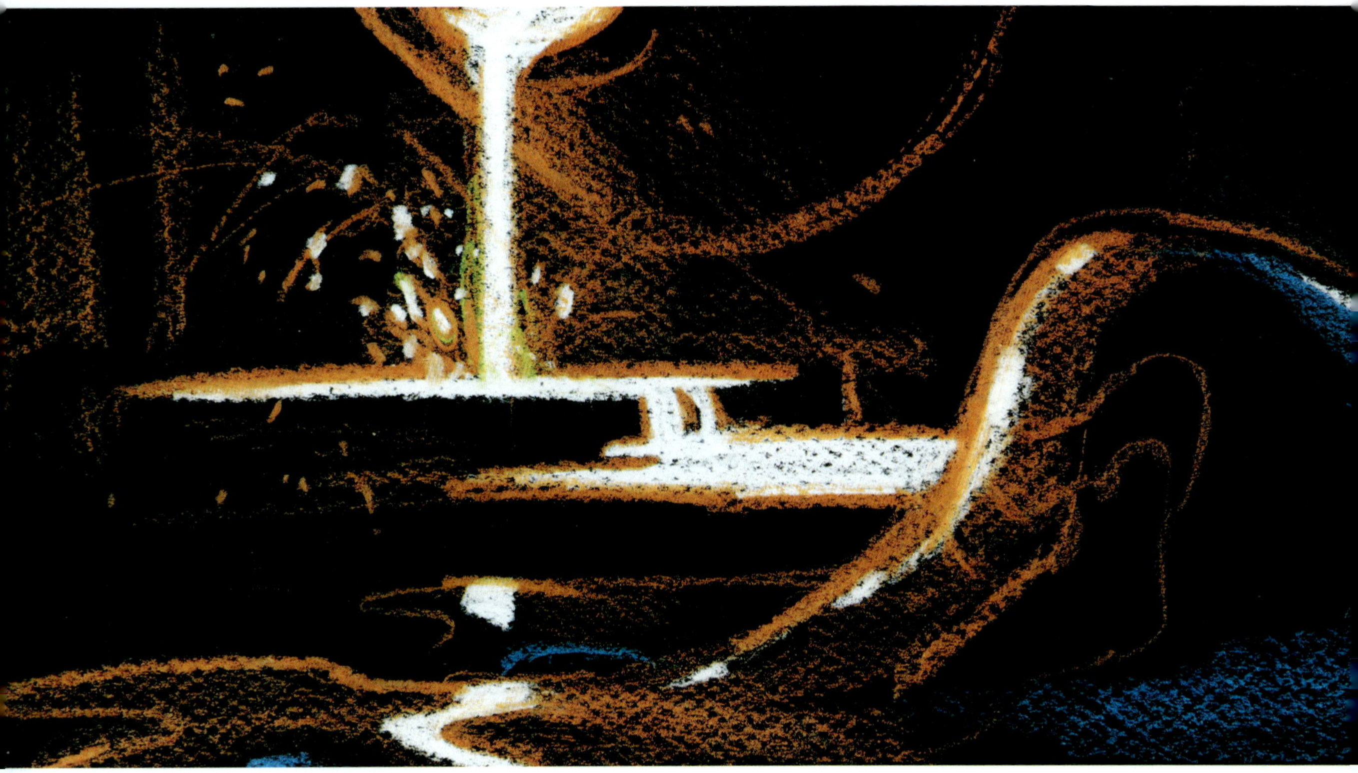

CG 기술을 개발해야 했어요. 아주 멋진 일이었어요.

그 영화에서 가장 힘들었던 부분은 당신이 선한 인물이란 게 좋은 아이디어라고 당신을 설득하는 일이었어요.

슈워제네거: 전 헐리우드에서 아주 성공적인 캐릭터를 가져다 바꿔 버릴 때마다 걱정이 돼요. 대본을 읽었을 때 이해가 안 됐어요. 그러다 이번에는 제가 살인 기계가 아니라는 사실을 깨달았어요. 제 자신에게 말했죠. 나는 짐을 믿어. 오히려 아주 잘 될지도 몰라. 우리가 한 방식은 분명히 정말 효과가 좋았어요. 제가 여전히 부수고 다니면서 모조리 싹 쓸어버리는 식으로 촬영했기 때문이에요. 사람만 빼고요. 경찰차가 허공을 날아다니고, 경찰 수백 명이 살려고 도망치는 걸 볼 수 있었죠. 혼란과 광기가 있었어요. 그리하여, 액션은 액션대로 다 있었어요. 그러나 당신은 제 캐릭터에 다른 특징을 부여했어요. 사람을 죽이는 대신 사람을 돕고, 아이를 구하고, 선한 사람이 되어야 한다는 사실을 점차 깨달아가는 특징을요.

전 T-1000이 굉장한 아이디어라고 생각했어요. 제게 굉장히 위협적인 존재였기 때문이죠. 어느 순간 사람들은 능력이 더 뛰어나고 정교한 터미네이터보다는 저를 응원하기 시작했어요. T-1000은 빨랐죠. 매끈하고 훨씬 더 정교했어요. 업그레이드 모델이었잖아요.

카메론: 당신은 T-800에 불과했죠. 하지만 1편에서 당신이 말했듯이, 터미네이터는 악당이에요. 하지만 사람들은 어떤 면에서 터미네이터를 응원했다고도 할 수 있어요. 그래서 생각했죠. 만약 그 생각을 받아들인다면, 만약 그에게 불굴의 의지만 남겨 놓고 -터미네이터는 무슨 일이 있어도 멈추지 않아요.- 악을 들어내고 그 자리에 선을 집어넣는다면, 똑같은 캐릭터를 악당으로도, 선한 역으로도 쓸 수 있지 않을까? 똑같은 특징을 지닌 똑같은 캐릭터잖아요.

제가 깨달은 건 우리가 그런 자질을 칭송한다는 점이에요. 착한 사람이든 나쁜 사람이든 간에요. 우리가 터미네이터에 감탄하는 건 그가 멈추지 않기 때문이에요. 터미네이터는 인간이 때때로 갈망하는 자질을 보여줘요. 넌 나를 멈출 수 없어. 이런 것을요. 어쩌면 터미네이터는 장거리 경주를 뛰는 선수나 경기

위와 반대쪽 파괴된 줄 알았던 T-1000이 다시 일어나는 모습. 제임스 카메론이 <터미네이터2>를 위해 그린 초기의 구상 스케치다.

를 치르는 격투기 선수, 혹은 국가 전체와 같은 것인지도 몰라요. 영국은 제2차 세계 대전 때 폭격을 맞았지만 영국은 의지가 있었어요. 우리는 그런 의지를 칭송하죠.

슈워제네거: 제 생각에는 그런 자질을 가진 사람이 많지 않기 때문에 칭송하는 거예요. 사람들은 힘을 예찬하고 투지와 자제력을 칭송해요. 어떤 장애물이 있어도 전진하는 것. 실패할 수는 있지만, 다시 일어나서 전진하는 거죠.

카메론: 그래서 우리가 여기 있는 거예요. 인류 말이에요. 처칠이 가장 잘 표현한 것 같아요. 절대로, 절대로 포기하지 마라.

슈워제네거: 당신과 나는 절대 포기하지 않을 거예요.

카메론: 우리가 <터미네이터2>를 찍을 때, 영화 제작 기술이 크게 도약했어요. 액체 금속 인간을 만들 수 있게 해준 CG 애니메이션 말이에요. 그리고 그와 동시에, 우리는 영화 안에서 인공 지능, 지성이 있는 인공 지능, 스카이넷, 살기 위해 싸우는 인공 지능의 탄생 같은 전반적인 인류 기술의 엄청난 도약을 이야기했어요.

SF는 전부터 스스로 뭔가를 생각하고, 어떻게 행동할 것인지 의식하는 인공 지능에 대해 다뤄 왔어요. 저는 이제 이 문제를 인류 차원에서 다뤄야 한다고 생각해요.

슈워제네거: 이건 어떤 면에서 존재하지 않았던 기술이에요. 당신이 그걸 만들어냈고, 모든 사람들을 도발한 거죠. 당신이 이야기를 쓴 방식은, 모두를 도발하는 거였어요.

카메론: 제가 만든 게 아니에요. 하지만 똑똑한 사람들이 만들어 내도록 도발하긴 했죠.

슈워제네거: 제 말이 그거예요. 당신은 이야기로 그 사람들을 도발했어요. 그 사람들은 만들 방법을 찾아야 했죠. 기술이나 SF 영화에 관한 거라면 당신을 속일 수 있는 사람은 없어요. 안 그래요? 그래서 그 영화는 아카데미상을 받은 거예요. 여러 분야에 후보로 올랐고, 영화도 아주 성공했어요.

카메론: 비 오기 전 느낌이 있잖아요. 비가 오겠구나 하는 느낌요. 기술 발전에 있어서도 어느 순간에 그런 느낌을 받을 때가 있어요. 곧 무슨 일이 벌어지겠구나 하고 아는 거죠. 그러면 기다리고 있다가 이용하면 돼요. 그리고 지금 우리가 비 오기 전 바로 그 순간에 있다는 점은 다들 인정하고 있어요. 그게 10년이 될 수도, 20년이 될 수도 있지만, 언젠가는, 어쩌면 50년 뒤라도, 인간처럼 의식하는 기계를 만들 때가 올 거예

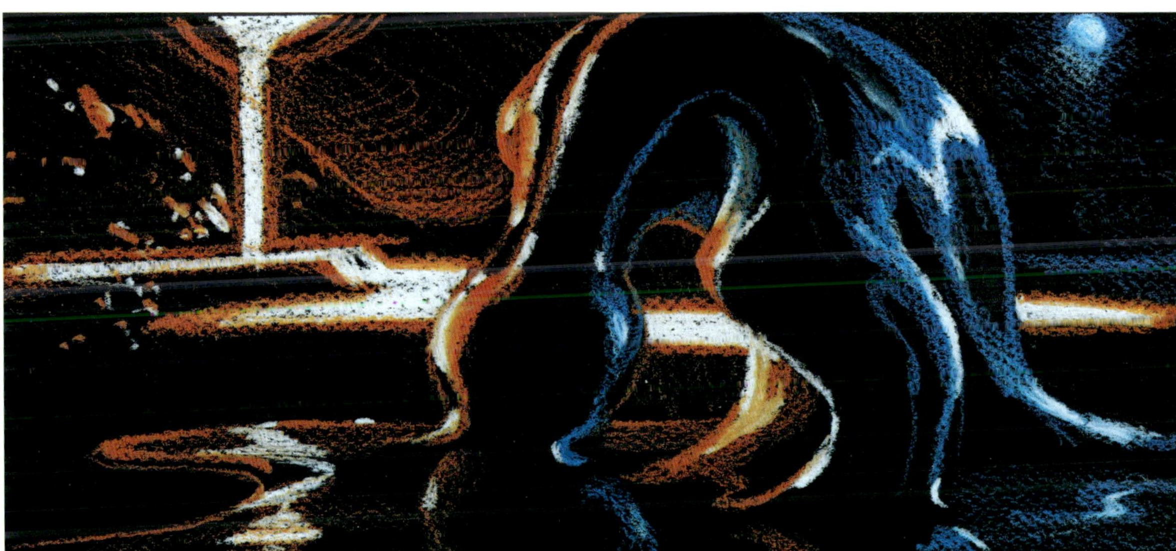

요. 혹은 우리와 똑같지는 않더라도 우리와 동등하게 세상을 이해하고, 반응하고, 생각할 수 있겠죠. 계산하고 이해하는 능력은 우리보다 훨씬 빠를 테니 어떤 면에서는 우리보다 우월할지도 모르겠군요.

슈워제네거: 그러면 그런 기계의 목적은 뭘까요? 군사적인 용도일까요?

카메론: 물론이죠. 음, 어쩌면 아닐지도 모르죠. 하지만 우리가 만드는 기계의 의식은 우리의 의식이 반영되어 있을 거라는 생각이 들어요. 터미네이터처럼 인간의 모습은 아니어도 의식은 인간의 의식과 어느 정도 비슷할 거예요. 우리가 만든 거니까요. 따라서 만약 기업의 이익을 늘리기 위해 기계를 만든다면, 우린 탐욕을 만드는 거예요. 기계가 탐욕스러워지도록 프로그래밍한 거죠. 만약 적을 죽이고, 나라를 지키기 위해 기계를 만든다는 식의 온갖 이유를 대더라도 그게 무기를 만들기 위한 이유라면 결국 살인 기계를 만든 거예요.

슈워제네거: 전 기술이 우리를 돕는 방향으로 가면 좋겠어요. 예를 들어, 환경을 생각하면, 공기 중 이산화탄소를 빨아들이는 기계를 개발하는 거예요. 그건 우리를 한 걸음 더 전진하게 해줄 테고, 수많은 생명을 구할 거예요. 나쁜 목적이 아니라 좋은 목적으로 쓰이기만 한다면 기술은 정말 끝내주는 거라 생각해요.

카메론: 하지만 수많은 SF에서 기술의 유용한 면만 보는 순진한 과학자가 나오고, 누군가는 그 기술을 악용해서 무기로 만들고, 기술이 실험실을 벗어나 통제 불능이 되는 이야기를 해요. 원자력을 처음으로 생각한 사람들은 원자의 힘으로 문명을 유지할 수 있다고 생각했어요. 하지만, 처음으로 만든 게 뭐라고 생각해요? 핵폭탄이었어요. 제가 안 믿는 건 기계가 아니에요. 사람을 믿지 않아요. 기술을 이용하는 방식을요.

제가 아놀드 당신을 좋아하는 점 중 하나는 사람들의 사고방식을 이해하는 감각이 뛰어나다는 거예요. 당신은 정말 사람을 잘 이해해요. 당신 생각은 어때요? 만약 인간보다 똑똑한 기계가 인간을 위해 일한다고 할 때, 그 기계가 얼마나 오랫동안 우리를 위해 일할까요? 우리는 얼마나 오랫동안 그걸 통제할 수 있을까요? 우리가 다른 편에 있는 사람을, 적을, 적국을 믿을까요? 그런 기술을 가진 그들을 신뢰할까요? 우리는 새로운 무기 경쟁을 하고 있는 걸까요? 당신은 사람을 잘 알아요. 어떻게 생각하는지 알죠. 그리고 기업인들, 지도자들이 어떻게 생각하는지도 알잖아요.

슈워제네거: 아이패드로 체스를 두다 보면 매일 나보다 훨씬 똑똑한 기계를 만나요. 어이가 없어요.

카메론: 묵사발이 되는군요.

슈워제네거: 눈 깜짝할 사이에요. 기록을 보면 제가 결정을 내리는 데 17초가 걸린다고 나와요. 그런데 제가 나이트를 옮길 곳에 버튼을 누르자마자 0.1초만에, 짠, 상대는 이미 말을 옮기죠. 생각도 안 해요. 그냥 반응해요.

카메론: 음, 생각해요. 다만 더 빨리 생각하는 거죠.

슈워제네거: 기술이란 게 얼마나 빠른지, 얼마나 우월한지는 항상 보고 있어요. 프로그래밍하기에 따라서 정말 대단해질 수 있죠. 그런데 이게 나쁜 쪽으로 쓰일 것이냐? 그럴 수도 있죠. 우리가 본 영화를 제외하고 기술이 어디로 향할 것인지 알만큼 깊게 생각해 보지는 않았어요.

저는 SF 영화를 전반적으로 좋아해요. 아까도 말했듯이, 현실에 구애받지 않고 많은 부분을 해낼 수 있으니까요.

카메론: 화성에도 가 봤고, 미래에도 갔었죠.

슈워제네거: 음, <터미네이터> 시리즈 네 편에 출연했죠. <토탈 리콜>, <런닝 맨>, 제가 복제가 되어 두 명의 내가 등장하는 <6번째 날>도 있었고. 게다가 <트윈스>도 있었군요. 그런 실험은 아직 이뤄지지 않았지만요.

카메론: <트윈스>는 SF 영화예요. 당신이 임신한 건

뭐였죠? <쥬니어>였군요.

슈워제네거: <쥬니어>도 SF 영화예요. 남자가 임신 같은 걸 하는 경우는 아직 일어나지 않았어요.

카메론: 때로는 우리가 SF를 너무 진지하게 생각해요. 학문적인 생각이 많이 담기긴 하지만, 어떨 때는 SF가 그저 상상력의 표현일 뿐이기도 해요. 과거에는 신과 악마, 신화, 놀라운 일, 무궁무진한 상상력으로 만든 이야기들이 있죠. 높이 뛰어 올라 하늘을 날 수 있는 영웅도요. 이제 영웅들은 기술을 이용해서 뛰어오르고 날아요. 스파이더맨은 방사능 거미에게 물렸어요. 아이언맨은 슈트를 만들었어요. 즉, SF가 문명이 시작된 때부터 있었던 신화와 민담의 역할을 대신하는 거예요.

슈워제네거: 전 스파이더맨이나 슈퍼맨처럼 초능력을 가진 인간이 나오는 영화가 좋아요. 그들은 보통 사람인데, 어느 날 갑자기 옷을 입고 초능력을 발휘하죠. 그때부터는 뭐든 할 수 있어요.

카메론: 그러니까 당신은 인공 지능이 세상을 지배할까봐 걱정하느라 잠을 못 이루고 그러진 않는다는 거군요?

슈워제네거: 안 그러죠. 제 목표는 우리가 깨끗한 에너지를 쓰는 미래로 향하는 겁니다. 그리고 재생 가능한 에너지에 더 의존하고, 화석 연료를 안 쓰는 거예요. 주지사로 있는 동안 이 문제를 접했거든요.

카메론: 궁금한 건, 기계가 자유 의지를 가질 수 있을까요? 기계가 프로그램대로 행동하지 않는 그 지점에서 우리는 기계가 스스로 살아 있는 존재라고 인정해야 할까요? 기계가 자아와 자기 정체성을 가지게 된다면 그 지점에서 기계는 자의식을 갖기 시작할까요?

슈워제네거: 아직까지 기계가 갖지 못한 유일한 게 자의식인 것 같군요. <터미네이터>에 대해 잘 알잖아요. 오늘날의 기계는 우리가 영화에서 봤던 일들을 상당히 많이 해내요. 자의식을 갖는 것만 빼고요. 제가 기계 전문가가 아니라 잘 모르지만, 30년 전엔 지금 나오고 있는 온갖 기술이 가능하다고 생각하지 않았을 거예요.

오른쪽 위 폴 버호벤의 <토탈 리콜>(1990)의 극장용 포스터.

카메론: 스텔스 폭격기, 드론, 전투 로봇.

슈워제네거: 지능이 있는 컴퓨터도요. 이제 기계가 우리 삶을 움직이고 있어요. 지금은 자율 주행 자동차에 대해 얘기하고 있잖아요. <6번째 날>에서도 자동차가 알아서 움직였어요. 우리는 점점 더 그런 쪽으로 가고 있어요. 따라서 만약 기계가 자의식을 갖는다면, 정말 자의식이 생긴다면, 전 그때가 가장 슬픈 순간이 될 것 같군요.

카메론: 어쩌면요. 사람들은 항상 제게 물어요. "기계가 이기는 날이 온다고 생각하나요? 기계가 우리를 이길 것 같아요?" 전 대답하죠. "오래 전에 기계가 이겼어요." 공공장소에 있을 때 주위를 한번 둘러보세요. 얼마나 많은 사람이 스마트폰에 빠져 있는지 보세요. 우리는 이미 인간 행동을 이용해 부자가 되려는 실리콘 밸리 사람들이 만든 기계의 노예예요. 그리고 스

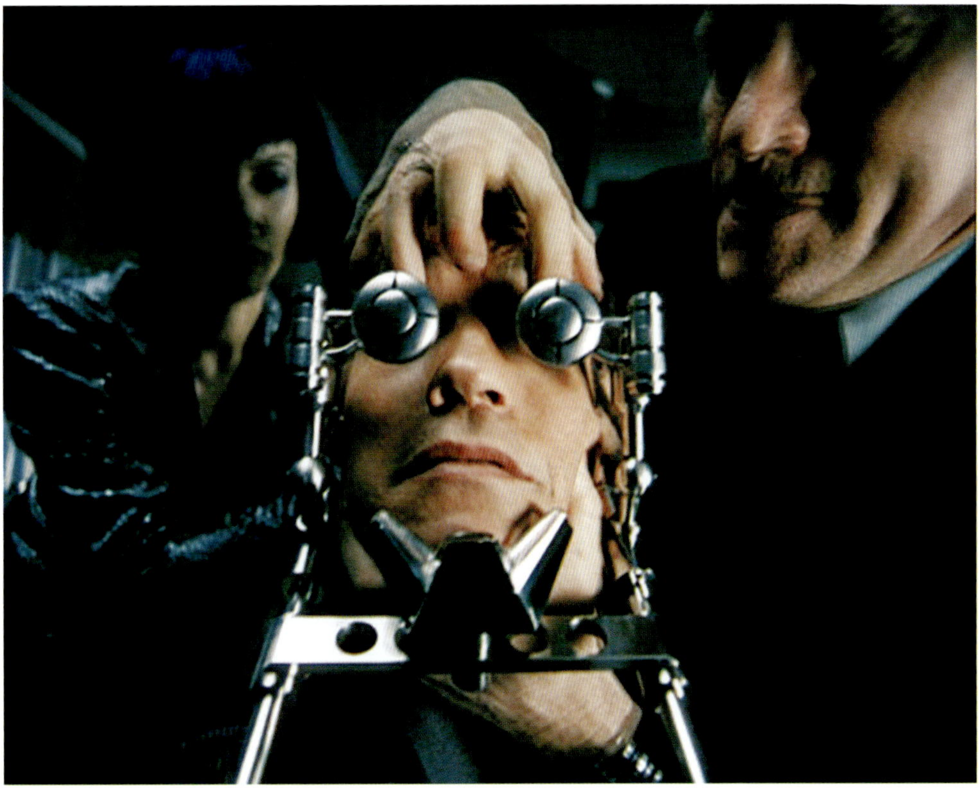

마트폰 없이는 누구도 완전하지 않죠. 30, 40년 전에는 상상도 못 했던 물건인데, 이제는 그게 없는 세상을 상상하지 못하는 거예요. 우리의 일부가 된 거죠. 전 실제로 우리가 기계와 함께 진화하고 있다고 생각해요. 우리가 변하고 있는 거죠.

슈워제네거: 이제는 사람들이 기계에 붙어 있는 것 같아요. 아이폰이나 휴대 전화가 일반적이고, 아이패드 같은 스마트 기기도 있고요. 수시로 새로운 게 나오고 새로운 정보가 생겨요. 옛날엔 아침에 일어나서 커피를 마시며 신문을 가져와서 읽었죠. 가장 좋아하는 스포츠면도 보고.

카메론: 우리 아이들은 그게 뭔지 이해도 못 할 거예요. 아이들은 깨끗한 백지와 같아요. 바로 적응해요. 기계와 함께 진화하고 있어요. 우리가 가진 힘을 기계에게 기꺼이 주려고 해요. 우리가 하던 온갖 일, 우리가 가진 기술을 비롯한 모든 것을 기계가 대신하게 하려고 해요. 그게 오랜 시간 동안 진행된다면 우리는 모든 일을 기계에게 넘길지도 몰라요. 그러면 우리에게 뭐가 남죠? 우리에게 인간이라고 할 만한 게 뭐가 남을까요?

슈워제네거: 이건 새로운 세대에 놓인 시험대 같군요. 저의 시험대는 아니에요. 전 아직 직접 운전하는 게 좋거든요. 스스로 하는 게 좋아요. 저는 구세대예요. 하지만 새로운 세대한테는 당신 말이 완전히 옳다고 생각해요. 이건 큰 도전이에요. 우리는 그 도전에 답하기 위해 무엇을 하고 있죠? 새로운 세대는 어떤 면에서 식물인간이 되고 있어요. 모르겠네요.

카메론: 제 느낌으로, 자동화는 계속될 거예요. 그리고 우리가 할 수 있는 일을 점점 더 기계가 대신할 거예요. 그러다 사회가 잠깐, 하며 말하겠죠. "우리 자신에게 의미를 부여하기 위해서 우리 인간이 할 일을 정해야겠어." 만약 기계가 모든 일을 대신할 수 있다면, 우리는 스스로 의미를 찾아야 해요. 앞으로는 이게 아주 흥미로운 일이 될 거예요. 우리 생애에는 아

왼쪽 위 <6번째 날>(2000)에 출연한 아놀드 슈워제네거.

반대쪽 제임스 카메론이 [제임스 카메론의 SF 이야기]를 위해 아놀드 슈워제네거와 인터뷰하고 있다. 사진 제공: 마이클 모리아티스/AMC

닐지 몰라도 아마 50년 안에는, 우리의 존재 의미를 진지하게 탐색해야 할 거예요. 왜냐하면, 만약 기계가 모든 일을 대신하게 만들 수 있다면, 그리고 만약 기계가 점점 더 똑똑해진다면. . . 전 이런 게 걱정돼요.

그러니까 문제는 이래요. 기계가 자유 의지를 가질 수 있을까? 하지만 다른 문제도 있어요. 우리는 자유 의지를 가지고 있을까? 미래와 과거로 갈 수 있다고 해보죠. <터미네이터>가 그런 내용이잖아요. 그리고 자유 의지에 관한 영화고요. 만약 누군가 미래에서 돌아와 일어날 일을 바꾸려고 한다면, 우리는 모두 타임라인 위에 있는 인형일 뿐일까요? 우린 여전히 이미 촬영이 끝난 영화 속에 있는 걸까요? 원하는 만큼 화면을 앞으로 돌리거나 뒤로 돌릴 수는 있지만, 엔딩은 절대 변하지 않을까요?

슈워제네거: 저는 우리가 스스로 통제할 수 있다고 생각해요. 그리고 우리에게는 변화를 만들 힘이 있다고 생각해요. 전 아주 낙관적인 사람이에요. 마음만 먹으면 뭐든지 할 수 있다고 생각해요. 쉽지는 않아요. 하지만 뭔가를 하거나 뭔가 성취하기 위해 분투하는 건 즐거운 일이에요. 저한테 이래라 저래라 하는 기계는 없어요.

전 보디빌딩을 해요. 매일 운동을 해요. 영화 촬영을 해요. 연구소도 있어요. 슈워제네거 연구소죠. R20 비영리 환경 운동도 해요. 25년 전처럼 방과후 수업 활동도 하고 있어요. 저는 이런 여러 일에 시간을 써요. 신나는 인생이죠. 기계에는 별로 신경 쓰지 않아요. 기계가 끼어들어 제 인생의 행복을 방해할 거라는 위협을 받고 있지 않아요. 왜냐하면, 제가 원하는 일을 하고, 그 일을 하기 위해 기계를 이용하니까요.

카메론: 의지와 목적 의식을 갖고 그것을 발휘하는 데 있어 이 세상에서 당신보다 더 나은 본보기는 없을 것 같군요. 보디빌딩 챔피언이 되고자 했고, 해냈어요. 무비스타가 되고자 했고, 해냈어요. 세계적인 지도자가 되고자 했고, 해냈어요. 세계에서 일곱 번째로 경제 규모가 큰 캘리포니아의 주지사였으니까요. 그렇게 목표를 세우고 해냈어요.

슈워제네거: 그건 미국이 얼마나 훌륭한 국가인지, 빈손으로 온 당신 같은 사람이 어떻게 희망이 될 수 있는지를 보여주는 거예요. 그리고 제가 꿈을 갖고 여기 와서 얼마나 꿈을 현실로 이룰 수 있었는지. 당신은 다른 나라로 갈 수도 있었어요. 저도 마찬가지고요. 그랬다면 우리는 여기서 이룬 것만큼 성공하지 못했을 거예요. 그렇게 간단한 거예요. 미국은 그런 곳이죠. 꿈을 현실로 만들 수 있는 곳. 아무도 그렇게 못할 거야라고 이야기 하지 않아요.

카메론: 시간 여행 이야기를 해볼까요. <터미네이터>는 로봇과 인공 지능을 다루지만, 시간 여행 이야기이기도 하니까요. 영화는 시간 여행 이야기의 규칙을 따르고 있어요.

슈워제네거: 시간 여행을 할 수 있다면 정말 좋겠어요. 상상해 보죠. 과거로 가서 이렇게 말하는 거예요. 난 <뉴욕의 헤라클레스>에 출연하지 않겠어.

카메론: 하고 싶은 일이 그거예요? 예수를 만난다거나 히틀러를 죽이는 게 아니라? 과거로 가서 그 영화 한 편을 바로잡는다고요?

슈워제네거: 히틀러를 죽이러 간다거나 니체를 만나러 간다거나 로마로 돌아가서 카이사르와 지내면서 역사적인 결정이 내려지는 과정을 본다거나 몇몇 전투에 참가한다거나 하는 거. 그건 너무 심각해요. 재미있는 것부터 시작해야죠.

카메론: 그건 상상이 되네요. 과거로 가서 전투에 참가하는 거요.

슈워제네거: 그렇죠. 와, 시간 여행을 할 수 있다면 정말 재미있겠군요. 하지만 이것 역시 영화에서 본 건데, 원하던 시간대가 아니라 잘못된 시간대에 갇혀 버리기도 하죠.

카메론: 그걸 할아버지 역설이라고 불러요. 과거로 돌아가서 저지른 일이 자기 할아버지의 죽음을 초래한 거예요. 할머니가 임신하기 전에요. 그렇게 되면 자신은 없어져요. 자신이 존재하지 않으니 애초에 타임머신을 타고 과거로 가는 자신도 없는 거죠. 시간 여행 이야기를 쓰는 모든 작가가 고민하는 문제예요.

슈워제네거: 답이 뭔가요?

카메론: 아무도 몰라요. 시간 여행이 가능한 것인지조차 아무도 몰라요. 물리학에선 어쩌면 가능할지 모른다고 해요. 그러려면 엄청난 에너지가 필요해요.

슈워제네거: 그리고 속도. 맞나요?

카메론: 엄청난 에너지만 있으면 돼요. 태양 50개에서 뽑아낸 에너지면 동전 하나를 6분 전쯤으로 돌려보낼 수 있나? 그럴 거예요. 하지만 중요한 건, 왜 SF 장르에 담긴 우리의 환상이나 상상이 시간 여행이라는 아이디어에 사로잡혀 있느냐는 거예요.

슈워제네거: 할 수 없으니까요. 화면에서 그런 장면을 보고 우리가 그런 상황에 처해 있다고 상상해 보는 건 아주 즐겁잖아요. 다들 그런 생각을 해요. 저게 가능하다면 난 어떻게 할까? 나는 어느 시간대로 가게 될까? 나라면 저기서 무엇을 하고 싶을까? <토탈 리콜>이 약간 그랬어요. 시간 여행과는 별 상관없지만, 머릿속에 칩을 넣어서 다른 행성을 여행하고 새로운 경험이 펼쳐지게 하는 것이었죠.

카메론: 당신이 연기한 인물에게 그 가상의 경험이 가상이 아니었다는 게 드러났죠.

슈워제네거: 맞아요. 영화를 보면서 얻는 즐거움이 있어요. 저런 걸 타보면 굉장하겠는걸? 하고 상상하기 시작하죠. <웨스트월드>를 예로 들어볼게요. 디즈니랜드 같은 곳에서 총격전을 하고 전투가 벌어져요. 그리고 항상 이겨요. 그러다 어느 순간 상황이 나빠지고 일이 잘못되기도 하죠.

카메론: SF에서는 항상 뭔가가 잘못돼요. 그게 핵심이에요. 실제로 현실에서 일이 잘못될 거라고 우리한테 이야기하려는 거니까요.

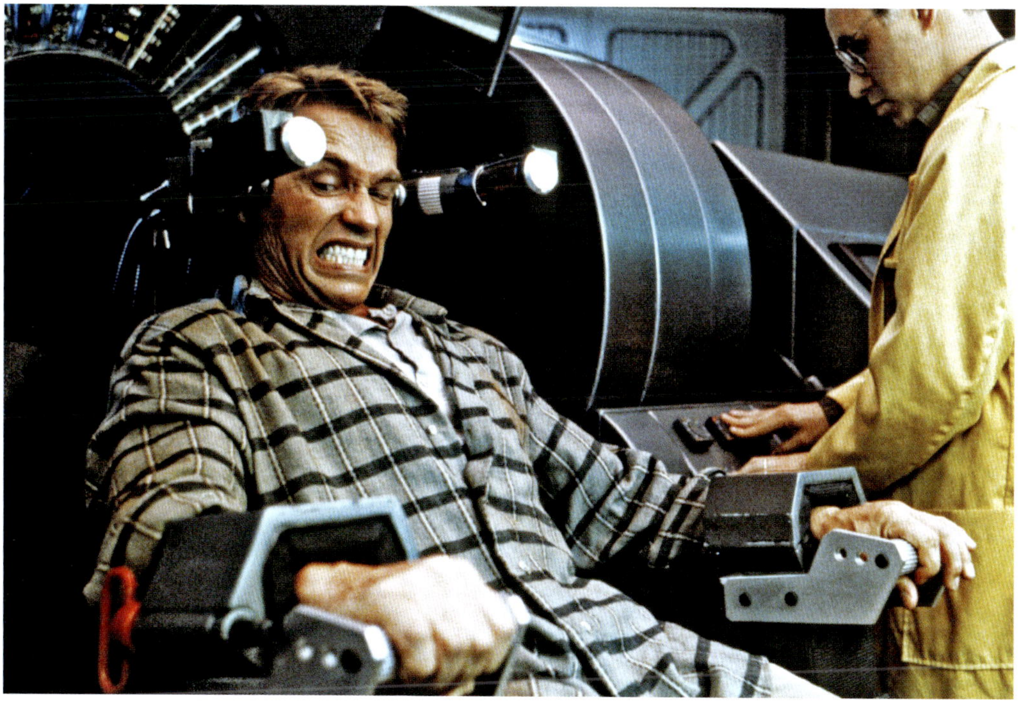

오른쪽 더그 퀘이드(슈워제네거)가 <토탈 리콜>에서 정신분열성 발작을 겪고 있다.

슈워제네거: 그래서 우리가 계속 SF 영화를 만드는 거죠.

카메론: 맞아요. 그게 우리 일이에요. 선택의 여지가 없어요... <터미네이터2>에 흥미로운 대사가 있어요. "너희 자신을 파멸시키는 것은 너희의 본성이다."라고 터미네이터가 말해요. 이 말은 우리가 만드는 모든 신기술에 적용해야 한다고 생각해요. 우리 자신을 파멸시키거나 다른 사람을 파멸시키는 게 우리의 본성이라면 우리는 정말로 새로운 기술에 대해 신중해야 해요. 다른 사람을 파괴하는 과정에서 스스로도 파멸해요. 시간 여행은 아주 좋은 생각일 수 있어요. 다만, 어딘가의 어떤 사람들에게, 어떤 정부 혹은 어떤 나쁜 집단에 악용되지만 않는다면요.

우리보다 우월한 인공 지능은 기후 변화, 식량 문제를 해결하거나 수명 연장, 더 나은 의약품 개발 등의 이상적인 이유로는 아주 좋은 생각일 수 있어요. 하지만 누군가 혹은 어느 나라의 지도자가 악용할 거란 걸 우린 알아요.

슈워제네거: 삶의 모든 부분에... 악용하는 사람은 있다고 생각해요. 은행이든, 컴퓨터 시스템이든, 법 집행이든 정치든, 어디를 봐도 항상 좋은 부분이 있고 부패한 부분도 있어요. 뭐든 악용될 수 있어요. 하지만 전반적으로 사람들은 선하고 언제나 생존을 원하며 악을 없애고 싶어한다고 생각해요. 우리는 단지 진심으로 사람들과 소통하고 더 나은 방법이 있다는 걸 사람들이 깨우치게끔 노력하는 거죠. 많은 노력이 필요한 일이에요. 쉬운 일이 아니란 걸 알아요.

카메론: 이건 우리 안의 선과 악이 경주를 하는 거라 생각해요. 더 나은 인간이 되어야 해요. 정신적으로, 심리적으로 진화해야 해요. 우리가 진화하는 동안 기계도 진화해요. 그렇기 때문에 올바른 방향으로 기계를 쓸 수 있는 인간이 되어야 해요. 그렇지 않으면 우리가 가진 힘, 인공 지능 그리고 온갖 로봇을 다루는 바지 신과 같은 이 힘은 종국에 다시 돌아와 우리를 멸망시킬 거예요. 우리가 사는 지구는 영화가 아니기 때문에 해피 엔딩이 아닐 수 있어요. 재촬영도 불가능해요.

슈워제네거: 바로 그거예요.

후기

브룩스 펙
대중문화 박물관 큐레이터

미래는 어떤 미래를 맞이하게 될까?

대중문화 박물관은 SF에 열중한다. 이곳엔 상설 SF 전시관이 있으며, <스타트렉>이나 <아바타>, <배틀스타 갤럭티카>뿐만 아니라 그 외에도 많은 SF의 기념비적 작품의 전시관이 만들어진 바 있다. 우리 박물관은 또한 SF 역사상 가장 영향력이 큰 창작자와 창작물을 기리는 SF&판타지 명예의 전당이 있는 곳이다.

우리가 SF에 이렇게 많은 관심을 쏟는 건 SF가 현대 대중문화에서 강력한 힘을 발휘하는 장르이기 때문이다. 예를 들면, 영화 역사상 가장 많은 수익을 거둔 영화의 절반은 SF다. 생각해 보라. 절반이 SF이고, 나머지 절반은 다른 모든 장르를 합한 것이다. SF는 비디오 게임과 TV도 장악하고 있으며, 대중문학의 중심에 있다. 그리고 SF적인 비유는 광고에도 자주 등장한다. 오비완 케노비가 "우리를 둘러싸고 있지 . . . 그건 은하를 하나로 묶어준다네."라고 포스에 대해 말한 것처럼. 박물관에 있는 우리는 SF가 그와 같은 인기를 얻게 된 이유를 연구하고 그 영향력에 관해 탐구한다.

따라서 역사 유물을 전시하는 다른 전통적인 박물관과 달리 우리는 미래의 물건인 프로톤 팩, 하버보드, 우주선, 외계 곤충 등을 다양하게 전시한다. 이 전시물들이 실제 미래에서 온 건 아니다. 이들은 실현 가능한 미래에서 나왔다. 앞서 [제임스 카메론의 SF 이야기]에서 다수가 말했듯이, 미래는 정해지지 않았다. 그리고 SF의 가장 큰 역할 중 하나는 앞날을 예측하는 것이다. SF는 실현 가능한 미래를 미리 시험한다. 우리가 시도해 볼 수 있고, 한동안 살아볼 수 있게 해준다. 그런 뒤 우리는 그러한 미래를 추구할 것인지 회피할 것인지 정할 수 있다. 이는 SF를 구경거리나 오락물 이상으로 만드는 중요한 점이다. 영화와 소설, 만화, 뮤직 비디오가 모두 인류의 미래를 결정하는 데 중요한 도구라고 해도 과언이 아니다.

최근 들어, SF는 흥미로운 도전에 직면했다. 미래를 상상하는 것이 점점 어려워지고 있다는 것이다. SF가 번성하기 시작했던 1930년대에는 작가와 영화 제작자가 태양계 탐사나 핵에너지 사용의 확대, 소형화, 제조업의 효율성 증가 같은 몇몇 추세에 확신을 갖고(아주 정확하지는 않지만) 향후 10년 뒤의 세상에 관한 이야기를 만들 수 있었다. 미래가 더 빠른 교통수단과 더 싼 물건, 더 높은 삶의 질을 가져온다고 가정하는 건 합리적이었다. 왜냐하면 그게 바로 산업 혁명의 결과였기 때문이다. (모두에게 공평하지는 않았지만) 그러한 변화는 예상 가능한 것이었다.

21세기 초 들어 획기적인 혁신이 삶의 질에 큰 영향을 미치게 되었다. 그런데 이제는 그 정도를 측정하기가 훨씬 더 어려워졌다. 스마트폰과 인터넷이 사람들의 일상생활에 끼친 영향을 어떻게 판단할 수 있을까? 절약할 수 있게 된 시간을 봐야 할까? 통신의 양? 정치 참여의 증가 또는 감소? 그리고 이러한 기술들이 우리를 어디로 이끌고 있는 것인가? 미래를 탐구하는 SF의 역할은 더 힘들어졌고, 미래를 파악하는 것도 쉽지 않지만 여전히 매우 중요하다. 오늘날은 빠르게 변하고 있다. 미래는 더 이상 몇 십 년 뒤가 아니다. 몇 년 뒤 심지어 몇 달 뒤다.

그 말은 이제 SF는 미래와 무관하다는 뜻인가? 그건 아니다. SF 창작자는 다양한 방법으로 급속한 변화에 대

위 워싱턴 시애틀에 있는 대중문화 박물관의 '무한한 SF의 세계' 전시관.

응할 수 있다. 한 가지 방법은 SF라는 렌즈를 통해 아주 가까운 미래를 -심지어는 현재를- 보며, 오늘날의 문화와 기술 사이의 충돌을 탐구하는 것이다. 혹은 예측의 정확성이 중요하지 않은 아주 먼 미래를 배경으로 삼을 수도 있다. 대재앙 이후의 이야기는 현대 과학을 아예 버리고 시작한다.

비록 미래가 우리를 향해 점점 더 빨리 다가올지라도, 현재와 미래 사이의 시간이 분 단위로 줄어들더라도, 미래가 도래하여 컴퓨터가 자의식을 갖게 되고 외계인이 우리와 접촉하더라도, 우리는 언제나 SF 이야기를 만들어 낼 것이다. 왜냐하면 저 바깥에 무엇이 있는지 궁금증을 품는 건 인간의 본성이기 때문이다. 이 경우 '저 바깥'은 두 가지 뜻이 있다. 하나는 다른 곳, 다른 행성, 우주 같은 물리적 세계의 바깥이고, 다른 하나는 시간의 저 바깥, 미래이다. 이런 질문을 던지고 답을 찾고자 하는 우리의 욕구는 인류가 계속 전진하며 배우도록 한다. 그것이 바로 생존의 핵심 요소다. 따라서 우리는 언제나 궁금해 할 것이다. 우리가 탐사해야 할 더 많은 것이 저 바깥에 있을 것이기에 우리는 항상 사유할 것이다.

감사의 글

[제임스 카메론의 SF이야기] 한국어판을 재출간하며

당대 영화계 거장들의 사유와 담론을 인터뷰 형식과 에세이로 담은 글을 번역하는 일이 녹록하지 않았으리란 걸 잘 알고 있습니다. 영화에 대한 전반적인 이해뿐만 아니라 서양 문화와 역사에 대한 이해없이는 읽어낼 수 없는 함축과 생략, 비유와 관용적 표현에 숨겨진 의미까지 최대한 놓치지 않고 번역하느라 애쓰신 역자 김정용님께 감사드립니다. 특히, 그 과정에서 한국 독자의 이해를 돕기 위해 해박한 지식으로 특별 감수를 해 주신 도미니끄 꼴랭(Dominique Collin, Ph.D.)님께 깊은 감사를 드립니다. 재출간하는 책도 훌륭하게 편집해 주신 편집 디자이너 이유리님께도 무한한 감사의 뜻을 전합니다.

제임스 카메론의 SF 이야기

JAMES CAMERON'S STORY OF SCIENCE FICTION

글	제임스 카메론, 랜들 프레익스, 브룩스 펙, 시드니 퍼코비츠, 맷 싱어, 게리 K. 울프, 리자 야젝
옮긴이	김정용
발행일	2025년 12월 19일 초판 1쇄
펴낸곳	아트앤아트피플
펴낸이	송영희
디자인	이유리
마케팅	김철웅
제작·인쇄	동아출판
출판등록	2015년 7월 10일 (제 315-2015-000048호)
주소	(우10507) 경기도 고양시 덕양구 토당로162번길 14 104동 802호
전화	070-7719-6967 팩스 02-6442-9046
홈페이지	http://www.artnartpeople.com
이메일	artnartpeoplekr@gmail.com
ISBN	979-11-90372-47-3 (03860)

값 30,000원

이미지 크레디트

(Page 10) *Planet of the Apes* © Twentieth Century Fox Film Corporation. (Page 11) *The Day the Earth Stood Still* © Twentieth Century Fox Film Corporation. (Page 14) *Aliens* © Twentieth Century Fox Film Corporation. (Page 16) *Avatar* © Twentieth Century Fox Film Corporation. Image courtesy of Photofest. (Page 24) *Star Trek* © Paramount Television. (Page 30) *Frankenstein* © Universal Pictures. (Page 31) *Dune* © Universal Pictures. Image courtesy of Photofest. (Page 47) *The Terminator* © Orion Pictures. (Page 51) *War of the Worlds* © Paramount Pictures. Image courtesy of Photofest. (Page 53) *The Thing* © Universal Pictures. (Page 54) *Invasion of the Body Snatchers* © Allied Artists Pictures Corporation. (Page 55) *Solaris* © The Criterion Collection. (Page 56) *Alien* © Twentieth Century Fox Film Corporation. (Page 57) *E.T. the Extra-Terrestrial* © Universal Pictures. Image courtesy of Photofest. (Page 60) *Godzilla, King of the Monsters!* © Embassy Pictures Corporation. Image courtesy of Photofest. (Page 61) *Close Encounters of the Third Kind* © Sony Pictures Entertainment. (Page 62) *Close Encounters of the Third Kind* © Sony Pictures Entertainment. (Page 63) *E.T. the Extra-Terrestrial* © Universal Pictures. Image courtesy of Photofest. (Page 64) *E.T. the Extra-Terrestrial* © Universal Pictures. Image courtesy of Photofest. (Page 65) *2001: A Space Odyssey* © MGM. Image courtesy of Photofest. (Pages 66-67) *War of the Worlds* © Paramount Pictures. Image courtesy of Photofest. (Page 68) *War of the Worlds* © Paramount Pictures. (Page 69) *E.T. the Extra-Terrestrial* © Universal Pictures. Image courtesy of Photofest. (Page 70) *H. G. Wells' Things to Come* © United Artists. (Page 71) *Minority Report* © Twentieth Century Fox Film Corporation. (Page 73) *AI: Artificial Intelligence* © Warner Bros. & DreamWorks. Image courtesy of Photofest. (Page 74) *War of the Worlds* © Paramount Pictures. Image courtesy of Photofest. (Page 77) *Interstellar* © Paramount Pictures. Image courtesy of Photofest. (Page 78) *Stranger Things* © Netflix. Image courtesy of Photofest. (Pages 80-81) *Jurassic Park* © Universal Pictures. Image courtesy of Photofest. (Page 82) *Jurassic Park* © Universal Pictures. Image courtesy of Photofest. (Page 83) *Destination Moon* © Eagle Lion Films Inc. (Page 86) *2001: A Space Odyssey* © MGM. Image courtesy of Photofest. (Page 87) *Enemy Mine* © Twentieth Century Fox Film Corporation. (Page 88) *Dune* © Universal Pictures. (Page 89) *Star Trek* © Paramount Television. (Page 93) *THX 1138* © Warner Bros. Image courtesy of Photofest. (Page 94) *THX 1138* © Warner Bros. Image courtesy of Photofest. (Page 97) *Star Wars* © LucasFilm. (Page 98) *Star Wars: Episode III - Revenge of the Sith* © LucasFilm. Image courtesy of Photofest. (Page 101) *Flash Gordon Conquers the Universe* © Universal Pictures. (Page 105) *Buck Rogers* © Universal Pictures. (Page 107) *The Lord of the Rings: The Return of the King* © New Line Cinema. Image courtesy of Photofest. (Page 108) *Star Wars: Episode I - The Phantom Menace* © LucasFilm and 20th Century Fox. Image courtesy of Photofest. (Page 111) *THX 1138* © Warner Bros. Image courtesy of Photofest. (Page 113) *Star Wars: Episode II - Attack of the Clones* © LucasFilm. Image courtesy of Photofest. (Page 117) *The Martian* © 20th Century Fox. Image courtesy of Photofest. (Page 121) *Doctor Who* © BBC. Image courtesy of Photofest. (Page 122) *The Time Machine* © MGM. (Page 124) *Looper* © TriStar Pictures. Image courtesy of Photofest. (Page 125) *Primer* © ThinkFilm. Image courtesy of Photofest. (Page 128, top) *2001: A Space Odyssey* © MGM. Image courtesy of Photofest. (Page 128, bottom) *Interstellar* © Paramount Pictures. Image courtesy of Photofest. (Page 130) *Alien* © Twentieth Century Fox Film Corporation. (Page 131) *Interstellar* © Paramount Pictures. Image courtesy of Photofest. (Page 133) *Interstellar* © Paramount Pictures. Image courtesy of Photofest. (Page 134) *Westworld* © MGM. (Page 135) *Logan's Run* © MGM. (Page 138) *Inception* © Warner Bros. Image courtesy of Photofest. (Page 139) *The Matrix* © Warner Bros. Image courtesy of Photofest. (Page 143) *The Dark Knight Rises* © Warner Bros. (Page 144) *Back to the Future* © Universal Pictures. (Page 146) *Looper* © TriStar Pictures. Image courtesy of Photofest. (Page 147) *Inception* © Warner Bros. Image courtesy of Photofest. (Page 151) *Frankenstein* © Universal Pictures. (Page 152) *The Beast from 20,000 Fathoms* © Warner Bros. Image courtesy of Photofest. (Page 154) *Jurassic Park* © Universal Pictures. Image courtesy of Photofest. (Page 155) *Alien* © Twentieth Century Fox Film Corporation. (Page 156) *The Thing* © Universal Pictures. (Page 157) *Forbidden Planet* © Universal Pictures. (Page 160) *Village of the Damned* © MGM. (Page 161) *Terrore nello spazio* © American International Pictures (AIP). (Pages 162-163) *The Strain* © Fox Network. (Page 164) *The Omega Man* © Warner Bros. Image courtesy of Photofest. (Page 165) *The Thing* © Universal Pictures. (Page 166) *The Bride of Frankenstein* © Universal Pictures. (Page 168) *Pacific Rim* © Legendary. (Page 170) *Pacific Rim* © Legendary. (Page 171) *Mad Max* © MGM. (Page 173) *Frankenstein* © Universal Pictures. (Page 174) *Creature from the Black Lagoon* © Universal Pictures. (Page 175) *Earth vs. The Flying Saucers* © Columbia Pictures. (Page 177) *I Am Legend* © Warner Bros. Image courtesy of Photofest. (Page 178) *Robocop* © Orion. Image courtesy of Photofest. (Page 181) *The Matrix* © Warner Bros. Image courtesy of Photofest. (Page 184) *Prometheus* © Twentieth Century Fox Film Corporation. (Page 186) *Alien* © Twentieth Century Fox Film Corporation. (Page 187) *The Martian* © Twentieth Century Fox Film Corporation. Image courtesy of Photofest. (Pages 188-189) *Blade Runner* © The Blade Runner Partnership. Image courtesy of Photofest. (Page 190) *Alien* © Twentieth Century Fox Film Corporation. (Page 193) *Blade Runner* © Warner Bros. Image courtesy of Photofest. (Page 194) *2001: A Space Odyssey* © MGM. Image courtesy of Photofest. (Page 195) *Blade Runner* © Warner Bros. (Page 196) *The Martian* © Twentieth Century Fox Film Corporation. (Page 199) *Metropolis* © UFA. (Page 200) *Battlestar Galactica* © SCI FI Channel Image courtesy of Photofest. (Page 201) *Ex Machina* © Universal Pictures. Image courtesy of Photofest. (Page 217) *Total Recall* © Columbia/Tri-Star. (Page 218) *The 6th Day* © Columbia Pictures. Image courtesy of Photofest. (Page 221) *Total Recall* © Columbia/Tri-Star. Image courtesy of Photofest.